电网二次系统运行
事故案例及分析

国网福建省电力有限公司　编

中国电力出版社
CHINA ELECTRIC POWER PRESS

内 容 提 要

本书以现场实际案例为基础，对案例发生、事故原因及事故结论进行了详细阐述，对相关知识点进行了延伸，并从专业管理和现场实际工作角度提出了预控措施。

全书共九章，主要内容包括保护原理类、装置故障类、回路故障类、缺陷类、误操作类、误碰类、误接线类、误整定类、其他类。

本书可作为从事现场继电保护专业工作的检修、运维和管理人员的专业参考书和培训教材。

图书在版编目（CIP）数据

电网二次系统运行事故案例及分析 / 国网福建省电力有限公司编. —北京：中国电力出版社，2022.8
ISBN 978-7-5198-6650-1

Ⅰ．①电… Ⅱ．①国… Ⅲ．①电网–二次系统–事故处理–案例 Ⅳ．①TM727

中国版本图书馆 CIP 数据核字（2022）第 054840 号

出版发行：中国电力出版社
地　　址：北京市东城区北京站西街 19 号（邮政编码 100005）
网　　址：http://www.cepp.sgcc.com.cn
责任编辑：薛　红
责任校对：黄　蓓　常燕昆
装帧设计：张俊霞
责任印制：石　雷

印　　刷：三河市万龙印装有限公司
版　　次：2022 年 8 月第一版
印　　次：2022 年 8 月北京第一次印刷
开　　本：787 毫米×1092 毫米　16 开本
印　　张：16
字　　数：349 千字
印　　数：0001—1000 册
定　　价：82.00 元

编　委　会

主　　编　宋福海

副 主 编　邱碧丹　张思尧

编写人员（按姓氏拼音首字母顺序排列）

蔡方伟　陈亨思　陈锦山　陈佑健

辜祺翀　侯　晨　蒋祖立　鞠　磊

林美华　林幼萍　刘松灿　吴梓荣

徐　斐　易孝峰　曾锦松　张春欣

郑茂华　钟和洪

前　言

电力系统的安全稳定运行是社会经济健康稳定快速发展的基石。电力系统的第一道防线就是继电保护系统，继电保护及自动控制装置是保障电力设备安全和电力系统稳定的最基本、最重要和最有效的技术手段，继电保护系统可以保证电力系统的正常运行，防止故障和异常对电力系统造成的不良影响。继电保护装置的正确动作无数次地挽救和保障了电力系统的安全稳定运行。随着电力系统的不断发展，特高压、直流、智能化设备的大量投入运行，对继电保护运维工作提出了新的要求。提升继电保护正确动作率、改进消除装置工艺质量、优化二次回路设计、防止继电保护"三误"等事故是继电保护运维人员的重要责任。

本书以现场实际案例为基础，按保护原理类、装置故障类、回路故障类、缺陷类、误操作类、误碰类、误接线类、误整定类等方面进行分类，对案例发生、事故原因及事故结论进行了详细阐述，对相关知识点进行了延伸，并从专业管理和现场实际工作角度提出了预控措施。本书的特点是对于很多实际案例不但给出分析结论，还对案例中有关联的相关问题进行了引申分析，充分兼顾了理论和实践两方面的知识技能，适合作为从事现场继电保护专业工作的检修、运维和管理人员的专业参考书和培训教材。

本书在编写过程中，国网福建省电力有限公司领导高度重视并给予大力支持。同时，得到了南京南瑞继保电气有限公司、长园深瑞继保自动化有限公司、国电南京自动化股份有限公司、北京四方继保自动化股份有限公司、许继集团有限公司等的大力支持与帮助，在此谨向以上单位及相关作者表示衷心的感谢！

由于编者水平有限，书中错误和疏漏之处在所难免。恳请广大读者批评指正，以便修改完善。

编　者
2022 年 4 月

目　录

前言

第一章 保护原理类

第一节 励磁涌流引起 220kV 线路高频距离保护误动

一、案例简述

某日，220kV 甲变电站 3 号主变压器（简称主变）例检后进行空充主变送电，当运维人员合上 3 号主变高压侧开关，220kV 乙变电站 220kV 甲乙Ⅰ路 RCS-902A 启动 179ms 后"纵联零序保护"动作三跳，甲变电站 RCS-902A 保护未动作。系统示意图如图 1-1 所示。

图 1-1 系统示意图

二、案例分析

1. 故障前运行方式

220kV 甲变电站 220kV 双母线并列运行，220kV 线路及 1、2 号主变运行，3 号主变检修完成正在送电操作，220kV 乙变电站 220kV 双母线并列运行。

2. 保护配置情况

220kV 甲乙Ⅰ路两侧保护配置表见表 1-1。

表 1-1　　　　　　　　　　　220kV 甲乙Ⅰ路两侧保护配置表

厂站	调度命名	保护型号	CT 变比
220kV 甲变电站	220kV 甲乙Ⅰ路第一套保护	RCS-902A	—
220kV 甲变电站	220kV 甲乙Ⅰ路第一套收发信机	FOX-41	—
220kV 甲变电站	220kV 甲乙Ⅰ路第二套保护	RCS-931	—
220kV 乙变电站	220kV 甲乙Ⅰ路第一套保护	RCS-902A	—
220kV 乙变电站	220kV 甲乙Ⅰ路第一套收发信机	FOX-41	—
220kV 乙变电站	220kV 甲乙Ⅰ路第二套保护	RCS-931	—

3. 事故原因

现场检查甲乙变电站一次设备无异常。线路由于甲变电站线路开关未断开，线路还在运行中。220kV 乙变电站 220kV 甲乙 I 路 RCS-902A 保护面板跳闸灯亮、FOX-41 发信 1、收信 1 灯亮；220kV 甲变电站 220kV 甲乙 I 路 RCS-902A 保护面板无信号、FOX-41 收信 1 灯亮。两侧 RCS-931 装置面板无信号。

调取 220kV 乙变电站故障录波（见图 1-2）及保护动作报告，220kV 甲乙 I 路 RCS-902A 纵联零序方向动作，动作时间 179ms，选相 C 相，故障相电流 0.9A（二次值），故障零序电流 0.59A（二次值），220kV 母线电压正常，无波动，甲乙 I 路 A/B 两相存在较大的涌流，C 相正常，产生零序电流，且电流存在间断角，零序值约 0.6A。

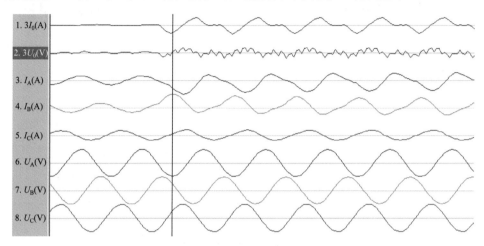

图 1-2　乙变电站侧故障录波数据

调取 220kV 甲变电站故障录波（见图 1-3）及保护动作报告，220kV 甲乙 I 路 RCS-902A 启动动作，未跳闸，220kV 母线电压正常，无波动，甲乙 I 路 A/B 两相存在较大的涌流，C 相正常，产生零序电流，且电流存在间断角，零序值约 0.6A。

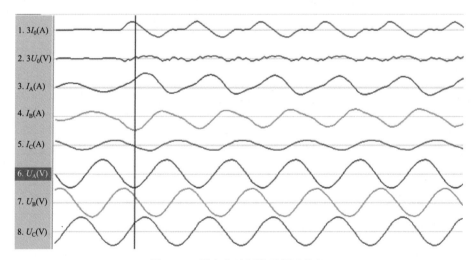

图 1-3　甲变电站侧故障录波数据

结合录波情况分析，当运维人员空载合上 3 号主变高压侧开关时，产生很大的励磁涌流，该励磁涌流表现为 3 次谐波，即保护采样到零序电流，同时有很小零序电压，二次值约为 0.6V，220kV 甲、乙侧由于均不存在故障电流，故纵联距离元件不动作。

RCS-902 系列保护为应对弱电强磁采用了零负序综合判别零序功率方向，同时，为实现零序功率方向无电压死区，采用了按相判别零序方向的方法，零序方向元件判别逻辑如图 1-4 所示。大致原理如下：当不平衡电压（零序电压、负序电压）大于设定值时，纵联零序功率方向采用零负序综合判别的结果；当不平衡电压低于设定值时，则采用按相判别零序方向。纵联零序保护在保护启动后，零序过电流元件和零序正方向元件动作，零序反方向元件不动作即可发信允许跳闸。

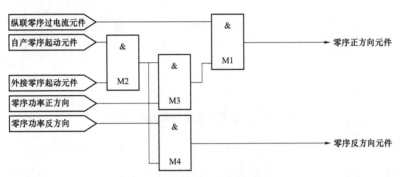

图 1-4 零序方向元件判别

乙变电站零序方向元件动作行为分析：从乙变电站波形数据来看，不平衡电压略大于功率方向元件的死区电压，因此功率方向元件采用零负序功率方向综合判别，零序功率和负序功率具体如图 1-5、图 1-6 所示。

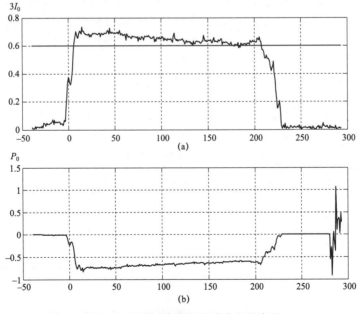

图 1-5 乙变电站零序功率方向示意图

（a）零序电流波形；（b）零序功率波形

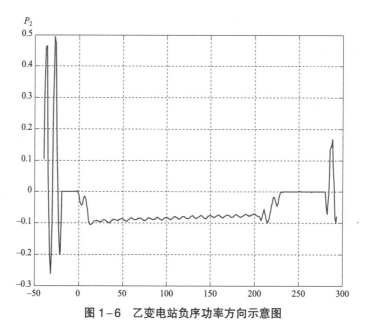

图 1-6 乙变电站负序功率方向示意图

分析显示零序功率和负序功率均为负（正方向），故乙侧零序功率方向判为正向。尽管乙侧按相零序方向判为反方向，但由于不平衡电压高于设定值，综合零序判别结果仍然为正向。

甲变电站零序方向元件动作行为分析：本次故障中，甲侧负序电压正好位于设定值上，导致甲侧 RCS-902A 使用的零序功率方向不停的在零负序综合判别结果和按相零序方向判别结果上切换。零负序综合判别结果为反方向，而按相零序方向判别结果为正方向。最终甲侧 RCS-902A 零序功率方向不停在正方向和反方向切换，导致装置发信不停抖动，如图 1-7 所示。

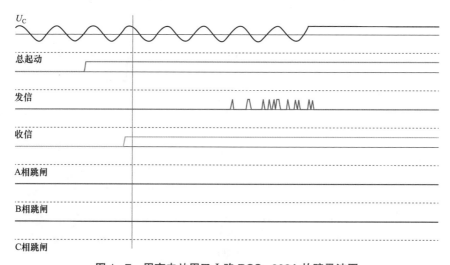

图 1-7 甲变电站甲乙 I 路 RCS-902A 故障录波图

RCS-902 保护零序纵联保护要求在保护启动 40ms 纵联不动作后，零序正方向元件、零序过电流元件及收信均动作持续 25ms 以上保护才能出口。

综上所述，尽管甲侧持续收到乙侧的允许信号，但由于甲侧方向判别结果抖动，无法满足纵联保护动作延时，故甲侧纵联保护未动作。乙侧方向动作同时由于持续收到甲的允许信号，满足纵联保护动作延时后，乙侧纵联零序保护动作，同时由于闭重压板投入，保护三跳。

此处，需要特别说明的两点是：① 尽管甲侧 RCS-902A 发信抖动，但由于装置发信接点和通信设备发信接点的展宽效果，导致乙侧 RCS-902A 持续感受到收信信号；② 理论上本次故障甲侧零、负序电压应大于乙变电站母线零负序电压，然而采样中却相反，是由于本次故障线路较短，且存在两侧电压互感器及回路等综合误差原因，造成两侧采样电压值在门槛电压约 0.6V 附近波动。

4. 事故结论

空充主变产生的励磁涌流，其 3 次谐波电流方向由甲变电站主变扩散至母线，再由甲乙 I 路流向乙变电站。乙变电站甲乙 I 路 RCS-902 保护的不平衡电压略大于功率方向元件的死区电压，乙侧零序功率方向判为正向，结合对侧的允许信号，乙侧变电站甲乙 I 路 RCS-902 纵联零序保护动作，保护三跳。

5. 整改措施及建议

（1）降低变压器励磁涌流：对抑制大型变压器空载合闸励磁涌流，在省级规定 500kV 变压器绕组直流电阻测试后，会在铁芯中残留剩磁，为防止出现较大剩磁，若 500kV 侧测试电流超过 5A，220kV 侧测试电流超过 10A，35kV 侧测试电流超过 40A，应进行消磁试验。

（2）保护软件逻辑完善：RCS-902A 按相零序方向判别在主变涌流时会发生方向误判，厂家在后续的版本中加强软件的滤波能力，对涌流等产生的高次谐波进行优化计算，调整了纵联零序逻辑，以增加纵联零序适应性。

三、延伸知识

变压器励磁涌流的特性，主要包括以下几点：

（1）涌流含有数值很大的高次谐波分量（主要是二次和三次谐波），因此，励磁涌流的变化曲线为尖顶波。

（2）励磁涌流的衰减常数与铁芯的饱和程度有关，饱和越深，电抗越小，衰减越快。因此，在开始瞬间衰减很快，以后逐渐减慢，经 0.5～1s 后其值不超过（0.25～0.5）I_N。

（3）一般情况下，变压器容量越大，衰减的持续时间越长，但总的趋势是涌流的衰减速度往往比短路电流衰减慢一些；励磁涌流的数值很大，最大可达额定电流的 8～10 倍。

第二节　线路两侧采样特性不一致引起区外故障误动事故

一、案例简述

某 220kV 甲变电站与 110kV 乙变电站通过 110kV 甲乙一线连接,甲变电站为智能站,乙变电站为常规站。某日乙变电站 3 号主变差动保护动作,跳开三侧开关,同时甲乙一线两侧光差动作跳闸。

事故前运行方式:220kV 甲变电站为智能变电站,110kV 采用双母线接线方式,母联 14M 开关在运行状态。Ⅰ 段母线带 1 号主变 12A 开关运行,甲乙二线 127 开关在热备用;Ⅱ 段母线带 2 号主变 12B 开关、甲乙一线 128 开关、129 开关运行。

110kV 乙变电站为常规变电站,110kV 采用单母线分段带旁路母线接线方式,旁母 140 开关在冷备用,母分 1400 隔离开关在合位。Ⅰ 段母线带 1 号主变 14A 开关、甲乙一线 141 开关、143 开关运行;Ⅱ 段母线带 2 号主变 14B 开关、3 号主变 14C 开关、142 开关运行,甲乙二线 144 开关在热备用;旁母在冷备用状态。系统主接线图如图 1-8 所示。

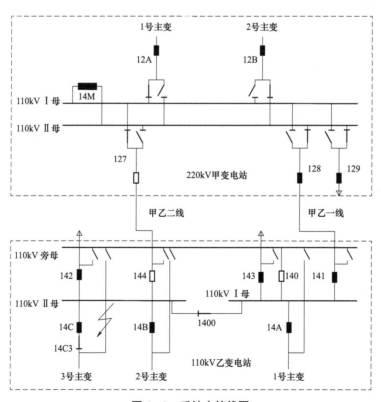

图 1-8　系统主接线图

二、案例分析

1. 保护动作情况

甲、乙变电站保护配置及动作情况见表1-2。

表 1-2　　　　　　　　　　　　　保护配置及动作情况

变电站	保护装置	保护动作情况
乙变电站	3号主变差动保护装置 NSR-691RF-D00	7时55分50秒86毫秒差动速断动作 7时55分50秒94毫秒比率差动动作
甲变电站	110kV甲乙一线保护装置 PRS-753D	7时55分50秒177毫秒稳态量比率差动保护动作 7时57分51秒237毫秒重合闸动作
乙变电站	110kV甲乙一线保护装置 PRS-753D	7时55分50秒185毫秒稳态量比率差动保护动作 7时57分51秒522毫秒重合闸动作

2. 事故原因分析

（1）3号主变跳闸原因：检修人员到乙站现场后，检查3号主变差动保护范围内一次设备，发现主变110kV侧14C3隔离开关靠3号主变侧引线跟旁母连接处三相均有闪络点，经查是由于110kV 142线路OPGW架空光缆下垂距离3号主变110kV侧14C3隔离开关靠主变侧引线太近引起短路（即图1-8中的故障点），该段属于主变差动保护范围，3号主变差动装置动作行为正确。

（2）甲乙一线差动跳闸原因：甲乙一线两侧保护装置为PRS-753D差动保护装置，两侧定值和光纤通道均正常。从两侧线路保护装置调出波形，可以看出在故障刚发生时刻半个周波和乙站3号主变跳闸后故障消失的半个周波均存在很大差流，而在故障发生的持续3个多周波内均无差流。图1-9为乙变电站保护装置动作时刻波形图，差动保护动作时，A相差流达到5.716A，制动电流6.494A，差动动作电流定值1A，满足差动动作条件。

当主变动作切除主变开关，故障电流消失时，乙变电站侧传统站线路故障电流消失比对侧智能站线路故障电流消失晚7ms。导致在对侧智能站故障电流消失后至乙变电站故障电流消失前这段时间两侧产生相当于故障电流的差流，从而造成两侧差动动作。

将故障波形发给保护厂家进行分析，传统侧线路保护装置的CT交流插件硬件具有差分功能。智能站侧为SV采样，使用的合并单元交流插件没有差分功能。传统侧为了与对侧智能站差动配合，传统侧线路保护装置的交流采样做了移相处理，即通过移相来补偿CT交流插件硬件差分造成的超前角度，以此实现了两侧差流的平衡。

如图1-9所示，本侧采样I_a通过移相处理，实现了与对侧采样nI_a的差流同步，因此在故障期间差流为0。但是在故障起始时刻和故障结束时刻，由于保护装置对故障电流突变量的移相处理不能完全抵消CT交流插件硬件差分的影响，从而导致故障量出现和消失时出现暂态的两侧电流不同步。由于这个暂态时间很短只有大约7ms，刚好在差动保护动作的临界值，有可能保护装置来不及动作，所以在故障发生时刻线路差动保护没有动作，

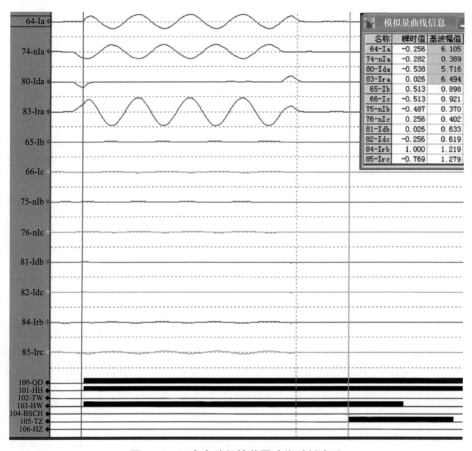

图 1-9　乙变电站保护装置动作时刻波形

在 3 号主变保护切除故障后的暂态过程刚好线路差动保护动作。

3. 事故结论

本次事故是由于传统侧使用了具有差分功能的 CT 交流插件，而智能侧使用不具备差分功能的 CT 交流插件。由于保护装置硬件和逻辑缺陷导致两侧的 CT 交流插件特性不一致，两侧交流采样在故障起始和结束时刻出现暂态的差流不平衡，导致了区外故障切除后线路差动保护误动作。由于这种缺陷仅在故障发生和切除的暂态过程中出现，正常运行时差流完全正常，导致隐患一直没有被发现。

4. 整改措施

（1）更换乙变电站传统侧甲乙一线及未投运的甲乙二线线路保护装置的交流插件，更换为不带差分的 CT 交流插件。同时升级装置软件，配合更换后交流插件的采样处理。

（2）对侧甲变电站智能站智能侧甲乙一、二线线路保护装置：修改同步延时参数，配合对侧更换 CT 交流插件后的采样处理。

三、延伸知识

输电线路的纵联差动保护是由两端的两套装置共同完成的。但是两套装置是独立采样的，它们的采样时刻如果不加调整一般情况下是不相同的。由此在区外短路时，将产生不平衡电流。为消除这一不平衡电流应做到同步采样。同步采样的方法有：基于数据通道的同步方法、基于参考向量的同步方法和基于 GPS 的同步方法三种。基于数据通道的同步方法中又有采样时刻调整法、采样数据修正法和时钟校正法三种。我国各保护厂家一般都采用采样时刻调整法，下面简要介绍一下这种方法。

装置刚上电，或测得的两端采样时间差 ΔT_s 超过规定值时，启动一次同步过程。在同步中先要测定通道传输延时 T_d。在图 1−10 中小虚线处是主机端（参考端）和从机端（调整端）的采样时刻。从机以本端装置的相对时钟为基准在 t_{ss} 时刻向主机发送一帧测定通道延时的报文，主机按照自己装置的相对时钟为基准记录到该报文的接收时刻 t_{mr}。随后在下一个采样时刻 t_{ms} 向从机回应一帧通道延时测试报文，同时将时间差 $t_{ms} - t_{mr}$ 作为报文内容传送给从机。从机再记录下收到主机回应报文的时刻 t_{sr}，在认为通道往返传输延时相等的前提下从机侧可求得通道传输延时，即

$$T_d = \frac{(t_{sr} - t_{ss})(t_{ms} - t_{mr})}{2}$$

测得通道传输延时 T_d 后，从机端可根据收到的主机报文时刻 t_{sr} 和上一个采样时刻求得两端采样时间差 ΔT_s，如图 1−10 所示。随后从机端从下一采样时刻起对采样时刻作多次小步幅的调整，而主机侧采样时刻保持不变。经过一段时间调整直到采样时间差 ΔT_s 至零，两端同步采样。

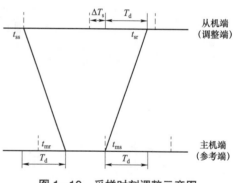

图 1−10　采样时刻调整示意图

由于在启动同步过程时两端采样时间差比较大，所以在同步过程中两端纵联电流差动保护自动退出，但由于从机端每次仅作小步幅调整，对从机端装置内的其他保护（只反应一端电气量的保护）影响甚微，所以其他保护仍旧能正常工作，不必退出。

在正常运行过程中从机端一直在测量两端采样时间差 ΔT_s。当测得的 ΔT_s 大于调整的步幅时，从机端立即将采样时刻作小步幅调整，这个工作平时一直在做。由于此时 ΔT_s 的值很小，对保护没有影响，故作这种调整时纵联电流差动保护仍然是投入的。从上述采样时刻调整方法与从机之间收发的通道传输延时应该相等，这要求通道收发的路由应相同。如果路由不同，采样时刻调整法无法调整到同步采样。

第三节　电压互感器断线逻辑不合理导致保护误动事故

一、案例简述

35kV 甲变电站进线一因外力破坏导致对侧乙变电站 311 开关因距离二段保护动作跳

闸，甲变电站 35kV 备用电源自动投入装置（简称备自投）动作跳进线一 351 开关后合进线二开关 352 开关，进线二对侧丙变电站 322 开关因距离三段保护动作跳闸，导致 35kV 甲变电站全站失压。

1. 电网运行方式

故障前运行方式如图 1-11 所示，事故前进线一带 35kV 甲变电站运行，进线二通过 322 开关空充，35kV 甲变电站高压侧配置进线备自投。

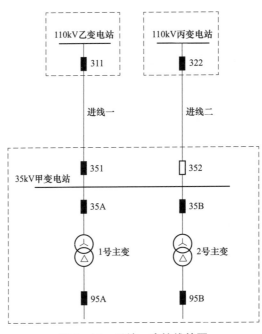

图 1-11 系统一次接线简图

2. 保护配置情况

保护配置情况见表 1-3。

表 1-3 保护配置情况

厂站	调度命名	保护型号	版本号	校验码
甲变电站	35kV 备自投	PCS-9651	2.32	BAF94F78
乙变电站	311	NSR614RF-D60 （配置距离保护为主保护）	4.12	FE62
乙变电站	351	终端变电站未配置保护	—	—
乙变电站	352	终端变电站未配置保护	—	—
丙变电站	322	iPACS-5715 （配置距离保护为主保护）	V1.00	1C0B

二、案例分析

1. 保护动作情况

保护动作情况表见表 1-4。

表 1-4　　　　　　　　　　保 护 动 作 情 况 表

厂站	保护装置	保护动作情况（时间均以进线一发生故障为起点）
乙变电站	35kV 进线一 311 线路保护	0ms 启动 304ms 距离二段动作（BC 相 3285.6A/27.38A）
甲变电站	35kV 备自投装置	5ms 启动 4522ms 跳进线一 351 开关 5031ms 合进线二 352 开关
丙变电站	35kV 进线二 322 线路保护	5050ms 启动 6578ms 距离三段动作（ABC 相 32A/0.4A）

2. 事故原因

（1）乙站 311 开关跳闸原因分析。经检查，该线路遭外力破坏，电力电缆损坏，保护动作行为正确。

（2）甲站 35kV 备自投动作行为分析。现场检查，备自投动作正确，开关也动作正确，先切除了进线一 351 开关，后合进线二 352 开关，未存在备自投于故障的情况。

由于进线一故障点已查明，因此也基本排除甲站 35kV 母线故障的可能。

（3）丙站 322 开关保护动作原因分析。由于一次故障电流只有 32A，判断为保护误动。检查发现 35kV 进线二 322 线路保护"1ZKK 母线 TV 空开"未投入。距离Ⅲ段保护动作需要满足三个条件：

1）保护装置启动：甲站 35kV 备自投合 352 开关时，311 开关 CT 二次有 0.4A，满足保护启动条件。

2）阻抗值达到距离Ⅲ段定值：现场检查发现，322 线路保护装置母线电压空气开关（简称空开）1ZKK 未投入，即 $U \approx 0V$，阻抗 $R = U/I$ $(1+K) \approx 0\Omega$，满足定值。

3）距离保护未被 TV 断线闭锁：查保护装置说明书（见图 1-12），发现在 TV 三相失压时候，该保护装置对 TV 断线判断的逻辑需要线路有流，因进线二在空载运行时，线路未带负载，因此保护装置无法判断 TV 断线，因此也就不闭锁距离保护。

3.11.2　交流电压断线

正序电压小于30V同时线路有流，或负序电压大于8V，延时10s报TV断线；三相电压正常后，经1.25s延时TV断线信号复归。

图 1-12　iPACS-5715 保护装置说明书有关 TV 断线逻辑的描述

（4）丙站 322 保护装置 TV 空开未投入原因分析。由于保护装置未报 TV 断线，"1ZKK 母线 TV 空开跳开"硬接点信号也未正确上送［原因见第（5）点］，无法确认何时因何原因断开。

（5）丙站 322 保护装置"1ZKK 母线 TV 空开跳开"无硬接点信号原因分析。"1ZKK 母线 TV 空开跳开"信号合并了较多其他信号（见图 1-13），"母线 TV 空开跳开""照明空开跳开""加热器空开跳开""带电显示器空开跳开""状态指示器空开跳开"合并一起，因此此信号未引起监控及运维人员重视。

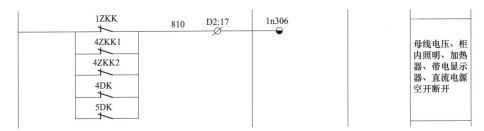

图 1-13 "1ZKK 母线 TV 空开跳开"硬接点信号图

3. 事故结论

（1）该保护装置 TV 断线逻辑不合理，在线路空载运行时发生 TV 断线信号不会报警并闭锁相关保护。其他厂家在 TV 断线逻辑中加入 TWJ 判据可以在空载时检测 TV 断线。

该保护逻辑（见图 1-12）：任一相有流正序电压小于 30V，或负序电压大于 8V，延时 10s 报 TV 断线信号。

其他厂家逻辑（见图 1-14）。

3.11.4 交流电压断线

三相电压向量和大于 8V，保护不启动，延时 1.25s 发 TV 断线异常信号；

正序电压小于 33V 时，当任一相有流元件动作或 TWJ 不动作时，延时 1.25s 发 TV 断线异常信号。

图 1-14 其他厂家保护装置的 TV 断线逻辑

（2）开关柜内空开跳闸信号设计不合理，"照明空开跳开""加热器空开跳开""带电显示器空开跳开""状态指示器空开跳开"均为三类信号，且"照明空开""加热器空开"正常运行中可能被断开，因此不应与"TV 断线空开跳开"信号合并。

（3）运行巡视不到位。

4. 规程要求

"TV 空开跳开"为二类信号，"照明空开跳开""加热器空开跳开"为三类信号，根据《闽电调规〔2013〕80 号福建电网调控系统 220 千伏及以下变电站典型监控信号规范》要求，不同报警级别的硬接点信号不得并发。

5. 整改措施

（1）对 iPACS-5715 保护装置 TV 断线逻辑进行升级，排查其他保护装置是否存在同样问题，并统一整改。

（2）"照明空开跳开""加热器空开跳开""带电显示器空开跳开""状态指示器空开跳开"等三类信号，应与"母线 TV 空开跳开""控制电源空开跳开""保护电源空开跳开"等二类信号分开。

（3）加强运维巡视。

三、延伸知识

距离保护的测量阻抗即是测量电压和测量电流的比值，当测量阻抗小于整定阻抗时保护就要动作。在正常运行时，线路上流有负荷电流，如果电压互感器二次电压消失，阻抗保护失去电压，测量阻抗小于整定阻抗，保护要误动作，因此，距离保护应辅以一些其他逻辑才能得以完善。

（1）增加电流启动逻辑。只有当保护电流启动且测量阻抗小于整定阻抗时，距离保护才允许动作。这样避免了 TV 断线发生后，保护装置 TV 断线信号报出前，距离保护的误动。

（2）增加 TV 断线闭锁逻辑。当 TV 断线时，虽然测量阻抗小于整定阻抗，但由于保护电流无启动，保护装置不动作，经过一定时间延时（通常为 1～8s)，装置闭锁距离保护，并发出告警信号。这样避免了 TV 断线 1～8s 后直到 TV 断线恢复这段时间内，距离保护的误动。

第二章 装置故障类

第一节 测控装置 PLC 逻辑异常导致开关误跳闸

一、案例简述

某 220kV 变电站为辖区枢纽变电站，某日，该站出现"220kV 母联开关由合转分"跳闸事项，无保护动作事项，无开关事故总信号，现场检查开关确在分位。

二、案例分析

1. 后台事项

现场检查查阅后台事项，只有 220kV 母联开关由合转分的事项，无其他异常信号。

2. 事故原因

（1）外观检查。220kV 母联断路器、隔离开关外观及指示正常，无进水凝露，无异物，开关端子箱内有一隔离开关闭锁电源空开跳开；母联保护装置当日无事项，仅操作箱上"分闸位置"指示灯亮；故障录波器显示母联断路器位置合转分，模拟量无异常突变；测控装置面板显示"远方合闸操作对象为10"；变电站监控后台显示"母联开关端子箱空开跳开""220kV 母联开关由合转分"。

（2）回路检查。检查母联保护跳闸回路无异常，接线正确，绝缘良好；检查母联操作箱分闸出口回路无异常，接线正确，绝缘良好；检查母联测控屏分闸出口回路正常，接线正确，绝缘良好；检查母联操作箱第一、第二组信号复归回路，接线正确，绝缘良好；检查母联测控屏第一、第二组信号复归回路，接线正确，绝缘良好。

（3）操作事项检查。调控 EMS 系统操作事项记录，询问监控人员表示在出现"母联开关端子箱空开跳开"信号后，执行了操作箱第一组复归和操作箱第二组复归操作。

（4）远动机配置检查。检查远动机遥控转发表配置，与 iES600 调控遥控点核对，母联开关遥控点号为19，开关母联操作箱第二组复归点号为163，与远动机配置核对后均正确，相关遥控标签也均正确。

（5）测控装置遥控试验。

1）合上母联开关，在监控后台母联开关间隔画面发第一组操作箱复归命令，开关正常，测控装置面板显示"远方合闸操作对象为 9"，而发第二组操作箱复归命令，开关跳开，测控装置面板显示"远方合闸操作对象为10"。在监控后台遥控分母联开关，开关跳开，测控装置面板显示"远方分闸操作对象为4"。

2）断开母联开关控制电源并在监控后台执行第二组操作箱复归操作时，在母联测控屏端子排上监视操作箱第二组复归出口接点 1-32D10-12C 和分闸出口端子 1-32D10-14（电气号33），两对接点均开出动作。

3）在调控 EMS 系统该站母联间隔画面执行操作箱第二组信号复归操作，现场测控装置接受该指令后，开出操作箱第二组信号复归接点的同时开出断路器手分出口接点，220kV 母联开关分闸。

4）解除测控装置外回路，遥控执行操作箱第二组信号复归时，测量测控装置背板接点 32n10-10C～32n10-12C（复归接点）、32n10-2a～32n10-4a（分闸接点）导通。

（6）测控装置 PLC 逻辑分析。开关分闸的出口回路采用支路 4，当遥控开关分闸时，驱动时间继电器 P1:2000，如图 2-1 所示。保护操作箱复归信号的复归出口回路采用支路 29，当遥控操作箱复归信号时，RC9 闭合，同样也是驱动时间继电器 P1:2000，装置背板接点 32n10-10C～32n10-12C（复归接点）、32n10-2a～32n10-4a（分闸接点）同时导通，如图 2-2 所示，从而导致遥控操作箱复归信号时同时将开关分闸。

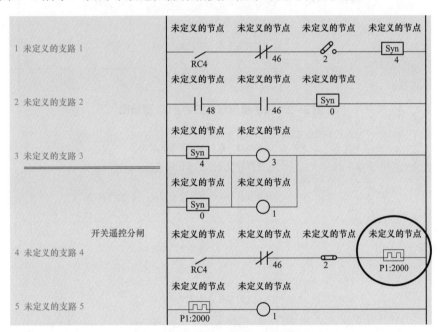

图 2-1 开关分闸的 PLC 逻辑图

将测控装置 PLC 逻辑进行修改，将操作箱复归驱动的时间继电器更改为 P11:2000，与开关分闸驱动的时间继电器 P1:2000 不一致，如图 2-3 所示。将修改的 PLC 逻辑重新下装后对测控装置进行调试，出口测试正常。

3. 事故结论

本次事件是在进行母联开关操作箱第二组信号复归遥控操作时同时母联开关跳闸。检查远动装置配置及控制回路均无异常，测控装置背板接线清晰无误，现场模拟母联开关操作箱第二组信号复归遥控时测量测控装置的手分接点也闭合，从而导致母联开关跳闸。因此，判断母联测控装置内部存在故障，PLC 出口逻辑设计不合理，存在不同的出口回路共用继电器的问题。

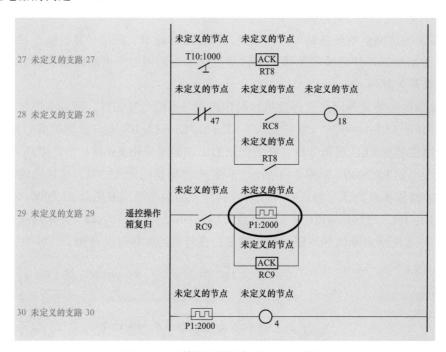

图 2-2　保护操作箱复归的 PLC 逻辑图

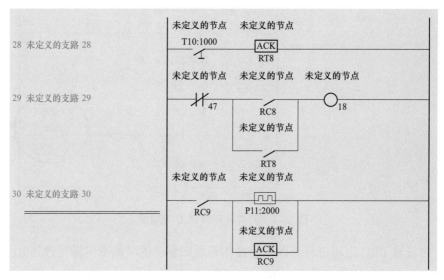

图 2-3　修改之后的保护操作箱复归 PLC 逻辑图

4. 整改措施

（1）更换母联开关测控装置后，核对遥信、遥测正确，进行断路器、隔离开关、操作箱第一组、第二组信号复归遥控操作，设备均正确动作，测控装置可以投运。同时，将该站其余各间隔测控出口压板退出，检查确认测控装置所有遥控出口均正常。

（2）对同型号测控装置的内部 PLC 逻辑开展专项排查，检查 PLC 逻辑的设计是否合理，排除不同的出口回路共用继电器的问题。

三、延伸知识

测控装置的同期功能由 AI 交流插件和管理主模块 MASTER 插件、DO 开出插件配合共同完成。同期功能原理由 PLC 编程实现，PLC 逻辑的实现需要测控装置软压板、开入节点、同期逻辑判断和开出节点等配合完成。

几个测控装置软压板介绍：

（1）1 个同期功能压板：此压板投入，装置具有同期功能，退出，装置没有同期功能。

（2）3 个同期方式压板：检无压压板、检同期压板、准同期压板。三个压板只能投其一任何一个压板投入，其余两个压板自动退出。反措要求：禁止检同期和检无压模式自动切换。

（3）1 个控制逻辑投入压板：此压板投入，装置具有遥控功能，装置可以进行下载 PLC 逻辑（用 PC 通过串口下载到测控装置）。

测控装置 PLC 逻辑实现过程，以图 2-4 中 PLC 逻辑图同期继电器为例。

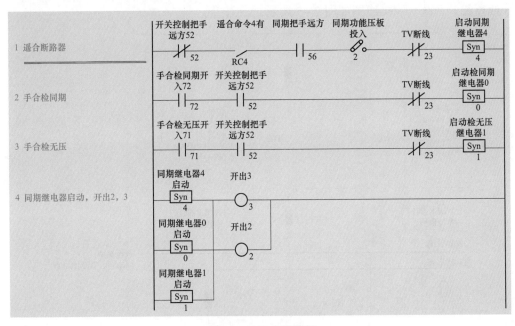

图 2-4　PLC 逻辑图

启动同期继电器 4 逻辑判断，同期继电器 4 判断过程为：按照 PLC 输出一个同期继电器，此时装置管理板 MASTER 向交流测量 AI 交流板发出同期令，AI 交流板收到同期令后开始根据定值判断是否具备同期条件，如果符合，输出开出端子。此种方式相当于检同期合闸，需要满足检同期条件，同时需要投入检同期软压板、同期节点固定方式软压板。启动同期继电器满足条件，驱动"开出 2"和"开出 3"，通过二次回路接线，合上开关一次设备。开关合上后，返回"遥合命令4"。

上述就是整个遥合同期的具体实现过程，同期功能的判断在 AI 交流板上完成，整个 PLC 功能实现的前提条件是"控制逻辑投入压板"要投入。其他的手合同期、手合无压、非同期开关合闸原理类似。

第二节　母差保护装置故障导致母差保护误动扩大故障

一、案例简述

某日 110kV AB 线线路发生故障后，110kV AB 线保护动作，随后 330kV 母差保护动作，之后 330kV A 线、330kV B 线保护远跳对侧。

1. 故障前运行方式

330kV 甲变电站运行方式：330kV Ⅰ、Ⅱ段母线双母线固定联结方式运行，1 号主变开关、330kV A 线开关、330kV B 线开关在 330kV Ⅰ段母线上运行；330kV D 线开关、2 号主变开关在 330kV Ⅱ段母线上运行。1、2 号主变高、中压侧并列运行，110kV 母线有 AB 线出线。系统一次接线图如图 2−5 所示。

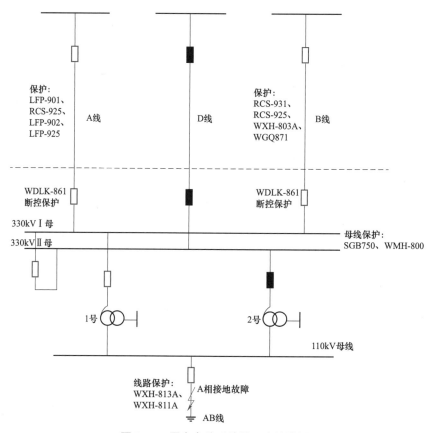

图 2−5　甲变电站系统的一次接线图

2. 保护配置情况

甲变电站保护配置情况见表 2-1。

表 2-1   保护配置情况

变电站	保护间隔	保护型号	保护配置情况
甲变电站	330kV 母线保护	SGB-750	CT 变比 1200/1，差动电流定值 0.5A
甲变电站	330kV 母线保护	WMH-800	CT 变比 1200/1，大差定值 0.5A，小差定值 0.4A
甲变电站	330kV B 线	RCS-931BMV	CT 变比 2000/1，启动值 0.08A（零序、突变量）。远跳保护：RCS-925A，断路器保护：WDLK-861
甲变电站	330kV B 线	WXH-803A	CT 变比 2000/1，启动值 0.08A（零序、突变量）。远跳保护：WGQ-871A，断路器保护：WDLK-861
甲变电站	330kV A 线	LFP-901A	CT 变比 1200/1，零序启动值 0.15A，远跳保护：RCS-925A，断路器保护：WDLK-861
甲变电站	330kV A 线	LFP-902A	CT 变比 1200/1，零序启动值 0.15A，远跳保护：LFP-925，断路器保护：WDLK-861
甲变电站	110kV AB 线	WXH-813A（差动保护退出）	CT 变比 600/1，零序 I 段定值 1.8A，阻抗 I 段 21Ω
甲变电站	110kV AB 线	WXH-811A	CT 变比 600/1，零序 I 段定值 1.8A，阻抗 I 段 21Ω

二、案例分析

1. 保护动作情况

（1）某日某时某分，110kV AB 线发生 A 相接地故障，WXH-813A 保护距离 I 段、零序 I 段 18ms 动作，A 相故障相电流 7.624A，零序电流 8.311A；WXH-811A 保护距离 I 段、零序 I 段 12ms 动作，A 相故障电流 8.651A，74ms 故障切除。

（2）AB 线故障，甲变电站 330kV 母差保护感受故障相电流 1.15A、零序电流 0.61A，零序、突变量均启动；A 线保护感受故障相电流 0.44A、零序电流 0.185A，LFP-901A、LFP-902A 及远跳 RCS-925A、LFP-925 均启动；B 线感受故障相电流 0.168A、零序电流 0.21A，线路保护 RCS-931BMV、WXH-803A 及远跳 RCS-925A、WGQ-871A 均启动。

（3）35ms，330kV 母线 SGB750 保护复合电压启动，WMH-800 保护 I 母差动保护动作，显示差流 23.89A（1 号主变支路），86ms 跳开 330kV I 段母线所带 1 号主变开关、A 线开关、B 线开关及母联开关。

（4）甲变电站 330kV 母差 WMH-800 动作同时向 A 线对侧 LFP-901 发远跳令，启动远跳保护 RCS-925A 出口，160ms，A 线对侧开关跳闸。

（5）甲变电站 B 线开关三跳开入，三跳继电器发远跳令，B 线远跳保护 RCS-925A、WGQ-871A 收信出口，163ms，B 线对侧两开关跳闸。

保护动作时序如图 2-6 所示。

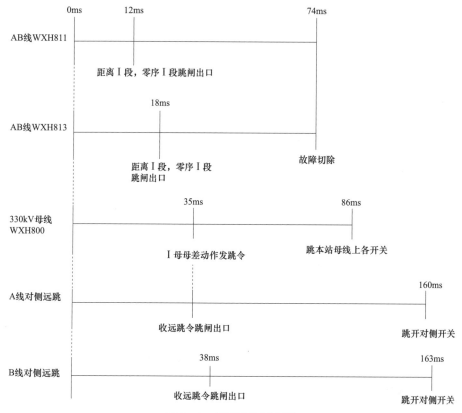

图 2-6 保护动作时序图

经上述分析可知，保护动作情况判断如下：110kV AB 线线路保护 WXH-811A、WXH-813A 动作正确；330kV 母线保护 WMH-800 动作不正确，显示电流与实际电流不符，且母差范围无故障，差动不应该动作；330kV A 线对侧 LFP901、RCS-925 保护及 330kV B 线对侧 RCS-925、WGQ871 保护满足动作条件，动作正确。

2. 事故原因

（1）保护装置及回路检查。事故发生后，检修人员现场检查，未发现一次设备及二次回路存在故障点。

（2）事故原因分析。通过检查 WMH-800 母差保护装置采样清单，发现 CPU1（A 相）I_2（1 号主变支路）电流始终为 23.89A，其他支路电流及 CPU2（B 相）、CPU3（C 相）呈现有规律的正弦变化，故障采样电流正常。由此，通过 I 段母线所属的各气室气体进行检测和二次采样分析，判定为 110kV AB 线故障时，330kV I 段母线上产生穿越电流。检查发现 WMH-800 母差保护装置交流采样插件存在故障情况，在 110kV AB 线故障期间 A 相采样出现异常，1 号主变支路畸变为 23.89A，导致差动电流达到动作值保护出口，330kV I 段母线无故障跳闸。

从装置录波图看，A 相差动保护第二路电流采样异常，为接近 24A 的直流，如图 2-7 所示。

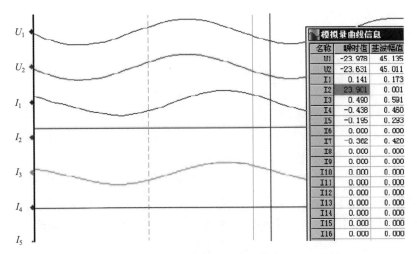

模拟量曲线信息		
名称	瞬时值	基波幅值
U1	-23.978	45.135
U2	-23.631	45.011
I1	0.141	0.173
I2	23.901	0.001
I3	0.490	0.591
I4	-0.438	0.460
I5	-0.195	0.293
I6	0.000	0.000
I7	-0.362	0.420
I8	0.000	0.000
I9	0.000	0.000
I10	0.000	0.000
I11	0.000	0.000
I12	0.000	0.000
I13	0.000	0.000
I14	0.000	0.000
I15	0.000	0.000
I16	0.000	0.000

图 2-7 保护采样值录波图

由于第二路电流 I_2 异常，接近于直流，相当于电流断线，导致大差和 I 母小差计算错误。计算的大差和 I 母小差有效值应为 I_2 电流。正常时 I_2 负荷较小，不大于 50mA，则系统无故障时大差和 I 母小差不大于 50mA，小于 CT 断线定值（0.1A），保护不能判断出 CT 断线。

当日某时某分，系统发生 A 相接地故障，各元件电流增大，因 I_2 采样元件异常导致 I_2 电流为 24A 的直流量，大差和 I 母小差有效值增大，满足 WMH-800 母线保护差动动作条件，同时因系统故障，满足电压动作条件，差动动作。图 2-8 为保护动作时大差和 I 母小差值。图中 I_d 为大差动作电流，I_f 为大差制动电流，I_{d1} 为 I 母小差动作电流，I_{f1} 为 I 母小差制动电流。

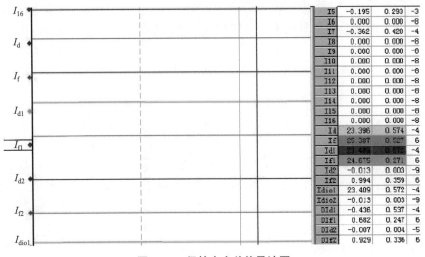

I5	-0.195	0.293	-3
I6	0.000	0.000	-8
I7	-0.362	0.420	-4
I8	0.000	0.000	-8
I9	0.000	0.000	-0
I10	0.000	0.000	-8
I11	0.000	0.000	-6
I12	0.000	0.000	-8
I13	0.000	0.000	-8
I14	0.000	0.000	-8
I15	0.000	0.000	-8
Id	23.396	0.574	-4
If	25.387	0.527	6
Id1	23.409	0.572	-4
If1	24.675	0.271	6
Id2	-0.013	0.003	-9
If2	0.994	0.359	6
Idio1	23.409	0.572	-4
Idio2	-0.013	0.003	-9
DId1	-0.436	0.537	-4
DIf1	0.682	0.247	6
DId2	-0.007	0.004	-5
DIf2	0.929	0.336	6

图 2-8 保护大小差值录波图

WMH-800 差动保护动作原理说明：大差、小差均采用具有比率制动特性的瞬时值电流差动算法，大差不计入母联电流，其动作方程为

$$I_{\mathrm{d}} > I_{\mathrm{s}}$$

$$I_{\mathrm{d}} > KI_{\mathrm{r}}$$

$$I_{\mathrm{d}} = \left| \sum_{j=1}^{n} \dot{I}_{j} \right| \quad I_{\mathrm{r}} = \sum_{j=1}^{n} \left| \dot{I}_{j} \right|$$

式中：I_{d} 为某一时刻差动电流瞬时值；I_{r} 为同一时刻制动电流瞬时值；K 为比例制动系数；I_{s} 为差动电流整定门坎。如果大差和某段小差都连续满足上式的动作方程，同时其有效值大于定值则保护动作，跳开相应母线上所有元件。

（3）分析结果。此次故障中，因母差装置内部采样原件异常导致 I_2 采样异常，则系统无故障时保护不能判断出 CT 断线，系统区外故障后，大差和 I 母小差瞬时值动作条件满足，出口时大差和 I 母小差有效值为 0.57A 左右，大于定值（大差电流定值 0.5A，小差电流定值 0.4A）。

3. 事故结论

此次故障为 AB 线发生 A 相接地故障。故障后，线路保护正确动作切除故障，但母差保护内部采样元器件异常引起母差保护误动跳开母线导致故障扩大，之后母差保护发远跳令，线路保护正确动作将跳闸范围进一步扩大。是一起由装置故障导致的保护误动扩大故障范围的典型案例。

三、延伸知识

1. 母差保护的大差与小差

由各母线段上连接的所有间隔单元电流所构成的差动元件称为"大差"，由每段母线上连接的所有间隔单元电流所构成的差动元件称为"小差"。当大差和小差同时动作时，判定该段母线故障，此时若差动复合电压闭锁元件开放，则跳该段母线上连接的所有间隔单元。换言之大差就是两条母线上所有进出线的电流总和（不包括母联）；小差就是一条母线上所有进出线电流之和（包括母联电流）。母差保护中大差启动小差选择，大差是辅助启动条件，而小差是故障判别元件。

2. 母差保护的死区和失灵

对双母线或单母线分段系统，在并列运行的情况下，母线差动保护动作或母联（分段）充电保护动作跳母联（分段）后，经延时母联（分段）支路仍有电流，则说明母联（分段）断路器失灵，立即在保护判据中解除母联电流，通过差动保护来解除故障。对于双母线或单母线分段系统，一般母联（分段）单元只安装一组电流互感器，此时母联（分段）互感器与母联（分段）断路器之间（K 点）发生的故障称为死区故障。死区故障会使小差失去选择性，即当 K 点发生故障，母线 1 判为区内故障，母线 2 判为区外故障，母线 1 保护动作并跳开母联（分段）断路器后，K 点故障仍然存在。

3. 充电保护

当通过母联（分段）断路器对检修母线充电时，自动短时投入母联（分段）充电保护，一旦检修母线有故障，可跳母联（分段）断路器，并起动母联（分段）断路器失灵保护。

自动短时投入充电保护需满足以下条件：母联（分段）断路器在分位；一段母线正常运行（有压），另一段母线停运（无压）；母联（分段）电流从无到有。充电保护自动投入的时间为 300ms，在此期间可暂时闭锁母线差动保护（可投退）。如果被充电的母线段带有变压器或出线，则应考虑充电保护定值灵敏度问题，以免造成充电保护误动。

4. CT 断线闭锁及告警

保护装置利用差流进行 CT 断线的判别。当某相大差电流大于 CT 断线定值时，经延时发 CT 断线告警信号，同时闭锁该相母线差动保护。当 CT 断线消失后，延时 0.2s 自动恢复该相母线差动保护。

第三节　10kV 备自投误动作事故分析

一、案例简述

某日 9 时 39 分，220kV 某变电站 3 号主变电站 10kV 侧 93C 开关及 963 开关跳闸，10kV 母联 99K 备自投动作开关合闸，9:40 母联 99K 再次跳闸。后台监控系统仅报 962、963 零序保护告警及 99K 备自投动作信号，无 962、963 零序保护动作信号。检查一次设备无异常后，由 93C 开关对 10kV Ⅳ 母线试送，母线带电正常；当继续试送 10kV Ⅳ 母线上的 10kV 某线 971 开关时，10kV 3 号接地变压器（简称接地变）963 保护再次动作，跳开 963、93C 开关。

1. 电网运行方式

变电站的 10kV 采用经小电阻接地方式，其一次接线简图如图 2-9 所示。

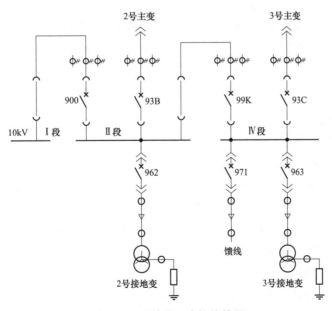

图 2-9　系统的一次接线简图

2. 保护配置情况

保护配置情况见表 2-2。

表 2-2 某变 10kV 保护配置情况

厂站	调度命名	保护型号	CT 变比
某变电站	10kV 某线 971 线路保护	NSR612RF	—
某变电站	99K 备自投	NSR642RF	—
某变电站	3 号接地变保护	NSR631RF	—
某变电站	2 号接地变保护	NSR631RF	—

二、案例分析

1. 保护动作情况

保护动作情况见表 2-3。

表 2-3 保 护 动 作 情 况

厂站	保护装置	保护动作情况
某变电站	10kV 某线 971 线路保护	电流越限
某变电站	3 号接地变 963 保护	零序 I 段保护动作，动作电流 7.4A，零序 II 段动作，动作电流 7.4A
某变电站	99K 备自投	桥开关备自投成功
某变电站	2 号接地变 962 保护	零序 I 段保护动作，动作电流 7.5A

2. 事故原因

（1）保护定值整定情况。10kV 某线 971 线路保护，零序电流定值（60A/2A，1s）。

3 号接地变 963 保护，零序过电流 I、II 段定值（60A/1A，1.3s 跳开 99K 开关，2s 跳开 93C、963 并闭锁备自投）

99K 备自投，备自投启动相电压为 30V（定值：30V），三相过电流（定值：充电 4250A/8.5A，过电流 3750A/7.5A）

2 号接地变 962 保护，零序过电流 I、II 段定值（60A/1A，1.3s 跳开 99K 开关，2s 跳开 93B、962 并闭锁备自投）

（2）保护装置及回路检查分析。

1）10kV 某线 971 保护。装置面板显示：9 时 39 分 57 秒电流越限，无保护动作信号，检查零序 CT 本体及二次回路正常，对保护零序回路进行通流试验，装置无采样。拔出采样交流板件进行检查，发现板件上零序电流小互感器有一管脚虚焊如图 2-10 所示。

2）3 号接地变 963 保护。装置面板显示情况为：9 时 39 分 53 秒零序 I 段保护动作，动作电流 7.4A，零序 II 段动作，动作电流 7.4A。

在保护装置内置遥信点表核对菜单进行"零序 I 段保护""零序 II 段保护"微机信号

核对，调度及当地监控正常收到信号。经厂家再次核实程序，发现该保护程序为早期专用程序存在 bug，保护发送的软报文仅有动作报文无返回报文，造成该保护投运后仅能在零序第一次动作时上送报文，以后任何保护动作均不再上送报文。在装置面板遥信核对试验中可以重复动作。

实测零序Ⅱ段出口动作时间，跳 93C 开关动作时间 2s，闭锁 99K 备自投出口时间 2.1s。由于出口接点不足，跳 93C 和闭锁 99K 备自投回路经开关柜内的 KB5 继电器重动（见图 2-11），测量 KB5 继电器动作时常开触点电阻，其阻值在 30～140Ω 之间，判断 KB5 继电器闭锁 99K 备自投触点由于接触不良导致闭锁回路失效。

图 2-10 971 保护交流板背板图

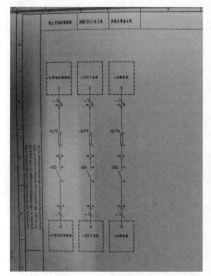 

图 2-11 963 出口重动回路和重动继电器

3）99K 备自投保护。装置面板显示情况为：9 时 39 分 57 秒桥开关备自投成功。

更换 963 开关柜的 KB5 继电器后，实测 963 零序Ⅱ段保护动作，99K 备自投装置上的闭锁 99K 备自投开入时间，实测时间 2.5s。经检查备自投装置软件中把"闭锁备自投"开入量作为常规遥信进行配置，而装置内有"遥信延时"整定项，该项被整定为 0.5s，故备闭锁自投时间由原整定的 2.0s 变为 2.5s。

4）2 号接地变 962 保护。装置面板显示情况为：9 时 39 分 58 秒零序Ⅰ段保护动作，动作电流 7.5A。通流试验检查正常。

（3）事故原因分析。10kV 某线 971 保护：保护采样插件管脚虚焊，造成零序采样回路接触不良，且正常运行时没有零序电流，装置无法进行自检告警，在外部故障时无法采集故障零序电流，造成保护无法正确动作。

3 号接地变 963 保护：零序过电流Ⅰ、Ⅱ段正确动作，跳 93C 开关及 963 开关，由于用于闭锁 99K 备自投的 KB5 重动继电器触点接触不良，同时备自投装置还存在延时开入问题，导致闭锁备自投开入失效。

99K 备自投保护：10kVⅣ段母线在 93C 开关分闸后失压，满足备自投启动条件，同时闭锁量由于 KB5 继电器触点性能不良及存在开入延时问题而未能闭锁，备自投 3s 后合上 99K 开关，不满足三相过电流定值（定值：充电 4250A，过电流 3750A），后加速正确不动作。

2 号接地变 962 保护：99K 开关合上后，10kVⅣ母故障未消失，故障电流 450A，零序过电流Ⅰ段（60A）正确动作，1.3s 跳开 99K 开关。

3. 事故结论

这起事故的主要原因是 10kV 某线 971 有接地故障，线路保护因零序电流采样回路虚焊导致保护拒动，故障未切除。10kV 3 号接地变 963 保护零序Ⅰ段，零序Ⅱ段正确动作跳开 93C 及 963 开关。由于 963 开关柜中闭锁备自投的重动继电器 KB5 接点接触不良导致 99K 备自投未闭锁，造成备自投误动作将 99K 开关合闸于故障，最后 2 号接地变保护正确动作跳开 99K 开关隔离故障。

4. 规程要求

DL/T 526—2002《静态备用电源自动投入装置技术条件》规定：4.4.1 装置应具有独立性、完整性，装置的功能和技术性能指标应符合相应的国家标准规定。按说明书的技术说明，装置收到闭锁开入，应立即放电，闭锁备自投。

5. 整改措施

（1）对同型号备自投装置进行全面排查，对备自投开入量作为常规遥信开入的保护进行升级。在保护定检及新站验收工作中，加强有闭锁关系保护的配合时间的实测及试验，防止失配问题发生。

（2）对损坏的线路保护交流板返厂，检查是否存在批次问题。

（3）减少保护经重动出口，如无法避免，在保护定检和验收中，应检查重动继电器的动作电压、动作时间，防止继电器损坏造成保护未及时出口和闭锁。

三、延伸知识

备自投装置运行原则：

（1）根据工作电源、备用电源相应的断路器位置，备自投自动判断当前适应的备自投方式；

（2）应能区分人工（就地或远方）切除工作电源的断路器；

（3）当满足动作条件时，且无闭锁开入时，备自投仅允许动作一次；

（4）备自投满足放电条件之一时，均应立即使备自投放电，"备自投充电灯"灭；

（5）当故障跳开工作电源的断路器，启动备自投动作后，应再跳故障断路器，才能投入备用电源的断路器；

（6）备自投动作时间，应保证再跳和自投的时间差合理、可靠，又要保证失压的时间短。

第四节 220kV 线路保护装置故障误动作事故

一、案例简述

某日 7 时 32 分 53 秒 745 毫秒，台风登陆时，电力系统发生扰动，某 220kV 变电站 213 间隔第一套 PCS-931AM 线路保护装置距离 I 段保护动作出口跳开三相开关。

8 时 12 分 49 秒 039 毫秒，调度试送 213 开关时，PCS-931 线路保护装置距离加速动作出口跳三相开关。两次动作时刻第二套 PSL-602U 保护及对侧两套保护均没有动作。当天故障前该线路两套保护曾连续 5 次启动。

事故前运行方式：

220kV I、II 段母线互联，I、III 段母线硬连接；

220kV I 段母线带 213、225 运行；

220kV II 段母线带 212、226、2 号主变高压侧 21B 运行。

二、案例分析

1. 保护动作情况

保护动作情况见表 2-4。

表 2-4 保护动作情况

动作时间	保护装置	保护动作行为
07 时 32 分 53 秒 745 毫秒	220kV213 线第一套 PCS-931 线路保护	0ms 保护启动 12ms ABC 距离 I 段动作
07 时 32 分 53 秒 745 毫秒	220kV213 线第二套 PSL-602U 线路保护	0ms 保护启动
08 时 12 分 49 秒 039 毫秒	220kV213 线第一套 PCS-931 线路保护	0ms 保护启动 416ms ABC 距离加速
08 时 12 分 49 秒 039 毫秒	220kV213 线第二套 PSL-602U 线路保护	0ms 保护启动

2. 事故原因

事故发生后保护班会同保护厂家到现场检查，PCS-931 装置定值、压板投退均正确。查看动作报告发现，两次动作报告中显示的故障线电压、电流均在 105V、0.3A 左右，测量电阻远大于相间一段定值 9Ω。动作时刻的装置录波波形如图 2-12 所示（两套保护装置内部小录波均与故障录波的波形一致，试送时电压电流波形与第一次动作一致）。

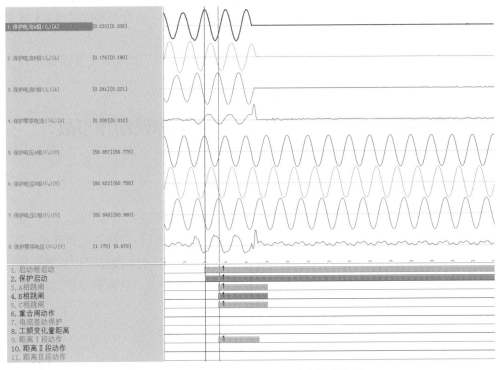

图 2-12 某侧 PCS-931AM 装置录波数据

从装置录波数据可以看出，扰动期间，线路保护二次三相电压基本维持在正常的 60V 左右，二次三相电流最大相为 0.24A 左右。保护启动时刻前后的电压和电流没有明显变化，可确定距离 I 段保护动作时系统没有故障，该保护属于误动作。经现场单体试验，装置采样数据正常，开入开出均正确，可以排除由于装置采样环节异常导致的不正确动作行为。但是根据故障录波中的电压、电流值进行模拟试验，每次距离 I、II、III 段都会动作三跳，选相 ABC，其余零序及差动保护定值校验均正确。

装置中距离元件的计算采用工作电压和极化电压进行比相，其具体计算方法如下（以相间距离继电器为例）。

工作电压 $\qquad\qquad \dot{U}_{OP\Phi\Phi} = \dot{U}_{\Phi\Phi} - \dot{I}_{\Phi\Phi} \times Z_{ZD}$

极化电压 $\qquad\qquad \dot{U}_{P\Phi\Phi} = \dot{U}_{1\Phi\Phi} \times e^{j\theta 1}$

比相动作方程

$$90° < \mathrm{Arg} \frac{\dot{U}_{OP\Phi\Phi}}{\dot{U}_{P\Phi\Phi}} < 270°$$

保护厂家根据现场录波数据以及相关定值（接地距离 I 段定值 9Ω、相间距离 I 段定值 9Ω、正序灵敏角 78°、零序灵敏角 75°、零序补偿系数 0.59），离线计算接地距离 I 段和相间距离 I 段的比相动作结果如图 2-13 所示（图中横坐标代表时间，单位为 ms，0 为保护装置启动时刻；纵坐标两条红线之间为动作区），可见按照距离保护的设定逻辑，距离 I 段保护不应该动作。

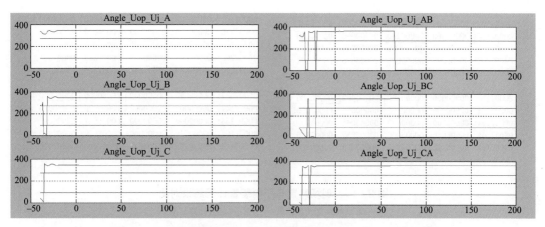

图 2-13　接地距离 I 段（左）、相间距离 I 段（右）比相结果

保护厂家现场抓取保护动作时的内部变量及故障波形发给研发人员分析，厂家技术人员在厂内迅速构建了和现场装置一致的软硬件环境，通过反复模拟此次现场故障特征，确认厂内装置距离 I 段阻抗元件能可靠不动作，并组织多人次对保护软件进行详细代码梳理，可以确定装置软件不存在逻辑缺陷等问题。

PCS-931 装置由保护 DSP 插件负责所有保护逻辑的计算，由启动 DSP 插件开放出口正电源，当达到动作条件时，驱动出口继电器动作，距离保护的计算流程如图 2-14 所示。

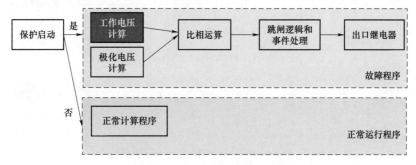

图 2-14　距离保护逻辑示意图

对现场装置距离保护计算环节的内部数据进行分析：发现现场装置工作电压的计算值与基于电压、电流离线计算值以及定值离线计算得到的工作电压不相符，从而导致距离元件的比相方程动作，从而距离保护误动作。

为进一步明确异常情况，现场装置和厂内装置还分别进行了模拟分析如下：

（1）现场异常数据排查。现场模拟保护装置启动后电压和电流输入均为 0 的情况，根据工作电压公式来看，接地距离和相间距离工作电压的实部和虚部均应为 0，但装置中各相接地距离和各相间距离的工作电压实部均有一个固定的异常值 0x4B0，而虚部正常为 0。同步对厂内装置进行了相同的模拟，装置中各相接地距离和各相间距离的工作电压的实部和虚部均正常为 0，如图 2-15 所示。

000071DC:	00000000	000004B0	00000000	000004B0
000071EC:	00000000	000004B0	00000000	00000000
000071FC:	00000000	00000000	00005C40	00005D61
0000720C:	00005D0E	00005B5A	00005B55	000070C1
0000721C:	000074E6	000074E8	000074EA	FF801CF4

00007134:	00000000	000004B0	00000000	000004B0
00007144:	00000000	000004B0	00000000	00000000
00007154:	00000000	00000000	00005D61	00005D0E
00007164:	00005C40	00005D0C	00005B59	000070C0
00007174:	00006325	00005F4F	000074E0	000074E2

(a)

000071DC:	00000000	00000000	00000000	00000000
000071EC:	00000000	00000000	00000000	00000000
000071FC:	00000000	00000000	00005C40	00005D61
0000720C:	00005D0E	00005B5A	00005B55	000070C1
0000721C:	000074E6	000074E8	000074EA	FF801CF4

00007134:	00000000	00000000	00000000	00000000
00007144:	00000000	00000000	00000000	00000000
00007154:	00000000	00000000	00005D61	00005D0E
00007164:	00005C40	00005D0C	00005B59	000070C0
00007174:	00006325	00005F4F	000074E0	000074E2

(b)

图 2-15 现场装置与厂内装置计算结果对比

(a) 现场装置计算结果；(b) 厂内装置计算结果

（2）厂内异常数据复现。为进一步验证，根据工作电压的计算公式 $U_{OP\Phi\Phi} = U_{\Phi\Phi} - I_{\Phi\Phi} \times Z_{ZD}$ 以及上述的异常特征，将装置中工作电压实现公式的实部计算部分人为改为 $U_{OP\Phi\Phi} = 0x4B0 - I_{\Phi\Phi} \times Z_{ZD}$，而虚部计算不变，并模拟现场的故障特征，距离保护亦会出现不正确动作的情况，出现不正确动作的录波波形以及动作结果分别如图 2-16、图 2-17 所示。至此可以确定，是由于现场的保护装置在距离保护计算工作电压时出现了非预期的状态，使得距离保护比相结果产生了偏差，从而导致保护装置启动后，距离 Ⅰ 段保护动作。

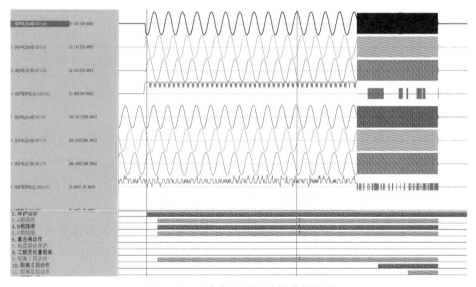

图 2-16 厂内复原的误动作装置录波

3. 事故结论

根据保护装置录波数据、动作报文、现场检测以及厂内模拟情况综合分析来看，本次距离 Ⅰ 段保护不正确动作，主要是由于保护装置中负责保护计算的保护 DSP 插件在距离保护计算工作电压异常导致。将故障装置更换后寄回厂进一步检查后确定，在台风天气极端环境下，因保护装置内存故障造成装置用于距离保护计算的工作电压出现异常。

36	2018-07-14 16:02:12:894		
0	0		保护启动
1	16		A相跳闸
2	16		B相跳闸
3	16		C相跳闸
4	16		保护动作
5	16		距离Ⅰ段动作
6	1008		距离Ⅱ段动作
7	2008		距离Ⅲ段动作
8			故障相电压：103.92（V）
9			故障相电流：0.31（A）
10			最大零序电流：0.00（A）
11			最大差动电流：0.00（A）
12			故障测距：991.90（kM）
13			故障相别：AC

图 2-17 厂内复原的装置误动作结果

4. 规程要求

GB/T 14285—2006《继电保护和安全自动装置技术规程》规定：4.1.12.5 保护装置应具有在线自动检测功能，包括保护硬件损坏、功能失效和二次回路异常运行状态的自动检测。自动检测必须是在线自动检测，不应由外部手段启动；并应实现完善的检测，做到只要不告警，装置就处于正常工作状态，但应防止误告警。除出口继电器外，装置内的任一元件损坏时，装置不应误动作跳闸，自动检测回路应能发出告警或装置异常信号，并给出有关信息指明损坏元件的所在部位，在最不利情况下应能将故障定位至模块（插件）。

5. 整改措施

新装置发到现场后进行整装置更换，经调试合格后投运。

三、延伸知识

阻抗继电器用工作电压 U_{OP} 和极化电压 U_P 进行比相，比相动作方程为

$$90° < \mathrm{Arg}\frac{\dot{U}_{OP}}{\dot{U}_P} < 270°$$

工作电压根据相间和接地阻抗继电器有所不同，分别为：

相间阻抗继电器 $\qquad \dot{U}_{OP\Phi\Phi} = \dot{U}_{m\Phi\Phi} - \dot{I}_{m\Phi\Phi} \times Z_{ZD}$

接地阻抗继电器 $\qquad \dot{U}_{OP\Phi} = \dot{U}_{m\Phi} - (\dot{I}_{m\Phi} + K3\dot{I}_0) \times Z_{ZD}$

$\dot{U}_{m\Phi\Phi}$、$\dot{I}_{m\Phi\Phi}$ 为故障时保护测量到的相间电压、相间电流，$\dot{U}_{m\Phi}$、$\dot{I}_{m\Phi}$ 为故障时保护测量到的相电压、相电流。PCS-931 保护装置设有三阶段式相间和接地距离继电器，继电器由正序电压极化，即 $\dot{U}_P = \dot{U}_1$。采用正序电压极化的相间及接地阻抗继电器动作特性如图 2-18、图 2-19 所示。图中 Z_{set} 为整定阻抗；Z_R 为保护安装处到对侧系统总阻抗；Z_S 为保护安装处到背后系统总阻抗；k′ 为根据线路零序补偿系数 K 算出的一个系数，通常 k′ 范围为 0.75～0.87。

正序电压在系统中的分布是电源侧最高，由电源向短路点处降低，只要发生的是不对称短路，在短路点的正序电压也不为零。比如发生 A 相接地短路时，短路点 A 相电压降到零，如果是采用相电压作极化电压的阻抗继电器，此时因为极化电压为零导致阻抗继电

器处在动作边界，保护会不正确动作。而此时正序电压的值为负序电压及零序电压之和，仍有较大正序电压，且正序电压的相位与相电压一致，所以能够正确比相。因此用正序电压作为极化电压时在出口发生不对称短路时距离保护仍能够正确动作。但是如果出口处发生三相金属性短路时，保护安装处的正序电压降到零，保护仍可能不正确动作，因此保护逻辑内设置低压距离程序防止此时不正确动作。

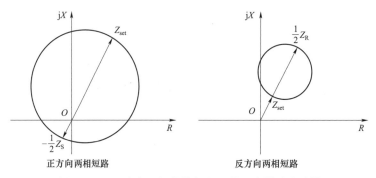

图 2-18 正序电压极化的相间阻抗继电器动作特性

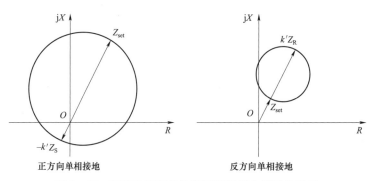

图 2-19 正序电压极化的接地阻抗继电器动作特性

　　PCS-931 保护装置内设置低压距离继电器，当正序电压小于 $10\% U_n$ 时，进入低压距离程序。此时只可能有三相短路和系统振荡两种情况，系统振荡由振荡闭锁回路区分，这里只需考虑三相短路。三相短路时，因三个相阻抗和三个相间阻抗性能一样，所以仅测量相阻抗。一般情况下各相阻抗一样，但为了保证母线故障转换至线路构成三相故障时仍能快速切除故障，所以对三相阻抗均进行计算，任一相动作跳闸时选为三相故障。低压距离继电器记忆故障前的母线电压作为极化电压，当出口三相短路时极化电压也不为零，可以防止此时距离保护不正确动作。

第五节　继电器出口触点绝缘不足导致开关误动事故

一、案例简述

　　某日 16 时 13 分，某 220kV 变电站 110kV 线路 164 开关跳闸，未重合。保护无动作信号。

1. 电网运行方式

事故前该变电站 110kV 线路 164 开关运行中。

2. 保护配置情况

164 间隔保护测控配置情况见表 2-5。

表 2-5　　　　　　　　　　164 间隔保护测控配置情况

序号	类型	型号
1	164 保护装置	PSL-621
2	164 测控装置	FCK-801

二、案例分析

1. 保护动作情况

164 保护、测控及对应的母差均无动作信号，164 保护装置内变位报文见表 2-6。

表 2-6　　　　　　　　　　164 间隔保护装置的变位报文

序号	时间	接点名称	动作情况
1	16:13:34.150	重合闸充电满	1→0
2	16:13:34.157	TWJ	0→1

2. 事故原因

（1）开关误分原因。检查后台这段时间内的所有关于 164 开关的 SOE 事件，后台报文见表 2-7。

表 2-7　　　　　　　　　　后台机处 164 间隔相关报文

信号	信号类型	时间
164 测控间隔 FCK-801_n401 控制回路断线合	遥信告警	16:13:34.55
164 测控间隔 FCK-801_n204 断路器 164 分位合	遥信告警	16:13:34.82
164 测控间隔 FCK-801_n401 控制回路断线分	遥信告警	16:13:34.91
164 测控间隔 FCK-801_n403 线路 TV 断电合	遥信告警	16:13:34.217

　　由保护装置上重合闸充电满复归信号可判断导致开关分闸可能性应为母差保护跳闸或遥分回路跳闸（见图 2-20）。检查后台及测控装置均无遥控分闸信号，确定不存在主站误遥控。检查回路发现，跳闸开入回路 1D102（33）线处电位为 -104V，而负电处电位为 -117V，判断正电到 1D102（33）之间的母差保护、遥分触点存在绝缘不足的情况，在跳闸回路上分压造成 1D102（33）和负电电位不相等。逐一解除上述接线后发现，解除测控装置遥控出口线（图 2-20 中 221）后，1D102（33）线电位恢复到 -117V 左右和负电

源一致，怀疑测控遥控出口触点存在绝缘异常情况。

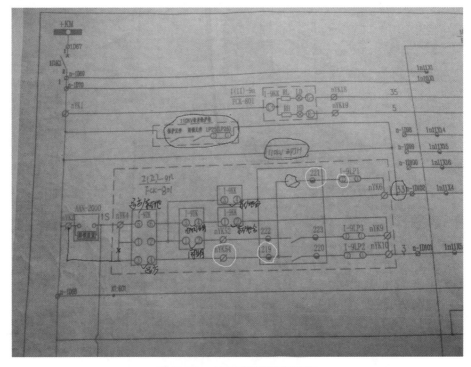

图 2-20 164 间隔控制回路图

拆除测控出口板，使用万用表测量遥控分闸出口触点 219 及 221 之间，电阻无穷大，使用 500V 绝缘电阻表测试，绝缘电阻为 0MΩ，判断为测控装置 FCK-801 遥控出口继电器触点绝缘不足，在故障时有可能该触点在工作电压作用下被击穿导致开关误分闸（见图 2-21）。

图 2-21 164 间隔测控装置出口板及损坏的继电器

（2）历次试验报告检查。8年前试验报告（首检）、2年前试验报告（全检）分别见表2-8、表2-9。

表2-8   8年前试验报告（首检）

序号	项目	绝缘电阻（MΩ）
1	遥控分合回路对地及出口各接点之间	108
2	结论	合格

注   各回路绝缘大于10MΩ。

表2-9   2年前试验报告（全检）

序号	项目	绝缘电阻（MΩ）
1	遥控分合回路对地及出口各接点之间	21
2	结论	合格

注   各回路绝缘大于10MΩ。

虽然两年前全检时试验报告绝缘满足要求，但是对比8年前首检试验报告可以明显看出绝缘下降情况，由于试验人员并未比对两次试验数据，未能发现问题并采取措施。

3．事故结论

（1）测控装置遥控分闸继电器老化，接点间绝缘不足，是造成开关跳闸的主要原因。

（2）试验人员未比对两次试验数据，及时发现该出口接点存在的问题，是这次事故的间接原因。

4．规程要求

DL/T 478—2013《继电保护和安全自动装置通用技术条件》规定：

4.5.3   与断路器跳合闸线圈和控制器相连的继电器

4.5.3.1   电流型继电器的启动电流值不大于0.5倍额定电流值。

4.5.3.2   电压型继电器的启动电压值不大于0.7倍额定电压值，且不小于0.55倍额定电压值。

4.5.3.4   介质强度：装置的介质强度应满足以下要求：

a）同一组触点断开时，能承受工频1000V电压，时间1min；

b）触点与线圈之间，能承受工频2000V电压，时间1min。

5．整改措施

（1）更换测控出口板件。

（2）排查同型号同批次设备，发现问题及时更换。

（3）要求比对试验报告，发现首检及全检数据偏差较大的应深入查找原因。

三、延伸知识

在继电保护试验中，前后数据对比是一个重要的工作。

在不同次试验中，前后数据肯定会有变化，这是因为温度、湿度、设备使用时长、不同的试验设备等因素造成，但是所有数据变化规律还是有迹可循的。

例如同时校验一块操作板内的继电器，由于他们使用时长相同，因此他们的动作电压、动作时间变化是呈现统一趋势的，但是其中的 TWJ、HWJ 却不一定，因为开关长期处于运行状态，HWJ 是长期励磁，TWJ 只是偶尔励磁，因此这两类继电器变化就会呈现不同的规律，这就需要调试者具备丰富的经验来判断。对比前后数据变化，可以帮助我们提前发现设备"隐疾"，防患未然。

第三章 回路故障类

第一节 断路器机构故障引起的非全相跳闸事故

一、案例简述

某日,某 220kV 变电站在操作站内 220kV 254 线路由热备用转合环运行时,254 开关第Ⅰ、Ⅱ组非全相保护动作,跳开 254 开关。

该变电站 254 间隔保护配置见表 3-1。

表 3-1   254 间隔保护配置表

厂站	调度命名	保护型号	CT 变比
某变电站	220kV 254 第一套保护装置	CSC-103B	1200/5
某变电站	220kV 254 第二套保护装置	RCS-931	1200/5
某变电站	220kV 254 非全相保护装置	开关自带	—

二、案例分析

1. 动作情况

该日 21 时 04 分,运维人员操作调令"220kV 254 线路由热备用顺控为合环运行"时,后台显示开关未合闸,同时报"Ⅰ、Ⅱ组非全相保护动作"和"第Ⅰ、Ⅱ组控制回路断线"等光字牌信号,经运维人员至开关场检查,254 开关处于三相分闸位置。

2. 事故原因

(1)故障处理过程。在送电过程中,21 时 05 分运维人员告知 220kV 254 开关在遥控过程中合闸未成功;现场参与送电工作的二次人员先对后台的遥信报文进行排查,确认了"Ⅰ、Ⅱ组非全相保护动作""第Ⅰ、Ⅱ组控制回路断线"等光字牌信号。二次人员对 254 间隔保护、测控装置信号进行了检查,发现保护装置没有动作信号,初步判定本次跳闸非保护装置出口。

为查清本次事件的具体动作行为,二次人员对当时 220kV 故障录波器的故障波形进行调阅,如图 3-1 所示。

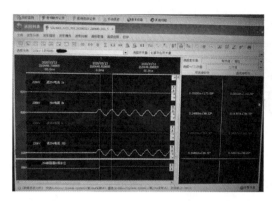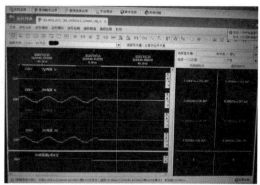

图 3-1   220kV 254 间隔故障录波图

图 3-1 中第一张图是录波起始时刻,可以看出 21 时 04 分 46.8 秒,254 开关 B 相由分至合且有负荷电流,A、C 相开关处于分位且无负荷电流,254 间隔零序电流与 B 相电流一致。

图 3-1 中第二张图是录波结束时刻,可以看出 21 时 04 分 49.4 秒,254 开关 B 相由合至分且负荷电流消失,A、C 相开关一直处于分位且无电流,254 开关 B 相合位时间约为 2.6s。

根据以上波形分析:从录波起始时刻开始,仅有 254 开关 B 相位置变位由分至合且有负荷电流,A、C 相开关位置开入一直处于分位且无电流,B 相开关经过 2.6s 左右时间位置变位由合至分,同时 B 相电流消失。通过查阅图纸得知 254 开关采用开关机构非全相保护方式,时间整定为 2.5s,判断 254 开关变位时间符合开关机构非全相保护的动作时间值 2.5s(2.6s 需扣去开关合闸分闸的机构动作时间)。由此可以得出,运维人员在操作遥合 254 开关三相合闸过程中,254 开关机构仅有 B 相开关合上,A、C 两相开关因故未能合闸,现场开关三相位置不一致,经 2.5s 延时后,开关机构第 Ⅰ、Ⅱ 组非全相保护正确动作,跳开 B 相开关,保护的动作行为正确。

在初步判断 254 开关 A 相、C 相开关合闸回路出现故障未能合闸后,二次人员到 254 开关处检查三相开关机构箱,打开箱体,现场人员闻到刺鼻的焦味,肉眼观察发现 A 相、C 相开关合闸线圈有烧焦痕迹,在确认断开操作电源,合闸线圈两端无电压,并保证在二次回路上工作不会引起开关误动的情况下,对合闸线圈的阻值进行测量,发现 A、C 相线圈电阻为 320Ω 左右,B 相线圈为 200Ω,确定 A、C 相线圈已烧坏,B 相线圈完好,同时观察到 A、C 相合闸线圈铁芯处有明显的锈蚀痕迹。

0 时 26 分,254 开关转为冷备用状态,并在 0 时 38 分许可检修人员的现场抢修工作,现场检修人员检查发现 254 开关机构箱内未见明显水迹,但 A、C 相合闸线圈的铁芯存在锈蚀现象,铁芯动作卡涩,无法完成合闸动作,如图 3-2 所示。

现场检修人员对 A、C 相合闸线圈掣子(带合闸线圈)进行整体更换,然后送上操作电源、254 间隔控制回路断线信号消失,同时对开关进行多次传动试验,开关分合闸均正常。2 时 22 分检修人员完成 A、C 相合闸线圈更换。

合闸线
圈已烧毁

合闸线
圈铁芯锈蚀

合闸线
圈锈蚀情况

图 3-2　机构箱合闸线圈损坏情况

3 时 31 分，254 开关恢复运行。

（2）开关拒动原因分析。开关分合闸线圈铁芯材质为硅钢片，当运行环境湿度较大时易造成铁芯锈蚀，254 开关合闸线圈锈蚀现象如图 3-3 所示。

ABB 开关机构分合闸线圈铁芯动作行程仅 2～3mm，锈蚀引起铁芯动作卡涩且动作行程间隙变小，导致顶针向左运动行程缩短，脱扣部件无法向下运动，合闸脱扣装置无法脱扣，开关机构不能正常合闸，造成合闸线圈持续通电引起线圈烧毁。因此 A、C 相开关无法合闸，B 相开关正常动作，从而引起开关非全相保护动作跳开 B 相开关。

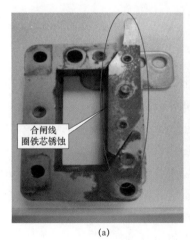

合闸线
圈铁芯锈蚀

脱扣部件
无法向下

顶针向
左运动

动作间
隙变小

(a)　　　　　　　　　　　　　(b)

图 3-3　合闸线圈铁芯锈蚀情况

（a）合闸线圈铁芯；（b）合闸掣子（带线圈）

3. 事故结论

这起事故的主要原因开关分合闸线圈铁芯材质为硅钢片，当运行环境湿度较大时易造成铁芯锈蚀，锈蚀引起铁芯动作卡涩且动作行程间隙变小，导致合闸脱扣装置无法脱扣，开关机构不能正常合闸，进而导致非全相保护动作跳开开关，同时机构的卡涩也造成合闸线圈持续通电引起线圈烧毁。

4. 规程要求

GB/T 50976—2014《继电保护及二次回路安装及验收规范》规定：4.2.4 端子箱、户外接线盒和户外柜应封闭良好，应有防水、防潮、防尘、防小动物进入和防止风吹开箱门的措施。

5. 整改措施

（1）针对性的开展该厂家开关机构专项隐患排查。重点检查分合闸线圈掣子锈蚀情况，机构箱密封性和受潮情况，加热板加热功能是否正常。同时，加强机构箱内温湿度控制器启停功能检查，通过调整温度或湿度启动值来检查温湿度控制器及探头是否正常、加热器能否正确投切。

（2）加强开关机构例检消缺工作。加强开关机构检修质量管控，重点对开关机构分合闸线圈掣子的运行工况、动作性能、锈蚀情况等进行检查，对存在铁芯严重锈蚀影响分合闸正常动作的部件进行更换，消除设备隐患。结合停电检查开关机构箱内储能空开分合功能，及时更换老化、损坏、动作异常的储能空开。

（3）针对该厂家开关机构箱受潮造成分合闸铁芯锈蚀情况，统筹安排在部分易受潮的 ABB 开关机构箱内加装凝露排水式除湿机，改善 ABB 开关机构箱运行环境。对于存在受潮、密封不严的机构箱开展整改。

（4）设备投产验收时，加强开关机构箱密封性验收（机构箱密封胶条、内部防火封堵、顶部吊环是否符合要求等），对开关机构顶管两侧管口封堵情况应同步开展检查验收，确保机构箱密封性能完善。

三、延伸知识

断路器机构箱加热器通常安装在箱体底部，上端只有一个很小的预留呼气孔，当箱体内部大量渗水或受潮后，积水在加热器加热和阳光照射作用下，被蒸发成水蒸气上升至机构箱顶部，不能及时地全部排出机构箱；当遇外部天气突然变冷时，未及时排出的水蒸气就在机构箱顶端凝结成水珠，并滴落在开关操作机构上。

断路器操作机构上的铁质部件在潮湿环境中容易生锈，锈蚀引起机构动作卡涩，导致分合闸脱扣装置无法正常脱扣，断路器机构不能正常分合闸，甚至造成分合闸线圈烧毁。所以机构箱内部渗水或受潮是导致断路器机构箱操作机构生锈的直接原因。

断路器机构箱产生大量渗水或受潮主要有以下几种：

（1）机构箱底部电缆入口封堵不严，导致大量水汽进入机构箱。户外场地电缆沟内部环境恶劣，异常湿热，有些地方常年积水，因而水汽非常多。而作为重要设备的断路器机构箱则是通过电缆保护管或槽盒直接同电缆沟形成连接的。一旦存在温差，水汽就容易运动、扩散，顺着电缆保护管或槽盒从机构箱底部进入内部。

（2）从开关机构箱上端门框缝隙渗水进入机构箱内部。目前许多机构箱都是采用海绵垫进行密封防水，由于长期运行老化的原因，一部分海绵垫弹性较差，门框压痕比较深，造成海绵垫上端沿与门框上端存在缝隙，所以当雨量较大时，积水会漫过海绵垫上沿从海绵垫背面流入机构箱箱体内部。同时由于箱门海绵垫老化、没有弹性，水也会从上端压痕深的地方渗入机构箱内部。

（3）机构箱顶部盖板、各连接焊缝处有砂眼。解决方法：

1）结合机构箱定期清扫等维护作业计划，及时检查机构箱电缆进线口防火泥封堵的情况。

2）对于使用海绵垫密封的断路器机构箱，建议厂家将密封海绵垫换成密封性、伸缩性及恢复性能更好的橡胶垫。

3）将机构箱顶端的防雨罩扩大扩宽，让雨水不能轻易进入机构箱门的凹槽。

4）结合停电计划，通过检查和现场洒水器喷淋实验，发现机构箱顶部盖板、各连接焊缝处是否存在砂眼渗水的情况，并采取相应的对策。

第二节　回路接触不良引起的瞬时单相故障开关未重合事件

一、案例简述

某日，220kV 变电站 220kV 某线 263 线路 A 相发生瞬时故障，故障相电流值 11.11A。263 线路配置 RCS-931AM、RCS-902C 保护装置，两套保护均动作，跳开 263 线路 A 相开关，随后 B、C 相开关跳开。

二、案例分析

1. 保护动作情况

现场检查，保护定值正确。RCS-931AM 与 RCS-902C 保护动作情况见表 3-2。

表 3-2　　　　　　　　　　保 护 动 作 情 况

间隔	保护装置	故障电流（A）	保护动作时间（ms）	保护动作情况
220kV 变电站 220kV 某线 263 线路	RCS-931AM	11.11	10	A 相电流差动保护
	RCS-902C	11.16	13	A 相纵联零序方向纵联距离动作
	开关机构	—	2557	开关第一组非全相保护动作开关第二组非全相保护动作

2. 事故原因

保护装置启动后的变位情况见表 3-3。

表 3-3 保护启动后变位情况

时间（ms）	A 相跳闸位置	时间（ms）	A 相跳闸位置
58	0→1	244	1→0
168	1→0	265	0→1
171	0→1	271	1→0

结合厂家保护装置调取的波形来看，保护启动后经过 10ms 保护发跳 A 命令，58ms A相开关跳开，271ms 保护装置收到"A 相跳闸位置 1→0"，保护装置判别 A 相开关在合闸位置，从而未发出重合闸命令，经过 2.5s 后非全相保护动作跳开其他两相。

在保护动作跳闸后 220kV 某线 263 线路报"控制回路断线"，检修人员现场检查为开关汇控柜上远方就地把手辅助触点接触不良造成，从而使保护装置接收到的 A 相跳闸位置为 0→1→0。

下面举例分析控制回路断线的原因。

以开关机构为 LW10B-252W、操作箱为 CZX-12R 为例，来说明远方就地把手与控制回路断线信号的关系。保护操作箱到现场开关机构端子箱的接线，合闸回路如图 3-4 所示，分闸回路如图 3-5 所示。

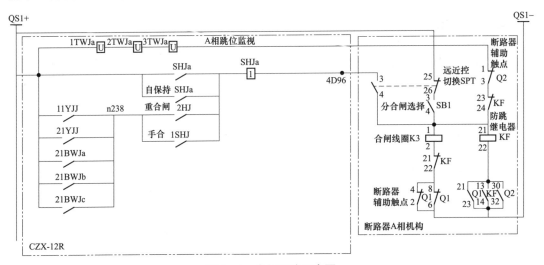

图 3-4 合闸回路示意图

其中 Q1、Q2 为断路器位置辅助触点，两图中的触点均为断路器在分位时的状态，当开关合闸过程中辅助触点进行切换，常闭闭合，常闭断开；SPT 为开关机构箱内远方/就地把手，可进行开关远方，就地分合，当切至远方时（3、4）（13、14）（23、24）触点接通，可以进行远方遥控和保护跳合闸，当切至就地时（25、26）（27、28）（29、30）触点接通，可以进行开关场就地分合闸；SB1 为开关就地分合闸选择开关；SB4 为开关就地主副分闸选择开关；QS1、QS2 分别为 220V 直流电源 I、II 段，取自不同的蓄电池供电的直流母线，其中压力监视电源、合闸电源与分闸 I 电源取自 220V 直流电源 I 段，分闸 II

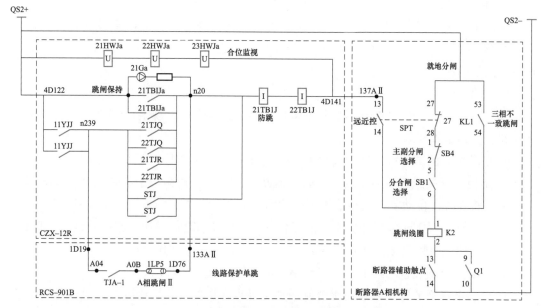

图3-5 分闸回路示意图

电源取自220V直流电源Ⅱ段。

由图3-4、图3-5可见，合闸监视和跳闸监视继电器其回路分别如下所述：

跳位监视：当断路器在跳位，合闸正电源QS1+→跳位监视继电器1TWJa、2TWJa、3TWJa→断路器动断触点Q2（1、3）→防跳KF动断触点（23、24）→合闸线圈K3→KF动断触点（21、22）→断路器位置动断触点Q1（2、4）（6、8）→合闸负电源QS1-。回路接通后，1TWJa、2TWJa、3TWJa动作，为保护和信号回路提供动作触点，并表示合闸回路完好。在跳位监视回路中之所以串接防跳继电器动断触点和断路器动断触点，是为了防止TWJ与防跳继电器分压造成防跳继电器自保持而无法复归和操作箱中红绿灯点亮的情况出现。

合位监视（以第二组为例）：当断路器在合位，且断路器本体远方就地切换把手在远方位置时，分闸正电源QS2+→合位监视继电器21HWJa、22HWJa、23HWJa→SPT远方就地切换把手远方触点（13、14）→跳闸线圈K2→断路器位置动断触点Q1（13、15）（9、10）→分闸负电源QS2-。回路接通后，21HWJa、22HWJa、23HWJa动作，为保护和信号回路提供动作触点，并表示第二组跳闸回路完好。

当开关在运行合位时，对于TWJ回路，由于断路器动断触点Q2（1、3）断开，因此回路失电，TWJ是失磁的。若此时SPT远方就地切换把手远方触点（13、14）接触不良，或远方就地把手损坏，则此时HWJ回路也是断开而励磁不了的。

因此，当开关在分位时，如果远方就地把手串在控制回路中的远方触点接触不良，或者将远方就地把手从远方位置切至就地，都会导致TWJ失磁，由于此时HWJ也失磁，因此HWJ与TWJ动断触点都接通而报出"控制回路断线"信号。

3. 事故结论

保护跳合闸控制回路中串接了开关汇控柜上远方就地把手辅助触点，由于远方就地把手辅助触点接触不良造成了保护未发出重合闸命令，开关未重合，从而导致非全相保护动作跳开其他两相。

4. 规程要求

GB/T 14285—2006《继电保护和安全自动装置技术规程》规定：5.2.2 自动重合闸装置应符合下列基本要求。

a. 自动重合闸装置可由保护起动和/或断路器控制状态与位置不对应起动；

b. 用控制开关或通过遥控装置将断路器断开，或将断路器投于故障线路上并随即由保护将其断开时，自动重合闸装置均不应动作；

c. 在任何情况下（包括装置本身的元件损坏，以及重合闸输出触点的粘住），自动重合闸装置的动作次数应符合预先的规定（如一次重合闸只应动作一次）；

d. 自动重合闸装置动作后，应能经整定的时间后自动复归；

e. 自动重合闸装置，应能在重合闸后加速继电保护的动作。必要时，可在重合闸前加速继电保护动作；

f. 自动重合闸装置应具有接收外来闭锁信号的功能。

5. 整改措施

（1）深入开展断路器"远方/就地"切换开关排查，对"远方/就地"切换开关落实排查责任。

（2）保护和监控系统分、合闸回路经"远方/就地"切换开关控制的断路器，在正常运行及热备用状态时，严禁将断路器控制模式切换至"就地"位置。

（3）运维人员应高度重视告警信号，出现断路器控制回路断线等告警时，应立即处理。运行设备出现断路器控制回路断线告警时，经确认且异常短时无法处理，应尽快停运断路器；待投运设备出现断路器控制回路断线告警时，若异常未处理，严禁操作断路器合闸。

三、延伸知识

1. 重合闸的启动方式

重合闸的启动方式有两种：不对应启动和保护启动。不对应启动即断路器控制开关的位置与断路器位置不对应启动；装置用跳闸位置触点引入装置开入量判断断路器位置，如果开入闭合，说明断路器在断开状态，若此时控制开关在合闸状态，说明原先断路器是处于合闸状态的。这两个位置不对应启动重合闸的方式称"位置不对应启动"。不对应启动的优点是简单可靠，缺点是位置继电器触点异常，断路器辅助触点不良等情况下造成启动失效。保护启动是指保护动作发出跳闸命令后启动重合闸的方式；本保护动作跳闸后，检测到线路无电流启动重合，通常装置也设置一个"外部跳闸启动重合闸"的开关量输入，以便于双重化配置的另一套保护启动本保护重合。保护启动简化重合闸设置，只需保护装置软件判断以固定的模式重合，所以简单可靠。

2. 控制回路断线

控制回路断线信号接线示意图如图 3-6 所示，取 TWJ 动断触点串接 HWJ 动断触点。

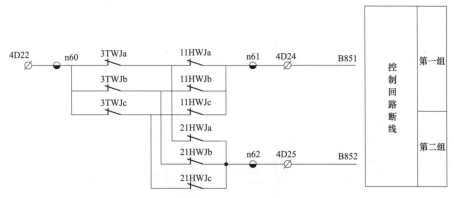

图 3-6 控制回路断线

第三节 AVC 频繁误合电容器引起的主变越级跳闸事故

一、案例简述

某日 13 时 29 分 04 秒，110kV 某变电站 10kV 5 号电容器组本体发生爆炸，事故前 5 号电容器组 905 开关发生多次合分，13 时 38 分 47 秒其对应的 2 号主变低后备过电流保护动作跳开 98B 开关切除 10kV Ⅱ 段母线，故障点被隔离。

故障前运行方式如图 3-7 所示。

二、案例分析

1. 保护动作情况

（1）5 号电容器组保护动作情况见表 3-4。故障过程，该开关共分闸 20 次，合闸 21 次，最后一次电容器保护正确动作，但 905 开关未能分闸（事故调查时 905 开关在合位），由 2 号主变低压侧 98B 开关动作切除故障。

图 3-7 故障前运行方式

表 3-4　　　　　　　　　　　电容器组保护动作情况表

序号	时间	保护动作情况	跳闸时间（s）	时间差（s）
1	13:29:04	不平衡保护	0.2	
2	13:30:04	不平衡保护	0.2	
3	13:33:03	不平衡保护，过电流Ⅱ段	0.2	
4	13:36:19	过电流Ⅰ段	0.2	

序号	时间	保护动作情况	跳闸时间（s）	时间差（s）
5	13:36:29	过电流Ⅰ段	0.2	10
6	13:36:34	过电流Ⅰ段	0.2	5
7	13:36:42	过电流Ⅰ段	0.2	8
8	13:36:50	过电流Ⅰ段	0.2	8
9	13:36:58	过电流Ⅰ段	0.2	8
10	13:37:05	过电流Ⅰ段	0.2	7
i1	13:37:13	过电流Ⅰ段	0.2	8
12	13:37:21	过电流Ⅰ段	0.2	8
13	13:37:29	过电流Ⅰ段	0.2	7
14	13:37:36	过电流Ⅰ段	0.2	7
15	13:37:43	过电流Ⅰ段	0.2	7
16	13:37:58	过电流Ⅰ段	0.2	15
17	13:38:07	过电流Ⅰ段	0.2	9
18	13:38:17	过电流Ⅰ段	0.2	10
19	13:38:28	过电流Ⅰ段	0.2	11
20	13:38:37	过电流Ⅰ段	0.2	9
21	13:38:46	过电流Ⅰ段	0.2	9

（2）2号主变保护动作情况。调取2号主变低后备保护内部故障录波，保护启动时间为13时38分46秒，低压侧为三相短路故障，故障电流为（4851A/1.617A），且持续时间达到了过电流保护一时限（1.1s跳母分）、二时限定值（1.4s跳本侧），保护正确动作，断路器亦正确分闸。2号主变低后备保护故障动作波形如图3-8所示。

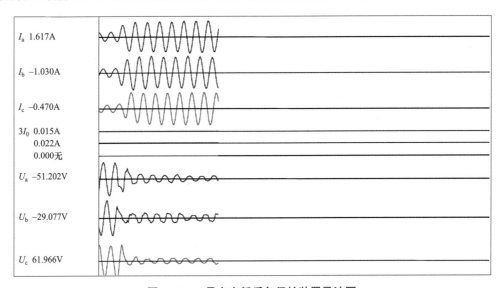

I_a 1.617A

I_b −1.030A

I_c −0.470A

$3I_0$ 0.015A
0.022A
0.000无

U_a −51.202V

U_b −29.077V

U_c 61.966V

图3-8 2号主变低后备保护装置录波图

2. 事故原因

（1）5号电容器频繁合闸原因分析。检查综合自动化报文，发现电容器前三次合闸来自调度主站遥控，调取主站的 AVC 情况，见表3-5。

表3-5 主站 AVC 遥控情况

命令时间	设备名	动作前	动作后	指令原因	指令状态
13:29	10kV 5号电容器 905	退出	投入	电压（10.284）越考核下限	执行失败
13:30	10kV 5号电容器 905	退出	投入	电压（10.273）越考核下限	执行失败
13:33	10kV 5号电容器 905	退出	投入	电压（10.273）越考核下限	执行失败

发现其中三次合电容器时间（13时29分、13时30分、13时33分）与电容器三次不平衡保护动作时间相符；判定为 AVC 在第一次因母线低电压遥合905开关时，5号电容器某只电容被击穿，导致"不平衡电压"保护动作，跳开开关，AVC 判断为"执行失败"，又执行了两次开关合闸。

电容器在短时间内连续断电送电，合闸电压与电容器残留电压叠加产生高电压，导致电容器击穿乃至爆炸，13时33分03秒电容器保护动作报文也证明了这一判断——此时电容器保护动作报文不再只是"不平衡电压"动作，而开始有了"过电流二段"动作，说明电容器已经发生了较为严重的故障。

在13时33分03秒的电容器第三次跳闸之后，5号电容器905开关连续17次合闸，又连续16次因"过电流一段"动作而分开，间隔时间基本为8s左右（见表3-4），判断为合闸触点粘合导致，之所以间隔8s左右是开关在等待弹簧储能。但是这里就产生新的疑问，合闸触点为何恰巧这个时候粘连，防跳回路为何未起作用。

仔细检查报文，发现在13时35分12秒时，后台机有"直流系统正失地"动作的告警信号。经检查发现失地点为5号电容器的信号回路，断开相应电源空开，站内直流系统由"正失地"变为"负失地"，再检查发现，"负失地"点在5号电容器的控制回路。

由此可以判断，在13时33分03秒的电容器第三次跳闸之后5号电容器已开始发生爆炸，引起5号电容器旁边的"电容器本体地刀位置闭锁合闸回路"及"电容器本体地刀信号回路"电缆绝缘烧化，导致信号回路正电（801）于13时35分12秒失地，紧接着在13时36分19秒合闸回路（7或者7A）亦开始失地，此时相当于正电（801）与合闸回路（7或者7A）直接短接，造成之后的17次开关合闸现象，具体回路如图3-9所示。

由于防跳回路在操作箱，并没使用开关本体的防跳，因此防跳回路不能正确闭锁开关跳跃。

在电容器本体电缆（见图3-10），可以看见电缆外皮已经烧毁，导致铜芯直接与隔离网碰触。

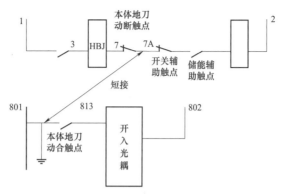

图 3-9　电容器合闸回路图

图 3-10　电容器本体电缆处

（2）AVC 系统不能闭锁对故障电容器操作的原因检查。检查主站，能正确接收到"5 号电容器不平衡动作"的信号，也将此信号列入 AVC 闭锁条件，但是"5 号电容器不平衡动作"信号为自动返回信号，即故障切除后，该信号就自动复归，AVC 就不闭锁对 5 号电容器的操作。

（3）5 号电容器"不平衡"动作原因。因 5 号电容器历经爆炸，已无法确定是否真的存在某只电容损坏的情况，变电二次人员对 5 号电容器保护装置进行试验，保护装置动作行为正常。

（4）2 号主变低后备越级跳闸分析。一次检修人员对 905 开关内部机构和机械特性检查，发现开关在线圈动作、机械脱扣到实际开关闸到位时间超过 1s（正常只要几十毫秒），机构故障是开关经多次分合闸冲击造成，从 905 合闸时间间隔也可以分析出（见表 3-4），开关机械特性在第 16 次合闸时，已经出现问题，因此 13 时 38 分 46 秒 5 号电容器保护最后一次动作时，905 开关无法正确分闸，导致越级跳闸。

3．事故结论

（1）AVC 闭锁操作不应在故障信号复归之后即自动解除闭锁，应设置为手动解除闭锁，这是事故发生的主要原因。

（2）该站为 2006 年投运的变电站，未使用开关机构防跳功能，只使用保护装置内操作板的防跳功能，是这起事故的次要原因。

（3）户外电缆未使用蛇皮管或钢管护套，导致了二次电缆在事故中因爆炸而被烧熔短路，是这起事故的次要原因。

4．规程要求

（1）调自〔2010〕197 号（关于印发《福建电网变电站无功调节设备 AVC 控制闭锁信号整定原则》的通知）内条款规定：

3　电容器、电抗器 AVC 控制闭锁信号整定原则

3.1　电容器、电抗器保护的所有保护动作跳闸信号应闭锁 AVC。

（2）国家电网设备〔2018〕979 号《国家电网有限公司关于印发十八项电网重大反事故措施（修订版）》（简称《国网十八项反措》）规定：12.1.2.1 断路器交接试验及例行试验中，应对机构二次回路中的防跳继电器、非全相继电器进行传动。防跳继电器动作时间应小于辅助开关切换时间，并保证在模拟手合于故障时不发生跳跃现象。

15.6.2.8 由一次设备（如变压器、断路器、隔离开关和电流、电压互感器等）直接引出的二次电缆的屏蔽层应使用截面不小于 4mm² 多股铜质软导线仅在就地端子箱处一点接地，在一次设备的接线盒（箱）处不接地，二次电缆经金属管从一次设备的接线盒（箱）引至电缆沟，并将金属管的上端与一次设备的底座或金属外壳良好焊接，金属管另一端应在距一次设备 3～5m 之外与主接地网焊接。

5．整改措施

（1）AVC 闭锁条件应改为：瞬时动信号应闭锁 AVC，并需手动解除闭锁后方可开放操作。

（2）结合年检工作，尽快将防跳功能移至断路器本体。

（3）按照《国网十八项反措》要求，由一次设备引出的电缆应加装金属管。

三、延伸知识

（1）电网电压无功自动控制（Automatic Voltage Control，AVC）简介。主要功能是通过调度自动化系统采集各节点遥测、遥信等实时数据进行在线分析和计算，以各节点电压合格、关口功率因数为约束条件，进行在线电压无功优化控制，实现主变分接开关调节次数最少、电容器投切最合理、发电机无功出力最优、电压合格率最高和输电网损率最小的综合优化目标，最终形成控制指令，通过调度自动化系统自动执行，实现了电压无功优化自动闭环控制。

（2）使用机构防跳时，TWJ 监视回路应增加开关动断辅助触点及防跳继电器动断

触点。如图 3-11 虚线所示，TWJ 监视回路如果不串入 DL 动断触点，则可能出现开关合位时红绿灯一起亮的问题，也可能导致 KO 误得电启动防跳。

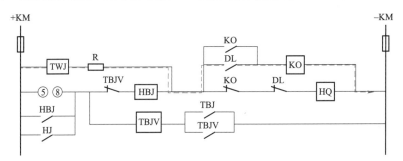

图 3-11　TWJ 监视回路设计不合理时出现问题回路实例

KO 动断触点避免了开关分闸后不能再次合闸的缺陷。

正确接法如图 3-12 所示。

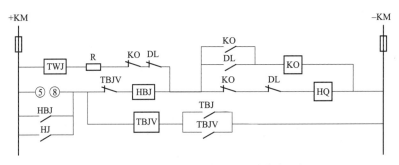

图 3-12　TWJ 监视回路正确设计方案示例

（3）直流系统多点失地的危害分析，回路失地示意图如图 3-13 所示。

图 3-13　回路失地示意图

图中①②两点失地时，导致继电器误动；①③两点失地时，导致电源空开跳开；②③两点失地时，导致继电器拒动。

第四节　交直流互串导致站用变压器非电量误动作

一、案例简述

某日，某 500kV 变电站事故照明 UPS 故障引起交直流互串，同时存在直流失地情况，导致站内 2 号站用变压器（简称站用变）非电量保护动作，跳开 2 号站用变高压侧 361、低压侧 420 开关，站用变备自投未动作。

1. 电网运行方式

故障前，0、1、2 号站用变正常运行，310、381、361、400、410、420 开关处运行状态、站 401 和站 402 处热备用状态。站用电系统主接线图如图 3-14 所示。

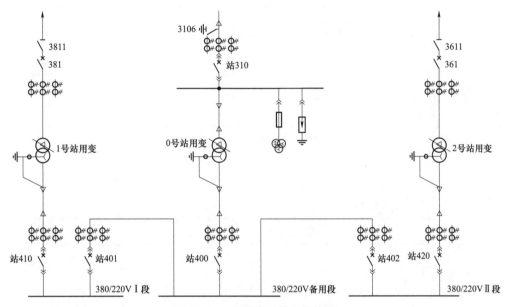

图 3-14　所用电系统主接线图

2. 保护配置情况

保护配置情况见表 3-6。

表 3-6　　　　　　　　保 护 配 置 情 况 表

序号	调度命名	保护型号
1	35kV 2 号站用变 CSC-241C 保护测控装置	CSC-241C
2	400V 2 号备自投装置	CSC-246

二、案例分析

1. 信号动作情况

信号动作情况见表 3-7。

表 3-7　　　　　　　　信 号 动 作 情 况 表

序号	时间	事　件
1	12:01	直流 I 母线正接地动作、负接地交替动作复归、直流主屏接地。 2 号站用变 361 保护启动、复归。 直流主屏接地告警、复归（一直反复到 23:15）
2	12:09	2 号站用变 361 保护启动、复归

序号	时间	事　件
3	22:20	2 号站用变 361 非电量 1 跳闸、事故照明 UPS 输出故障。 直流 I 母线正接地复归、负接地动作。 2 号站用变备自投没有动作信息
4	22:30	380V II 段由 0 号站供电。 直流 I 母线正接地动作、负接地复归
5	22:32	500kV 某开关测控装置空开跳闸
6	23:15	隔离事故照明 UPS 交直流输入。 直流 I 母线正接地复归。 直流主屏接地复归
7	23:34	合上 500kV 某开关测控装置空开
8	23:53	直流 I 母线正接地动作
9	0:09	断开 500kV 某开关测控装置空开。 直流 I 母线正接地复归
10	0:36	合上 500kV 某开关测控装置空开，正常

2. 事故原因

（1）现场检查处理情况。

1）35kV 2 号站用变高、低压侧开关跳闸处理。现场检查二次设备："非电量 1 本体及有载重瓦斯动作"，22 时 30 分，运维人员将 380V II 段母线转接 35kV 0 号站用变供电。

2）500kV 某开关测控装置电源空开跳闸处理。经二次检修人员现场检查，发现 500kV 某开关 CT B 相密度计信号线绝缘降低，引起 220V 直流 II 段失地，将 500kV 某开关端子箱 CT B 相二次信号 801 回路隔离，"220V 直流系统母线接地告警"信号复归。00 时 36 分，合上 500kV 某开关测控装置电源空开，恢复正常运行。

3）事故照明处理。运维人员现场检查，发现事故照明逆变器装置有异味。23 时 15 分，将事故照明逆变器隔离（交直流电源输入空开均在断开位置），"直流母线接地信号"复归。

4）站用变备自投未动作处理。经二次检修人员检查现场设备，2 号站用变备自投装置无任何动作信息，备自投装置确无动作。

（2）检查试验与原因处理分析。

1）500kV 开关测控装置电源空开跳闸原因分析。经二次检修人员对 500kV 某开关 CT 密度告警信号回路进行绝缘试验（801 与 840 回路），发现 CT B 相信号 801 公共端直接正失地、CT C 相信号 840 回路对地绝缘 1.4MΩ，均不合格。

检修人员申请将 500kV 某开关转冷备用，CT B 相信号 801 电缆芯破损，更换备用芯后，"801 公共端直接正失地"绝缘恢复至百兆以上，异常消除。

打开 500kV 某开关 CT 接线盒，发现有积水（见图 3-15），进一步检查，发现 C 相蛇皮管积水倒入 CT 接线盒（见图 3-16）。排水烘干后，"C 相信号 840 回路对地绝缘 1.4MΩ 异常情况"恢复至百兆以上，异常消除。

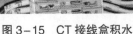

图 3-15　CT 接线盒积水　　　　　　图 3-16　蛇皮管积水

500kV 某开关测控装置电源空开跳闸原因分析：500kV 某开关测控装置电源取自直流 I 段，事故照明直流也是取自直流 I 段，22 时 20 分事故照明异常造成交流和直流互窜，引起直流 I 段正失地和负失地交替一直动作、复归中，22 时 32 分 500kV 某开关 CT 信号回路存在直流正失地。可见在 5013 信号回路存在直流正失地和事故照明引起直流 I 段负失地的时刻，造成 500kV 某开关测控装置电源回路短路，引发 500kV 某开关测控装置电源空开跳闸。

2）事故照明故障分析。

a. 事故照明 UPS 故障引发交流窜直流的分析。论据 1：直流系统频繁上报直流主屏失地告警和复归（22 时 01 分至 23 时 17 分）、多次直流 I 段正失地和负失地交替动作、复归，如图 3-17、图 3-18 所示。

图 3-17　直流失地报警信号 1

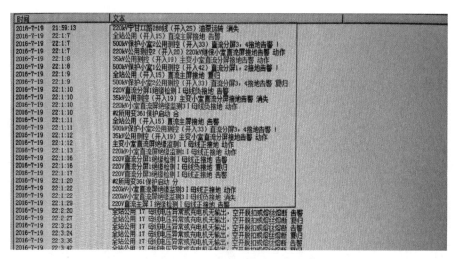

图 3-18　直流失地报警信号 2

论据 2：UPS 交流输入和直流输入之间绝缘为 0。事故照明 UPS 交流输入 A、B、C（隔离变压器二次侧）和直流输入正负之间绝缘均为 0。同时，A、B、C 对地绝缘为 0，直流输入正负对地绝缘为 0。交直流输入示意如图 3-19 所示。

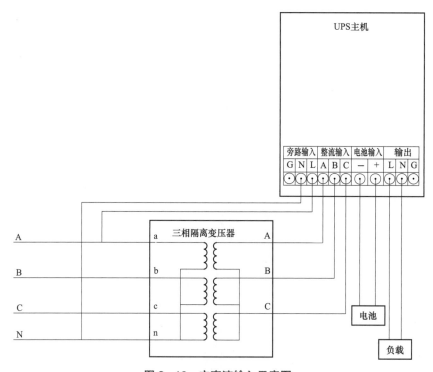

图 3-19　交直流输入示意图

论据 3：检查变电站所有录波装置，发现只有 35kV 小室内接入直流 I 段的故障录波有许多开入异常变位，波形显示类似杂波。35kV 小室内接入直流 II 段、220kV 小室和

500kV 小室的故障录波正常。可见 35kV 小室受交流窜直流干扰最为严重。

b. 事故照明 UPS 检查情况。经与事故照明厂家现场检查，可以判断，由于 UPS 风扇控制转换板上电容炸裂，引起内部电路板和相关联二次线烧灼，导致电路板上至滤波器的交流回路二次线与风扇控制回路的直流回路二次线互窜（见图 3-20、图 3-21）。

图 3-20　UPS 风扇控制转换板

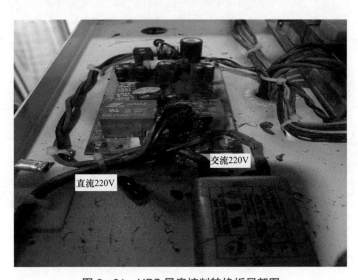

图 3-21　UPS 风扇控制转换板局部图

3）35kV 2 号站用变高、低压侧开关跳闸分析。

a. 35kV 2 号站用变保护报文。35kV 2 号站用变保护从 22 时 01 分就有启动，一直持续到 22 时 44 分（见图 3-22）。

22 时 20 分时 2 号站用变保护重瓦斯动作（见图 3-23），从报文中可见 22 时 09 分保护装置一直启动持续到 22 时 20 分跳闸。

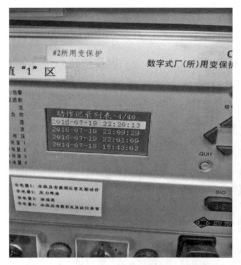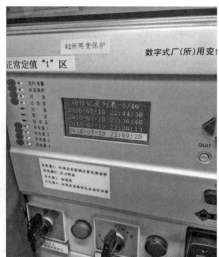

图 3-22 2 号站用变保护启动情况

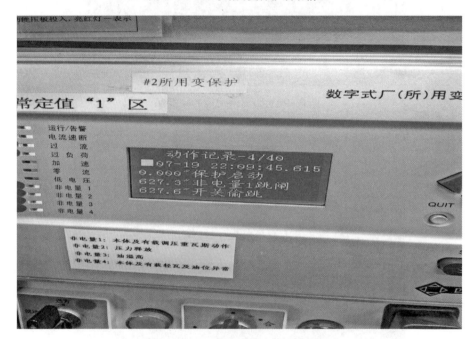

图 3-23 2 号站用变保护动作报文

b. 35kV 2 号站用变保护开入检查情况见表 3-8。

表 3-8　　　　　　　　　　35kV 2 号站用变保护开入检查情况

开入	功能	动作电压（V）	动作电流（mA）	动作功率（mW）
T803	本体或有载重瓦斯	140	0.21	29
T804	弹簧未储能	142	0.24	34
T805	压力释放	144	0.25	36
T806	轻瓦斯	144	0.30	43

续表

开入	功能	动作电压（V）	动作电流（mA）	动作功率（mW）
T807	36M6 合位	142	0.23	33
T808	3616 合位	144	0.27	39
T809	361 断路器合位	145	0.26	38
T810	361 断路器分位	143	0.22	32
T811	控制回路断线	142	0.23	33

结论：动作电压满足要求，动作功率不满足大于 5W 的反事故措施要求。

由表 3-8 测试数据可以看出，低压保测一体装置的非电量开入光耦动作功率远远低于反事故措施要求。

c. 从电缆清册可以看出 35kV 2 号站用变从就地端子箱到保护测量一体装置的站接电缆都超过 150m。

d. 2 号站用变跳闸后，一次检修人员取油样进行检测，检测数据均合格，可以确定 2 号站用变正常，无故障。

综上所述：35kV 2 号站用变重瓦斯误出口原因是由于 2 号站用变保护测量一体装置非电量开入光耦动作功率不满足反措要求，在二次电缆对地电容作用下，当交流串入直流时将引起低功率的光耦误动。

4）站用变备自投未动作分析。站用变备自投装置开入光耦动作功率很低（与站用变保护测量一体装置一样），当交流串入直流时，引起备自投装置多个开入状态误变位，备自投被误放电后引起备自投装置拒动。2 号站用变恢复送电后，组织开展备自投动态模拟试验，当 2 号进线 420 失电时，该备自投装置可靠正确动作，可确定站用变备自投装置正常。

3. 事故结论

此次事故由于 2 号站用变保护测量一体装置非电量开入光耦动作功率不满足反事故措施要求，在二次电缆对地电容作用下，当交流串入直流时将引起低功率的光耦误动。站用变备自投装置开入光耦动作功率很低，当交流串入直流时，引起备自投装置多个开入状态误变位，备自投被误放电后引起备自投装置拒动。

4. 规程要求

国家电网设备〔2018〕979 号《国家电网有限公司关于印发十八项电网重大反事故措施（修订版）》规定：

15.6.7 外部开入直接启动，不经闭锁便可直接跳闸（如变压器和电抗器的非电量保护、不经就地判别的远方跳闸等），或虽经有限闭锁条件限制，但一旦跳闸影响较大（如失灵启动等）的重要回路，应在启动开入端采用动作电压在额定直流电源电压的 55%～70% 范围以内的中间继电器，并要求其动作功率不低于 5W。

5. 整改措施

（1）检修方面。

1）针对保测一体站用变保护光耦动作功率普遍过低的问题，对站用变非电量跳闸启动回路加装大功率重动继电器，具体整改示意回路如图 3-24 所示。

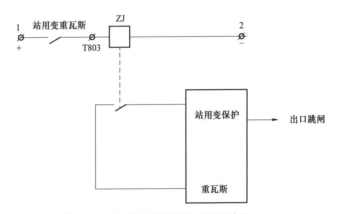

图 3-24　2 号站用变整改示意回路图

2）尽快更换烧毁的事故照明逆变装置，恢复站用变压器（简称站用变）系统应急照明设备。

3）在基建工程，对于就地开关、CT 本体的密度继电器二次引线，应取消接入本体接线盒方式，直接由电缆引入落地端子箱。

4）加强一次设备上蛇皮管最低点开孔整改。

5）加强一次设备本体密度继电器、非电量继电器防雨罩检查，对于过小的防雨罩应及时更换。

6）对于运行年限超过 10 年以上的 UPS，及时列入技改项目进行改造。

（2）运维部分。

1）取消公司所辖变电站内事故照明逆变装置交流输入回路，正常运行均采用直流供电模式作为站内应急照明，与变电站 UPS 管理模式一致。

2）各变电站应将主控楼以外的事故照明采用加装带蓄电池的 LED 灯，主控楼事故照明可接入事故照明 UPS 逆变器供电，灯具配置数量参照运检部发布的《典型建筑面积事故照明配置标准》，并做好事故照明开关标识。同时，要求站内任何物业开展的用电接入

（含灯具）必须经运维人员审核，并办理工作票开展工作。

3）运维部门应将交流串直流列入变电站应急处置库，通过技术特征有效指导运维人员开展变电站交流串直流时的应急处置。

4）日常应加强对 UPS 屏柜内逆变器、端子、空开等设备测温，排查 UPS 屏柜散热情况，保留周期测温等数据，发现异常及时上报缺陷进行处理。

三、延伸知识

《继电保护全过程技术监督精益化管理实施细则》关于防止交直流互串相关内容如下：

（1）严禁交直流电缆混用、交直流辅节点混用。

（2）保护用直流隔离开关辅助触点和交流电压闭锁回路用交流辅助触点，应至少采用一个空端子隔开。

（3）隔离开关控制箱不同功能辅助触点应以空端子隔离区别布置。

（4）电气防误与母差、线路保护切换回路所用辅助触点间以空端子隔离。

（5）开关端子箱各功能的交、直流端子排分区布置，并赋以不同编号。

（6）保护屏内不得设置用于交流电源切换、并列用途的空气开关、闸刀等转接回路。

（7）试验电源屏交流插座与直流插座分层布置。

（8）避免一个继电器的两副触点分别供直流回路和交流回路使用（电压切换 YQJ 继电器除外），触点容易击穿造成交直流互串。

第五节　CT 回路接触不良引起的主变保护误动

一、案例简述

某日 6 时 20 分 26 秒，某 110kV 变电站 1 号主变 Ⅰ 套保护 WBH−815B/G 纵差保护动作，跳开 1 号主变三侧开关，10kV 母分 900 备自投动作成功，合上 10kV 母分 900 开关，无负荷损失。

1. 故障前运行方式

故障前，110kV 某变电站 1 号主变、2 号主变处运行，110kV 甲线 171 开关接 110kV Ⅰ 段母线热备用，110kV 乙线 173 开关接 110kV Ⅰ 段母线运行。

35kV Ⅰ、Ⅱ 段母线并列运行，母分 370 开关处运行。

10kV Ⅰ、Ⅱ 段母线分列运行，母分 900 开关处热备用，10kV 丁一线 911 开关、10kV 丁二线 912 开关接 10kV Ⅰ 段母线运行。

110kV 某变电站主接线图如图 3−25 所示。

2. 保护配置情况

1 号主变保护的配置情况见表 3−9。

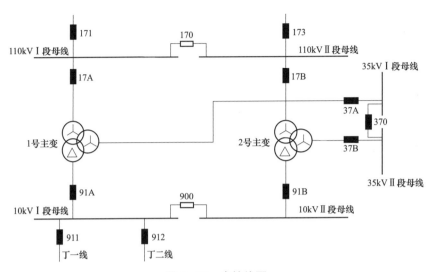

图 3-25　主接线图

表 3-9　　　　　　　　　　　　　　　　1 号主变保护配置情况

厂站	调度命名	保护型号	CT 变比
某变电站	1 号主变 I 套保护装置	WBH-815B/G	—
某变电站	1 号主变 II 套保护装置	WBH-815B/G	—

二、案例分析

1. 保护动作情况

检查保护装置动作情况，1 号主变第 I 套保护装置 WBH-815B/G 纵差保护动作，装置跳闸灯亮，1 号主变第 II 套保护 WBH-815B/G 保护启动，未出口跳闸，保护动作报文如图 3-26 所示。

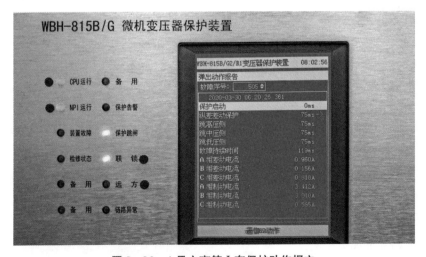

图 3-26　1 号主变第 I 套保护动作报文

2. 事故原因分析

1号主变跳闸后，现场主变本体及三侧间隔外观未发现异常，主变气体继电器无气体，排除一次设备故障原因。

调取两套保护记录波形，如图3-27、图3-28所示。1号主变第Ⅰ套保护波形显示中压侧A相在故障前后电流均为0，BC相电流波形与第Ⅱ套保护BC相电流波形一致，第Ⅱ套保护A相电流采样正常，可以判断出35kV侧A套合智一体A相电流异常，在故障前后均无输出。

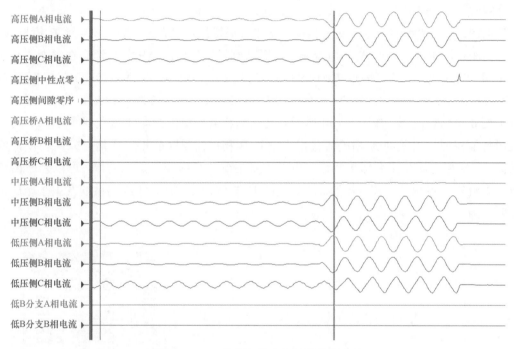

图3-27　1号主变第Ⅰ套保护动作波形

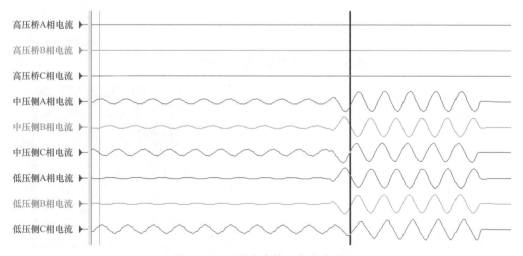

图3-28　1号主变第Ⅱ套启动波形

调取监控后台信号，在主变保护动作同一时刻内，该变电站 10kV 丁一线、丁二线线路保护发出过电流保护启动信号。调取 10kV 丁一线保护启动录波，显示 AB 相电流存在突变情况，且大小相等方向相反，应为系统发生 AB 相间短路故障，二次瞬时值 I_a=57.697A，核算有效值 I_a=40.81A（变比 600/5，一次值为 4897A），二次瞬时值 I_b=57.166A，核算有效值 I_b=40.42A（一次值为 4850A）。

调取 10kV 丁二线保护启动录波，同样存在 AB 相电流存在突变情况，且大小相等方向相反，二次瞬时值 I_a=3.362A，核算有效值 I_a=2.377A（变比 600/5，一次值为 285A），二次瞬时值 I_b=3.039A，核算有效值 I_b=2.149A（一次值为 257A）。

从图 3-29 所示的 1 号主变 I 套保护动作波形特征可以看出，高压侧电流 B 相与 AC 相方向相反，中压侧由于 A 相电流无输出无法判断，低压侧 AB 相电流存在突变，且大小相同方向相反，二次瞬时值 I_a=12.934A，有效值 I_a=9.147A，（变比 2500/5，一次值为 4573.5A），二次瞬时值 I_b=12.2A，有效值 I_b=8.628A，（一次值为 4314A）。同时，查看 1 号主变 II 套保护波形，如图 3-30 所示，高压侧和低压侧波形与 1 号主变 I 套保护动作波形特征相似，中压侧 A 相电流输出正常且 B 相电流是 AC 相的 2 倍、方向相反，低压侧 A、B 相电流与 I 套保护相近。由于 1 号主变 II 套纵差保护未动作，可以判断出该故障电流应为穿越性电流，结合 10kV 线路的波形特征，应为低压侧系统发生了 AB 相相间故障。

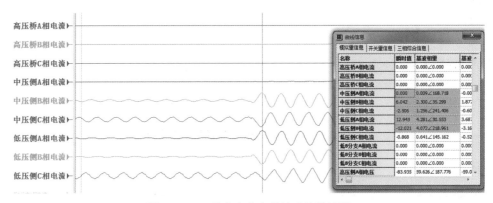

图 3-29 1 号主变 I 套保护动作录波图

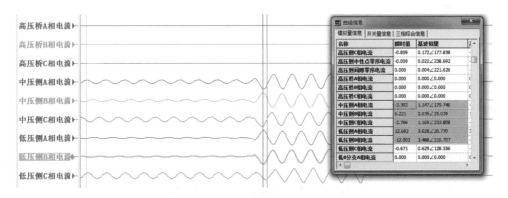

图 3-30 1 号主变 II 套保护启动录波图

综上所述，06 时 20 分 26 秒某变电站 10kV 丁一线发生 AB 相相间短路，1 号主变及 10kV 丁二线（小水电线路）作为电源向其提供故障电流，流过 1 号主变的穿越性电流增大，因 1 号主变中压侧 A 套合智一体装置交流采样板 A 相电流采样异常，导致 1 号主变 I 套差动保护差流增大。通过转角计算 A、C 两相产生差流，动作时 C 相差动电流为 0.818A（I_N=1.38A，C 相差动电流为 0.59I_N），大于差动保护启动定值 0.5I_N，同时 C 相制动电流为 0.595A，小于 C 相差动电流 0.818A，满足差动保护动作条件，导致 1 号主变 I 套差动保护误动作。

3. 事故结论

（1）对 1 号主变 35kV 侧合智一体 A 套采样板件进行检查发现，由于 1 号主变 A 套合智一体装置交流采样板 A 相内部接线工艺不佳，螺栓在长期运行和检修过程中发生震动松脱现象，造成 A 相采样无输出，最终导致在区外故障扰动时，主变纵差保护动作，如图 3-31 所示。

（2）主变保护长期未报警原因。查近半年告警信号，1 号主变保护装置未发 CT 采样异常、差流越限等告警信号。原因为某变电站负荷较小，故障前 1 号主变 I 套保护最大差流约为 0.233A，如图 3-32 所示，计算差流约 0.169 倍额定电流（额定电流为 1.38A），未达到厂家设定的 0.18 倍额定电流的 CT 断线报警值，未能正常闭锁差动保护。

图 3-31 采样板件故障点图

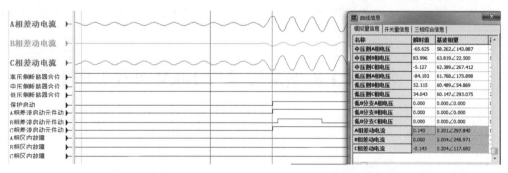

图 3-32 故障前 1 号主变差流波形图

4. 规程要求

调继〔2017〕161 号《国网福建电力调控中心关于下发福建电网变电站继电保护及综自系统巡检作业指导书》规定，针对常规变电站专业巡视时，应对保护装置模拟量进行检查，包含开关量、差流、电压、测量值等进行检查，并填写相关二次值。主变保护差流应根据变压器高压侧二次额定电流 I_N 的标幺值换算成有名值。

5. 整改措施

（1）开展二次专业专项隐患排查，重点开展装置差流、交流采样、压板及直流电源系统等检查，消除继电保护和安全自动装置潜在安全隐患。

（2）加强检修及验收过程管控。严格按照标准化作业指导书开展验收及检修工作，对关键节点如二次通流、整组试验、带负荷测向量等进行重点把关。

（3）做好专业帮扶及现场工作人员培训。安排市公司专业人员参与县公司专业巡视，加强运维人员及专业人员技能及保护原理培训，特别针对采样值检查、差流检查等项目，明确巡视看板、标识等巡视要点，提升巡视质量。

（4）加强专业巡视管控。严格按状态检修规程及春秋检专项检查方案，进行巡视排查，落实巡视责任，及时发现设备隐患，并进行闭环跟踪整改。

三、延伸知识

（1）主变差动保护是利用基尔霍夫电流定理工作的，当变压器正常工作或区外故障时，将其看作理想变压器，则流入变压器的电流和流出电流（折算后的电流）相等，差动继电器不动作。当变压器内部故障时，两侧（或三侧）向故障点提供短路电流，差动保护感受到的差动电流正比于故障点电流，差动继电器动作。

（2）WBH-815B/G 保护关于 CT 异常判据。当差流大于 0.18 倍的额定电流时，差动保护启动后，开始 CT 异常判别程序，满足下列条件为 CT 断线：

1）本侧三相电流中至少一相电流不变。

2）任意一相电流为零。

通过定值"CT 异常闭锁差动"控制判别出 CT 异常后是否闭锁差动保护，当"CT 异常闭锁差动"整定为 0 时，判别出 CT 异常不闭锁差动保护；当"CT 异常闭锁差动"整定为 1 时，判别出 CT 异常闭锁差动保护；但差流大于 1.2 倍高压侧二次额定电流时开放差动保护。

第六节　零序 CT 回路故障导致 10kV 母线失压事故

一、案例简述

某日 3 时 41 分 18 秒 950 毫秒，某 110kV 变电站 3 号接地变 963 开关高压侧零流动作，963 开关及 3 号主变低压侧 903 开关跳闸。3 时 42 分 00 秒 482 毫秒时刻，2 号接地变 962 开关高压侧零流动作，962 开关及 2 号主变低压侧 902 开关跳闸，某变电站 10kV Ⅱ、Ⅲ、Ⅳ 段母线失压。

该变电站 10kV 为小电阻接地系统。

1. 故障前运行方式

该变电站 3 台主变分别带各自 10kV 母线分列运行，1、2、3 号接地变在运行，900、990 开关热备用，主接线如图 3-33 所示。

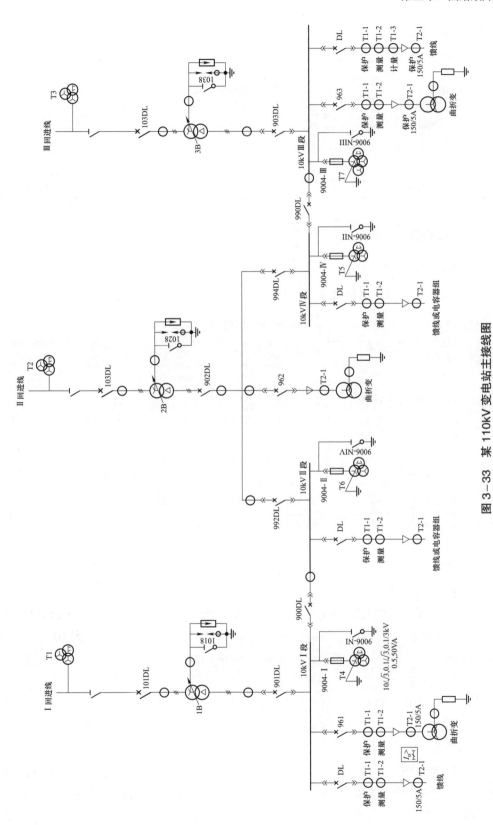

图 3-33 某 110kV 变电站主接线图

2. 保护配置情况

该变电站接地变间隔保护配置见表 3-10。

表 3-10 2、3 号接地变保护配置表

厂站	调度命名	保护型号	CT 变比
某变电站	2 号接地变 962 保护装置	CSC-241E	线路 600/5 零序 150/5
某变电站	3 号接地变 963 保护装置	CSC-241E	线路 600/5 零序 150/5

二、案例分析

1. 保护动作情况

该变电站保护动作信息见表 3-11。

表 3-11 保 护 动 作 信 息 表

厂站	保护装置	保护动作情况
某变电站	3 号接地变 963 保护装置	11 月 9 日 3 时 41 分 18 秒 9500 毫秒　保护启动 304 时刻高压侧零流 T2 动作，I_{G0}=15.14A，跳 990 开关； 602 时刻高压侧零流 T1 动作，I_{G0}=14.90A，跳 963 开关； 603 时刻高压侧零流 T3 动作，I_{G0}=14.90A，跳 903 开关并闭锁 990 备自投
某变电站	2 号接地变 962 保护装置	11 月 9 日 3 时 42 分 00 秒 4810 毫秒　保护启动 307 时刻高压侧零流 T2 动作，I_{G0}=15.43A，跳 900 开关； 309 时刻高压侧零流 T4 动作，I_{G0}=15.43A，闭锁 900 备自投及 990 备自投； 002 时刻高压侧零流 T1 动作，I_{G0}=15.75A，跳 962 开关； 004 时刻高压侧零流 T3 动作，I_{G0}=15.75A，跳 902 开关
某变电站	2 号主变保护装置	无动作报文
某变电站	3 号主变保护装置	无动作报文

2. 事故原因分析

现场检查站内一次设备外观无异常，在初步判断主变及 10kV 开关柜无故障后，调度先后下令将 2、3 号主变及 2、3 号接地变转运行，之后当运维人员操作到 10kV 924 开关由热备用转运行时，2 号接地变保护再次动作跳开 962 开关，同时联跳 2 号主变低压侧 902 开关。

（1）查看保护定值单。2 号接地变 962 零序电流动作值 2.0A，第一时限 2.0s 跳 962 开关；第二时限 1.3s 跳 900 和 990 开关；第三时限 2.0s 跳 902 开关；第四时限 1.3s 闭锁 900 备自投和 990 备自投。

3 号接地变 963 零序电流动作值 2.2A，第一时限 1.6s 跳 963 开关、第二时限 1.3s 跳 990 开关；第三时限 1.6s 跳 903 开关并闭锁 990 备自投；第四时限 1.6s 出口未整定。

10kV 线路零序电流动作值 2A，时限 1s 跳线路开关。

经检查保护定值整定无误。

（2）保护动作原因分析。从上述保护动作情况判断 10kV 系统出现接地故障，零序电流二次值 15A，达到线路零序保护动作整定值，推测由于线路零序保护未动作隔离故障点，造成接地变保护越级跳闸并联跳 2、3 号主变低压侧开关，由于接地变高压侧零流 T4 动作闭锁 900、990 备自投装置，因此最终造成跳闸后 10kV Ⅱ、Ⅲ、Ⅳ 段母线失压。

检查一次设备，发现 10kV 935 开关柜下柜装设在 C 相电缆头上的故障报警器显示红牌，A、B 两相正常。检查 2 号接地变室内中性点部分电阻颜色较深（过热发黑），应属正常现象。

对 924、935 线路保护装置的零序保护进行调试，保护采样合格，逻辑正确。

检查 10kV 924 开关柜下面出线电缆零序 CT 安装情况：电缆屏蔽线接地安装正确，但零序 CT 本体引至保护装置之间的二次电缆，其中一芯脱落，如图 3-34 所示。

图 3-34　10kV 924 线路零序 CT 安装情况

检查 10kV 935 开关柜下面出线电缆零序 CT 安装情况：电缆屏蔽线接地安装正确，零序 CT 本体引至保护装置之间的二次电缆没有脱落，但其二次接线端子短接片安装位置错误，如图 3-35 所示。

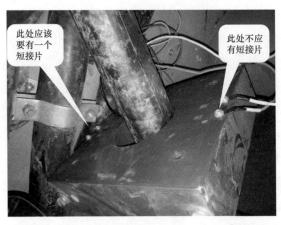

图 3-35　10kV 935 线路零序 CT 安装情况

3．事故结论

（1）10kV 935 线路零序 CT 由于二次接线端子短接片安装位置错误，导致当电缆线路出现接地故障时零序电流被短接片分流，造成 935 零序保护无法正确采样，同时故障电流（一次值约 450A）无法达到该线路过电流动作定值，因此无法正确出口跳闸隔离故障，最终造成仅能由 3 号接地变零序保护越级动作跳开 963 开关以及 3 号主变低压侧开关并闭锁 990 备自投后才完全隔离 935 线路的接地故障。

（2）10kV 924 零序 CT 本体引至保护装置之间的二次电缆芯脱落，造成零序 CT 二次开路，一次电缆线路出现接地故障时，924 保护无法感受到零序电流，同时故障电流（一次值约 450A）无法达到该线路过电流动作定值，保护不动作，由 2 号接地变零序保护动作跳 962 开关和 902 开关，并闭锁 900、990 备自投，造成该站 10kV Ⅱ、Ⅳ 段母线全部失压。

4．整改措施

（1）将 10kV 935 线路零序 CT 二次接线端子短接片重新安装，经试验正确，零序保护带开关整组传动正确。

（2）10kV 924 零序 CT 本体引至保护装置之间的二次电缆芯线接线脱落，已经重新进行紧固安装，并经试验正确，零序保护带开关整组传动正确。

（3）对全站所有出线电缆的零序 CT 二次回路进行逐一排查，未发现类似情况。

（4）加强新安装零序 CT 验收，编制零序 CT 验收标准，凡是零序 CT 有变动的，需经过验收合格后才允许投入运行。

三、延伸知识

随着城市经济的快速发展和城市环境要求提高，城市架空线路缆化率不断增高，城市配电网形成"环网"接线，电缆线路逐年增多，造成了配电网电容电流迅速增加。经消弧线圈接地方式对电容电流补偿能力有限，在较大的电容电流作用下消弧线圈无法实现自动熄弧，单相接地故障短时内快速演变为相间故障，极易扩大事故范围。

经小电阻接地系统在发生单相接地故障时能快速跳闸切除故障，弥补消弧线圈接地带来的 10kV 配电网系统因单相接地造成的电压升高导致供电设备损坏，容易造成人身触电事故的发生等一系列问题，缩短了配电网故障排除的时间，提高了供电的安全性和可靠性。因此，国内大型供电企业所在城市，配电网网架较强，针对配电网缆化率高、电容电流超标问题，多数选择由经消弧线圈接地方式改造成小电阻接地方式，如北京、上海、深圳、广州、天津、厦门、苏州、南京、无锡等城市。

中性点经小电阻接地方式中，一般选择电阻的值较小。在系统单相接地时，控制流过接地点的电流在 500A 左右，也有的控制在 100A 左右，通过电流过接地点的电流来启动零序保护动作，切除故障线路。

第七节　气体继电器跳闸触点绝缘降低导致
主变有载重瓦斯动作

一、案例简述

某日 7 时 21 分 06 秒某变电站 2 号主变有载重瓦斯动作，跳开主变 26B、16B、992、994 三侧开关，10kV 母联 900、990 备自投动作合上 900、990 开关，1 号主变带 10kVⅠ、Ⅱ段负载，3 号主变带 10kVⅢ、Ⅳ段负载，110kV 系统并列运行，未损失负荷。

1. 故障前运行方式

故障前，该变电站 1、2、3 号主变 110、220kV 并列运行，10kV 侧分列运行，主接线图如图 3-36 所示。当天现场无工作，天气小雨。

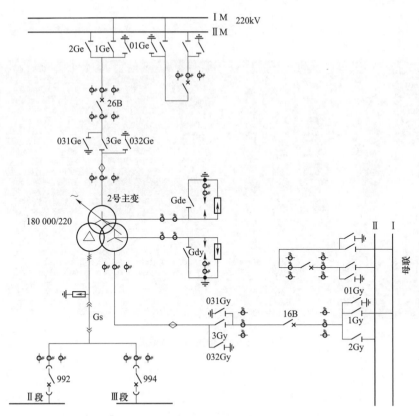

图 3-36　主接线图

2. 保护配置情况

该变电站 2 号主变间隔保护配置见表 3-12。

表 3-12　　　　　　　　　　　2 号主变保护配置表

厂站	调度命名	保护型号	CT 变比
某变电站	2 号主变第一套保护	RCS-978	—
某变电站	2 号主变第二套保护	RCS-978	—
某变电站	2 号主变非电量保护	RCS-974	—

二、案例分析

1. 保护动作情况

2 号主变非电量保护面板显示"有载重瓦斯动作",无其他信号。

2. 事故原因分析

（1）一次设备检查。2 号主变本体及三侧开关外观正常,有载瓦斯观察窗无气体。

（2）2 号主变故障录波检查情况。故障录波显示 2 号主变有载瓦斯保护跳闸前主变三侧电压、电流为正常负荷电压、电流,如图 3-37 所示。

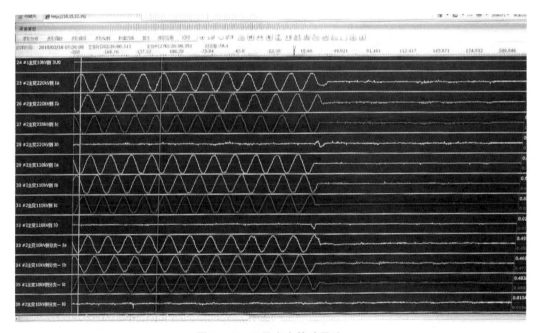

图 3-37　2 号主变故障录波

（3）变压器油试验情况。有载油试验数据合格。有载瓦斯保护检查情况。2 号主变有载瓦斯有两对重瓦斯触点并连接至主变非电量保护开入回路,无轻瓦斯信号触点,现场检查时观察到继电器内磁铁开关未到动作位置,可知主变有载重瓦斯未动作。

对有载气体继电器整体二次回路用 1000V 绝缘电阻表进行绝缘电阻测试,各芯线对地绝缘均大于 20MΩ,跳闸接点间 0Ω。从主变端子箱断开至主变本体二次电缆回路,测量端子箱至保护装置二次回路电缆绝缘正常;测量端子箱至主变本体二次电缆,端子排编号 X2:23 和 X2:37 跳闸回路二次电缆芯线之间绝缘电阻为 0Ω，端子排编号 X2:24 和 X2:38 跳闸回路二次电缆芯线之间绝缘电阻约为 700kΩ（规程规定合格标准为大于 1MΩ）。打开气体继电器接线盒，接线盒内干燥，二次线完好；拆除二次电缆，测量气体继电器本体 13−14 触点间绝缘为 0Ω，23−24 触点间为 700kΩ。按下气体继电器试验探针，13−14、23−24 触点闭合，按下复归按钮，13−14 触点仍然闭合、23−24 触点断开。可见气体继电器 13−14 触点异常，一直处在闭合状态。气体继电器触点联系图如图 3−38 所示。

对有载气体继电器拆除后解体检查：干簧管外观正常，无破损，管内触点位置正确。测试复归按钮，磁铁开关动作正确，用万用表欧姆档测试，模拟动作时 13−14 触点电阻值为 0.3Ω，23−24 触点电阻值为 0.3Ω；复归后 13−14 触点电阻值为 18.5kΩ，23−24 触点电阻值为无穷大。检查发现 13−14、23−24 两对干簧触点都有黑色积碳物吸附在出线管脚处，如图 3−39 所示。

对干簧管出线管脚处黑色积碳物擦拭后，用电子绝缘电阻表 1000V 档测试，13−14 触点电阻值为无穷大，触点绝缘恢复正常，如图 3−40 所示。

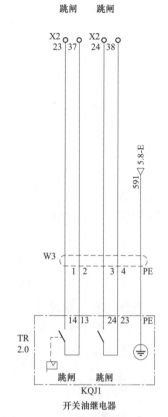

图 3−38　气体继电器触点联系图

图 3−39　干簧触点附着黑色积碳物

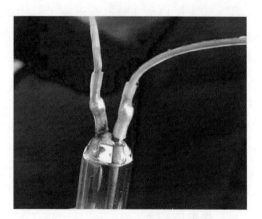

图 3−40　气体继电器干簧触点擦拭后

3. 事故结论

2 号主变有载调压开关在切换过程中会产生黑色积碳游离物，在线滤油机在启动滤油时会带动整个油室内的油流动，部分黑色积碳游离物会流动交换到上部联管，而有载气体继电器干簧管脚出线（±110V）易吸附联管内的正负游离物，长期积累在管脚间形成放电通道，导致有载重瓦 13 – 14 触点闭合。

4. 整改措施

（1）按制造厂家有载调压开关维护检修手册要求和电力行业标准 DL/T 574—2010《有载分接开关运行维护导则》的要求定期进行开关的检查、维修；同时对有载分接开关组件和附件，如油流继电器、压力释放阀、油位计、在线滤油机（包括滤芯）等进行检查、维修。

（2）结合停电对 2011 年 8 月以前生产的 EMB 油流继电器进行检查（EMB 油流继电器在 2011 年 8 月之后已经进行了设计改进），特别是调压次数超过 3000 次的应尽快安排停电进行解体，检查内部干簧管脚是否吸附积碳物并用棉签进行清理，有条件直接可更换为干簧管接点处加绝缘的后期产品。

（3）增加有载调压气体继电器停电例检检查项目，通过观察窗观察干簧管管脚间游离积碳情况，如果存在明显积碳应拆下用棉签清理，再测量接点间绝缘。

（4）交接、例检时应做好干簧管管脚接点间绝缘的测量，绝缘电阻应记录具体数值并与历史数据比对，发现明显下降应拆下检查分析。

（5）对非真空式有载调压开关气体继电器二次回路绝缘进行排查，发现二次回路绝缘不满足标准应立即安排停电检查处理。

三、延伸知识

瓦斯保护是变压器的主要保护，它可以反映油箱内的一切故障。包括：油箱内的多相短路、绕组匝间短路、绕组与铁芯或与外壳间的短路、铁芯故障、油面下降或漏油、分接开关接触不良或导线焊接不良等。瓦斯保护动作迅速、灵敏可靠而且结构简单。

但是它不能反映油箱外部电路（如引出线上）的故障，所以不能作为保护变压器内部故障的唯一保护装置。另外，瓦斯保护也易在一些外界因素（如地震）的干扰下误动作。

瓦斯保护一般分为轻瓦斯和重瓦斯两类。① 轻瓦斯：变压器内部过热，或局部放电，使变压器油油温上升，产生一定的气体，汇集于继电器内，达到了一定量后触动继电器，发出信号。② 重瓦斯：变压器内发生严重短路后，将对变压器油产生冲击，使一定油流冲向继电器的挡板，动作于跳闸。

变压器有载调压开关的气体继电器与主变的气体继电器作用相同、安装位置不同、型号不同。

瓦斯保护信号动作时，立即对变压器进行检查，查明动作原因，是否因积聚空气、油面降低、二次回路故障或变压器内部故障造成的。如气体继电器内有气体，则应记录气体量，观察气体的颜色及试验是否可燃，并取气样及油样做色谱分析，可根据有关规程和导则判定变压器的故障性质。

色谱分析对收集到的气体用色谱仪对其所含的氢气、氧气、一氧化碳、二氧化碳、甲烷、乙烷、乙烯、乙炔等气体进行定性和定量分析，根据所含组分名称和含量准确判定故障性质、发展趋势和严重程度。

正常运行时，气体继电器充满油，开口杯浸在油内，处于上浮位置，干簧触点断开。当变压器内部故障时，故障点局部发生高热，引起附近的变压器油膨胀，油内溶解的空气被逐出，形成气泡上升，同时油和其他材料在电弧和放电等的作用下电离而产生瓦斯。当故障轻微时，排出的瓦斯缓慢地上升而进入气体继电器，使油面下降，开口杯产生的支点为轴逆时针方向的转动，使干簧触点接通，发出信号。

当变压器内部故障严重时，产生强烈的瓦斯，使变压器内部压力突增，产生很大的油流向储油柜方向冲击，因油流冲击挡板，挡板克服弹簧的阻力，带动磁铁向干簧触点方向移动，使干簧触点接通，作用于跳闸。

第八节 备自投跳进线回路设计错误导致拒动

一、案例简述

某日，某 110kV 变电站 110kV 进线一 141 线路发生永久性故障，对侧某 220kV 变电站保护正确动作，切除故障，本侧 141 线路保护不投出口，110kV 备自投跳开 141 开关后，未能继续合上 14M 开关，其后由 10kV 备自投动作，跳开 98A 开关，合上 98M 开关，期间并未造成负荷损失。

1. 电网运行方式

该 110kV 变电站故障前运行方式主接线图如图 3-41 所示。

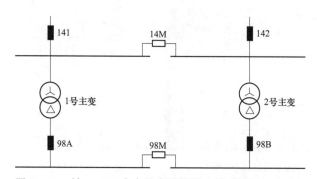

图 3-41 某 110kV 变电站主接线图（故障前运行方式）

2. 保护配置情况

110kV Ⅰ、Ⅱ 段母分 14M 充电及备自投装置配置情况见表 3-13。

表 3-13　　　　110kV Ⅰ、Ⅱ 段母分 14M 备自投装置配置情况表

调度命名	保护型号
110kV Ⅰ、Ⅱ 段母分 14M 充电及备自投装置	WBT-851

二、案例分析

1. 保护动作情况

该日 141 线路发生 A 相永久性接地故障。对侧某 220kV 变电站对应线路保护距离 I 段动作，重合闸动作，距离后加速动作跳闸，开关重合不成功。

141 线路失压，但是 141 开关并未跳开，因为该 110kV 变电站作为终端变电站不投出口。

5s 后，110kV 备自投动作，跳开 141 开关，但未继续动作合 110kV I、II 段母分 14M 开关，110kV 备自投动作不正确，此时 1 号主变及 10kV I 母线失压。

10kV 备自投正确动作，跳开 98A 开关，合上 98M 开关，未造成负荷损失。该变电站单线单变带全站负荷。

2. 事故原因

（1）110kV 备自投未正确动作原因分析。该备自投为 WBT-851 装置，检查装置动作报告，备自投只有出口跳进线一的动作报文，如图 3-42 所示。

检查 110kV 备自投开入报文发现，在跳进线一（4 时 13 分 53 秒 368 毫秒）后 9ms 的时候（4 时 13 分 53 秒 377 毫秒），"备自投退出开入"动作，即备自投被放电了，因此备自投动作行为中断，无法继续合桥开关的动作逻辑，如图 3-43 所示。

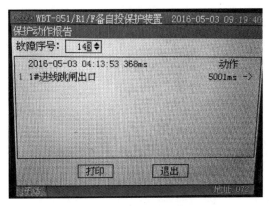

图 3-42　110kV 备自投动作报告

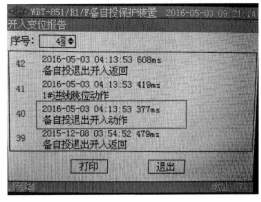

图 3-43　110kV 备自投开入变位报告

检查二次图纸发现 110kV 备自投跳 141 开关的回路接在 141 线路保护操作箱的 I -1D61 端子处，即手跳回路（STJ）（见图 3-44）。

手跳继电器（STJ）动作后其触点闭合，该触点接至 110kV 备自投屏的 I -1D87 端子，即 817（备自投退出开入），闭锁 110kV 备自投装置（见图 3-45）。

随后二次人员对备自投进行试验，证实了上述的分析，当备自投动作跳进线一 141 开关的回路接至 STJ 手跳回路时，STJ 触点同时给备自投开入闭锁信号，导致备自投动作行为被终止，无法继续下一步的动作逻辑。

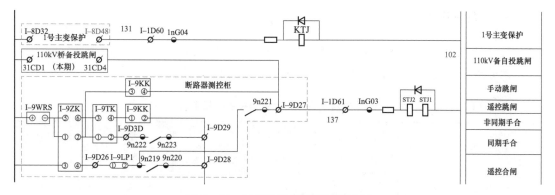

图 3-44　110kV 备自投跳闸回路图

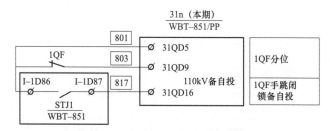

图 3-45　110kV 备自投开入回路图

（2）备自投出口跳进线一接手跳触点原因分析。因备自投出口跳闸必须接永跳，不允许接保护跳，目的是避免备自投跳进线后，进线的线路保护误认开关偷跳而重合，但是 110kV 线路保护并无 TJR 触点，因此接了手跳触点。

（3）设备新安装调试过程未能发现该隐患原因分析。新安装调试过程中，计划分两次停电调试，第一次为 141、14M 开关转冷备用，第二次为 14M、142 开关转冷备用，但因该站负荷较重，停电申请审批不通过，因此 110kV 备自投装置新安装整组传动试验不完整，无法验证相关的二次回路，为此次事故埋下隐患。

3. 事故结论

（1）设计人员及调试未能熟悉保护装置动作行为，是这起事故的主要原因。

（2）该备自投改造时，未将 141 或 142 开关停电进行整组试验，导致未能发现回路问题，是这起事故的次要原因。

（3）WBT-851 装置逻辑设计与其他厂家不一致，是导致这起事故的次要原因。

4. 整改措施

（1）排查所有备自投逻辑，将类似逻辑的备自投跳闸及闭锁回路进行更改，更改方法见"三、延伸知识"中的方法 2.（2）。

（2）备自投的调试应具备充分条件，至少有一个进线及母分停电，方便进行整组试验。

三、延伸知识

1. 当前通用的部分备自投设备闭锁备自投逻辑排查

部分备自投设备闭锁备自投逻辑排查表见表3-14。

表 3-14　　　　　　　　　　部分备自投设备闭锁备自投逻辑排查表

型号	动作过程中发闭锁备自投信号是否停止备自投动作（例如备自投跳进线一后 10ms 后备自投收到一个闭锁备自投的信号或者 KKJ＝0，备自投会否继续合进线二或者桥）
NSR641RF-D60	不停止
PSP-641U	停止
PSP-642	停止
iPACS-5731	停止
iPACS-5731D	停止
RCS-9651Ⅱ	停止
RCS-9651B	停止
RCS-9651C	备自投发跳闸令后，对应开关 KKJ＝0 不放电，继续动作，闭锁备自投开入了则停止
RCS-9652Ⅱ	停止
RCS-9652B	停止
RCS-9653Ⅱ	停止
RCS-9653B	停止
PCS-9651D	备自投发跳闸令后，对应开关 KKJ＝0 不放电，继续动作，闭锁备自投开入了则停止
LCS-652F	停止
LCS-5511	停止
CSB-21A	停止
CSC-246	停止
WBT-821	停止
WBT-821B/G	停止
WBT-821C	停止
WBT-822A/P	停止
WBT-822C	停止
WBT-851	停止
ISA-358G	停止
PRS-7358	停止

2. 备自投跳进线的四种接线方法

（1）若进线的操作箱设有 TJR（永跳）开入，则优先接 TJR 开入。

（2）若进线操作箱没有 TJR 开入，则利用备自投装置跳进线一的两对跳闸开出触点，一对接进线一的"保护跳"，一对接进线一保护的"闭锁重合闸"开入。

（3）若进线操作箱没有 TJR 开入，且该进线不配置进线保护，则可以接"保护跳"开入。

但此法留有隐患，随着电网发展，该进线可能增配线路保护，届时会忽略了备自投接"保护跳"的这个问题，留下如下隐患：以本站主接线图为例，当进线一发生故障，对侧线路保护跳闸，而本侧 141 线路保护因没有足够的故障电流没有动作，此时备自投动作跳进线一 141 之后，合上桥开关 14M，而进线一 141 保护则会认为进线一开关 141 开关为偷跳，重合合上 141 开关，但此时进线一线路上故障仍然存在，最终只能由进线二对侧线路保护的距离二段来切除故障，该 110kV 变电站全站失压。

因此不推荐此法。

（4）如果进线操作箱没有 TJR 开入，那么也可以接"STJ"，但应确保备自投动作逻辑一旦启动后，不会因"闭锁备自投开入"的动作而中止。此法还有一个缺点，跳进线一后 STJ 继电器动作，则 KKJ 触点返回，导致无法报"事故总"告警信号。

综述，推荐（1）、（2）种方法，不推荐（3）、（4）种方法。

第九节　机构防跳回路与重合闸配合问题造成全站失压事故

一、案例简述

某日，某 220kV 变电站 220kV 出线双套纵联保护 B 相动作，B 相断路器跳闸，重合闸动作于永久性故障，断路器三相跳闸后又再次合闸。由于 B 相故障电流依然存在，220kV 母差失灵保护动作跳开 220kV Ⅱ 母所有出线间隔，造成 220kV Ⅱ 母失电。

二、案例分析

1. 保护动作情况分析

故障致 220kV 线路双套保护 B 相动作，B 相断路器跳开；重合闸动作于永久性故障，断路器三相跳闸后又再次合闸；B 相故障电流未消失，220kV 母差失灵保护动作，跟跳故障线路断路器，并跳开母联 200 断路器及 Ⅱ 母所有线路间隔。

2. 事故原因分析

本间隔防跳采用的是机构内防跳，即电压型防跳（原理如图 3-46 所示），防跳的关键在于辅助开关动合触点转换的时间要大于防跳继电器的动作时间，以保证防跳继电器有足够的时间吸合，但实际辅助开关动合触点转换时的时间为 30ms，小于防跳继电器的动作时间 50ms。

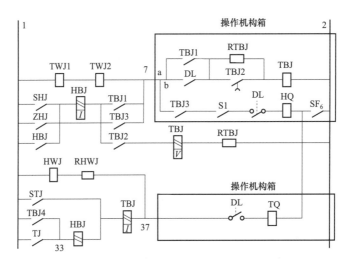

图 3-46　机构箱防跳回路原理图

其中有一套保护装置重合闸时脉宽为 120ms，大于断路器合闸时间和断路器合分操作时辅助开关转换时间之和，在断路器第二次分闸后依然存在重合闸脉冲信号。由于防跳继电器的动作时间大于辅助开关合分转换时间，防跳继电器带电时间过短不能有效吸合，导致防跳回路不起作用，不能切除合闸回路，断路器再次合闸。

此断路器液压机构的合闸闭锁值设置过低，使得断路器分-合-分后又合了一次，此时分闸油压闭锁启动，导致需重新补压，非全相动作进行分闸，实际上非全相动作之前故障已被母线失灵保护切除，开关保持在断位，增加了保护人员判断故障的难度。

3. 事故结论

由上述分析可知，本次事故是由某 220kV 线路保护系统重合闸脉宽、防跳继电器动作时间及断路器辅助开关转换时间配合不当致事故范围扩大最终导致全站失压的事故。

4. 规程要求

国家电网设备〔2018〕979 号《国家电网有限公司关于印发十八项电网重大反事故措施（修订版）》规定：15.2.11 防跳继电器动作时间应与断路器动作时间配合，断路器三相位置不一致保护的动作时间应与相关保护、重合闸时间相配合。

5. 整改措施

加强对新投运开关机构内二次回路的现场全面验收管理工作，按《国网十八项反措》要求检查防跳继电器动作时间和断路器动作时间配合关系，确保防跳继电器能够正确动作。

三、延伸知识

防跳是防止"开关跳跃"的简称。所谓跳跃是指由于合闸回路手合或遥合触点粘连等原因，造成合闸输出端一直带有合闸电压。当开关因故障跳开后，会马上又合上，保护动作开关会再次跳开，因为一直加有合闸电压，开关又会再次合上。所以对此现象，通俗的称为"开关跳跃"。一旦发生开关跳跃，会导致开关损坏，严重的还会造成开关爆炸，所以防跳功能是操作回路里一个必不可少的部分。

防跳功能的实现是通过跳闸保持继电器 TBJ 和防跳继电器 TBJV 来共同实现的（例如 RCS96××系列线路保护）。整个回路防跳功能主要有两点：

（1）防跳功能是在跳闸时才启动的，通过 TBJ 来启动，如果 TBJ 跳闸保持没有启动，则也不能启动防跳。

（2）TBJV 一旦启动后，通过自身的保持回路自保持，这样虽然开关跳开后 TBJ 会返回，但防跳回路仍然会起作用，直到合闸触点分开，TBJV 才会返回。

第四章 缺 陷 类

第一节 直流失地及直流Ⅰ、Ⅱ段电源互串故障案例

一、案例简述

某 220kV 变电站为辖区枢纽变电站，某日 21 时，运维站汇报该站直流系统绝缘下降，现场检查直流Ⅰ、Ⅱ段绝缘监察装置上均显示正对地绝缘为 55.6MΩ，负对地绝缘为 99.9MΩ。用万用表分别对Ⅰ、Ⅱ段直流母线对地电压测量，数值：正对地为+82V，负对地为−150V，且两段母线数值相同。

二、案例分析

1. 直流系统接线图

Ⅱ段直流系统接线如图 4−1 所示，直流Ⅰ、Ⅱ段为分列运行。

2. 故障处理

检修人员到现场初步判断为直流Ⅰ、Ⅱ段有环网连接，且系统存在高阻失地现象。首先检查了直流馈线屏上Ⅰ、Ⅱ段母联环网开关确处于断开位置，随即检查有可能出现环网运行的 10kV 开关柜电源、220kVⅠ、Ⅱ段母线隔离开关操作电源均未发现有环网。

随后向运维人员提出进行拉路查找，运维人员在汇报调度许可后，对各直流馈线屏分别采用逐个间隔拉路，同时保护人员用万用表在直流母线上监视正母对地电位。在断开某 220kV 间隔甲线控制第Ⅰ组电源后，发现直流Ⅰ段正对地变为+62V，正对地绝缘变为 28kΩ；直流Ⅱ段正对地变为+116V，正对地绝缘变为 99.9kΩ，即直流Ⅱ段系统恢复正常。送上 220kV 间隔甲线控制第Ⅰ组电源，拉下控制第Ⅱ组电源，现象一致，初步判断该支路为直流Ⅰ、Ⅱ段环网点。同时检修人员发现在断开 220kV 间隔甲线控制第Ⅰ组或第Ⅱ组电源时，直流馈线屏上断开的空气开关指示灯仍微亮，用万用表测量空开下端正对地为−60V，负对地为−40V。

在保持 220kV 间隔甲线控制第Ⅰ组电源断开的情况下（此时直流Ⅱ段系统为正常状态），接着拉路直流Ⅰ段上其余间隔，电压均保持不变。初步判断直流Ⅰ段失地在直流Ⅰ段充电屏或第Ⅰ组蓄电池组上。

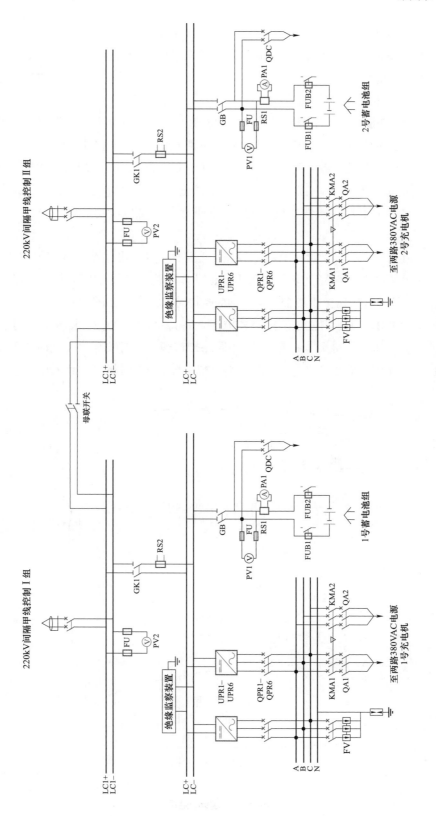

图 4-1 Ⅰ、Ⅱ段直流系统接线图

申请将直流Ⅰ、Ⅱ段系统合环，断开1号充电机和第Ⅰ组蓄电池组进行查找。首先，断开第Ⅰ组蓄电池组，失地仍在，接着断开1号充电机屏绝缘监察装置电源，失地现象消失，电压恢复正常数据。进一步检查发现导致直流失地为1号充电机屏的绝缘监察装置上正电源接线绝缘下降。

进一步将220kV间隔甲线开关转冷备用检查。合上第Ⅰ组控制，断开第Ⅱ组控制情况下，当该开关处于分位时，用万用表测量第Ⅱ组控制正、负端对地电位正常；当合上该开关时，发现该开关操作箱处第Ⅰ、Ⅱ组B相OP指示灯均微亮，用万用表测量第Ⅱ组控制空开下端正对地为−60V，负对地为−40V。经过进一步检查发现在该开关端子箱至机构处第Ⅰ、Ⅱ组B相跳闸接线接反，调整后第Ⅱ组控制电压恢复正常。

3. 事故原因

（1）控制回路电位异常原因分析。220kV线路间隔Ⅰ、Ⅱ组跳闸回路如图4−2所示，直流Ⅰ、Ⅱ段环网点220kV间隔甲线第Ⅰ、Ⅱ组B相跳闸接线（电气编号137B与237B）接反，当合上开关且仅送第Ⅰ组控制电源时，控制回路走向图如图4−2中绿线所示，K101经过1JGb、137B、TQ1、K202、2JJ、K201、2JGb、237B、TQ2、K102，由于回路中各元器件的电阻分压，使得第Ⅰ、Ⅱ组B相回路操作箱OP灯均微亮，同时用万用表测量K202电压为−40V，K201电压为−60V。将137B与237B调整回来后恢复正常。

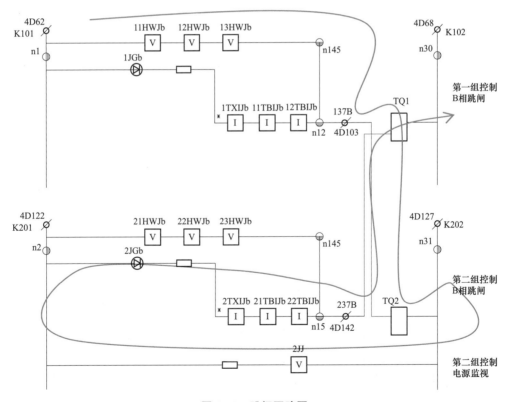

图4−2　跳闸回路图

若同时送两组控制电源或开关在分位时，则无法发现该故障，具有一定的隐蔽性。因此，在改造及日常维护中，应做好以下几点：

1）当线路保护例检时，应分别送第Ⅰ组控制电源、第Ⅱ组控制电源进整组传动。

2）当送第Ⅰ组控制电源时，用万用表测量第Ⅱ组控制电源的电位情况，若第Ⅱ组控制电源正、负电位均为 0 时，则说明两组控制电源不存在电位互串情况。

3）在基建工程或技改大修时应做好二次电缆芯线的核对，不得采用根据电缆芯线上的编号作为对线方式。

（2）直流失地原因分析。断开 1 号充电机屏绝缘监察装置后，失地现象消失，说明直流失地点在 1 号充电机屏绝缘监察装置处，对该充电机屏绝缘监察装置上的二次回路用绝缘电阻表进行绝缘测试，绝缘监察装置的正电源接线绝缘为 30kΩ。将该接线解开后对端子排进行绝缘测试，端子排处绝缘恢复正常，而表计正电源端的接线绝缘也恢复正常，但是该接线积灰严重。经过灰尘清扫完重新接入后，对该接线进行绝缘测试，绝缘恢复正常。

4. 事故结论

此次直流系统失地原因是充电机屏接线因积灰严重导致绝缘监察装置的正电源接线绝缘下降。同时，220kV 间隔甲线第Ⅰ、Ⅱ组 B 相跳闸接线在端子箱处接反导致Ⅰ、Ⅱ段直流互串，在直流失地时引起两段直流母线的电位发生异常。

5. 规程要求

国家电网设备〔2018〕979 号《国家电网有限公司关于印发十八项电网重大反事故措施（修订版）》规定：15.6.1 严格执行有关规程、规定及反事故措施，防止二次寄生回路的形成。

6. 整改措施

（1）加强直流回路清扫，防止由于回路积灰导致绝缘下降，造成直流失地。

（2）涉及端子箱改造项目，应进行两组控制回路之间绝缘测试，并应分别送上各组电源测量Ⅰ、Ⅱ组控制电源的电位变化情况，同时进行整组传动开关试验，检查开关及操作箱指示是否正确一致。

三、延伸知识

变电站有两套相互独立的直流系统，同时出现了直流接地告警信号，其中，第一组直流电源为正极接地，第二组直流电源为负极接地。若任意断开一组直流电源后接地现象消失，则故障点可能是第一组直流系统的正极与第二组直流系统的负极短接或接反，这是由于两组直流短接或接反后形成一个端电压为 440V 的电池组，中点对地电压为零，而每一组绝缘监察装置均有一个接地点，故一组直流系统的绝缘监察装置判断为正极接地，另一组直流系统的绝缘监察装置判断为负极接地。

第二节　主变压器保护零序电压偏高缺陷案例

一、案例简述

某 220kV 变电站 2 号主变 110kV 侧为接地系统，运维人员在巡视检查时发现该站 2 号主变第一套电量保护 110kV 侧自产零序电压 $3U_0$ 只有 0.08V，而 2 号主变第二套电量保护 110kV 侧自产零序电压 $3U_0$ 偏高，达到 1.25V，按有关运行规程要求，不平衡电压应不大于 1.0V。

二、案例分析

1. 开口三角 $3U_0$ 偏高的原因分析

由图 4-3 可知，电压互感器开口三角绕组，由 A、B、C 三相电压头尾相串，正常运行时，开口电压 L602 输出电压接近 0V，即

$$U_{BP} = 3U_0 = \left| \dot{U}_a + \dot{U}_b + \dot{U}_c \right|$$
$$= \left| U_a \angle 0° + U_b \angle -120° + U_c \angle 120° \right|$$
$$\approx 0(V)$$

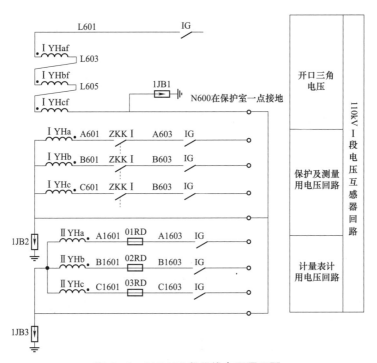

图 4-3　110kV Ⅰ段母线电压原理图

同理，主变保护自产零序电压同外接零序电压一样，也可由上式计算而得，正常运行时也接近 0V。

现场分别打印出 2 号主变第一套电量保护及第二套电量保护 110kV 侧电流电压采样波形，分别如图 4–4 和图 4–5 所示，其各自电压采样见表 4–1。通过对 2 号主变大第二套保护装置的 110kV 侧电压采样及波形比较，初步判断可能为二次回路问题，也可能是 2 号主变第二套保护装置采样板异常。

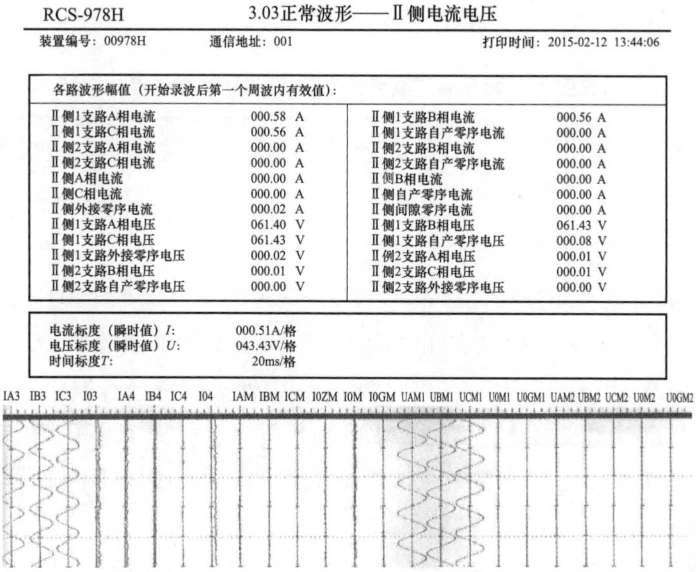

RCS-978H　　3.03正常波形——Ⅱ侧电流电压

装置编号：00978H　　通信地址：001　　打印时间：2015-02-12 13:44:06

各路波形幅值（开始录波后第一个周波内有效值）：

Ⅱ侧1支路A相电流	000.58 A	Ⅱ侧1支路B相电流	000.56 A
Ⅱ侧1支路C相电流	000.56 A	Ⅱ侧1支路自产零序电流	000.00 A
Ⅱ侧2支路A相电流	000.00 A	Ⅱ侧2支路B相电流	000.00 A
Ⅱ侧2支路C相电流	000.00 A	Ⅱ侧2支路自产零序电流	000.00 A
Ⅱ侧A相电流	000.00 A	Ⅱ侧B相电流	000.00 A
Ⅱ侧C相电流	000.00 A	Ⅱ侧自产零序电流	000.00 A
Ⅱ侧外接零序电流	000.02 A	Ⅱ侧间隙零序电流	000.00 A
Ⅱ侧1支路A相电压	061.40 V	Ⅱ侧1支路B相电压	061.43 V
Ⅱ侧1支路C相电压	061.43 V	Ⅱ侧1支路自产零序电压	000.08 V
Ⅱ侧1支路外接零序电压	000.02 V	Ⅱ例2支路A相电压	000.01 V
Ⅱ侧2支路B相电压	000.01 V	Ⅱ侧2支路C相电压	000.01 V
Ⅱ侧2支路自产零序电压	000.00 V	Ⅱ侧2支路外接零序电压	000.00 V

电流标度（瞬时值）I：000.51A/格
电压标度（瞬时值）U：043.43V/格
时间标度T：20ms/格

图 4–4　2 号主变第一套电量保护 110kV 侧采样波形图

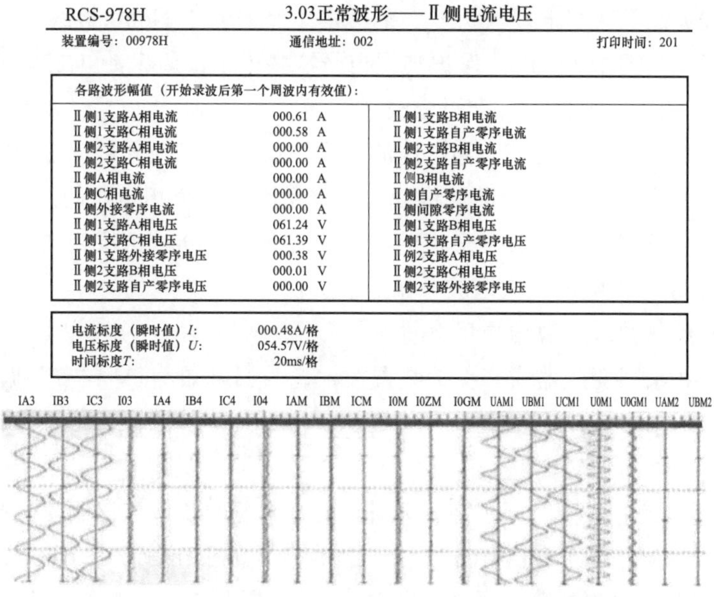

RCS-978H　　3.03正常波形——Ⅱ侧电流电压

装置编号：00978H　　通信地址：002　　打印时间：201

各路波形幅值（开始录波后第一个周波内有效值）：

Ⅱ侧1支路A相电流	000.61 A	Ⅱ侧1支路B相电流
Ⅱ侧1支路C相电流	000.58 A	Ⅱ侧1支路自产零序电流
Ⅱ侧2支路A相电流	000.00 A	Ⅱ侧2支路B相电流
Ⅱ侧2支路C相电流	000.00 A	Ⅱ侧2支路自产零序电流
Ⅱ侧A相电流	000.00 A	Ⅱ侧B相电流
Ⅱ侧C相电流	000.00 A	Ⅱ侧自产零序电流
Ⅱ侧外接零序电流	000.00 A	Ⅱ侧间隙零序电流
Ⅱ侧1支路A相电压	061.24 V	Ⅱ侧1支路B相电压
Ⅱ侧1支路C相电压	061.39 V	Ⅱ侧1支路自产零序电压
Ⅱ侧1支路外接零序电压	000.38 V	Ⅱ例2支路A相电压
Ⅱ侧2支路B相电压	000.01 V	Ⅱ侧2支路C相电压
Ⅱ侧2支路自产零序电压	000.00 V	Ⅱ侧2支路外接零序电压

电流标度（瞬时值）I：000.48A/格
电压标度（瞬时值）U：054.57V/格
时间标度T：20ms/格

图 4–5　2 号主变第二套电量保护 110kV 侧采样波形图

表 4-1   2 号主变第一套及第二套电量保护 110kV 侧电压保护采样数值

保护名称	U_A（V）	U_B（V）	U_C（V）	外接零序电压（V）	自产零序电压（V）
第一套电量保护	61.40	61.43	61.43	0.02	0.08
第二套电量保护	61.24	61.86	61.39	0.38	1.25

2. 自产零序电压 $3U_0$ 偏高的原因查找与分析

现场用万用表交流电压档，以各套保护 110kV 侧 N600 为参考点，分别测量 2 号主变第一套及第二套保护 110kV 侧各相电压及外接开口三角电压，见表 4-2。

表 4-2   2 号主变第一套及第二套电量保护 110kV 侧实测电压数值

保护名称	U_A（V）	U_B（V）	U_C（V）	外接零序电压（V）
第一套电量保护	61.46	61.92	61.47	0.07
第二套电量保护	61.37	62.19	61.58	22

通过万用表测量第二套外接零序电压 22V，保护采样外接零序电压 0.38V，自产零序电压 1.25V，第一套保护采样值及实测值均正常，可以初步判断造成 $3U_0$ 偏高的原因为第二套保护装置 110kV 侧电压二次回路有问题。又因为保护装置没有发出 TV 断线告警信号，且通过图 4-4 及图 4-5 波形比较，可以明确判断第二套保护 110kV 侧电压 N600 回路异常，110kV 侧电压失去了地电位参考点，使得波形产生了畸变，不再是正弦波，并且使得自产及外接零序电压异常偏高。

通过图实核对，并检查 2 号主变第二套电量保护装置 110kV 侧电压端子排的相应接线，发现该 110kV 侧电压端子排 N600 端子，外部电缆至 2 号主变故障录波器屏的 N600 接线松动，N600 处于悬空未接入状态。重新将该外部电缆 N600 接线拧紧后，再用万用表测量，外接零序电压接近 0V，保护装置自产零序电压由原来的 1.25V 降为 0.06V，第二套保护 110kV 侧电压波形为标准正弦波。

当电压回路中性线断线以后，相电压波形中不仅含有工频分量，还包含大量的三次谐波分量，零序电压基本是由三次谐波构成的。这是因为三个相电压的工频分量之和为零，即零序电压的工频分量为零；而三个相电压中的三次谐波分量相位相同，故零序电压的三次谐波分量等于 3 个相电压三次谐波分量之和。

3. N600 断线保护未告警的原因分析

由 RCS-978 系列变压器成套保护装置技术说明书可知，TV 异常判据为：

（1）正序电压小于 30V，且任一相电流大于 $0.04I_n$ 或开关在合位状态。

（2）负序电压大于 8V。

满足上述任一条件，同时保护启动元件未启动，延时 10s 报该侧 TV 异常，并发出报警信号，在电压恢复正常后延时 10s 恢复。由图 4-5 波形可知，在 N600 断线时，2 号主变第二套电量保护装置采样不满足 TV 异常的判据，因此 2 号主变第二套电量保护不会报 2 号主变 110kV 侧 TV 异常。

4. 预防措施

N600 断线后，由于对地电容及环境磁场的影响，N600 电位不为零，存在一个悬浮电位，视环境不同，一般几伏至几十伏不等。同时，该点电位并非固定不变，周围设备的动作、电容和磁场的变化都会使该点电位发生变化。该悬浮电位通过 N600 引入保护装置，同时也会造成相电压发生偏移，进而对保护装置造成影响。

N600 正常时虽然无电压，不能通过测量对地电压的方法检测其回路接线是否完好。但无电压并不代表无用，事实上它对距离保护、零序保护以及复压方向等保护具有举足轻重的作用。可以采取以下措施来防止 N600 断线以及由此引起更大的安全隐患或事故，防止保护拒动或误动。

（1）建议运维人员加强对各套保护不同电压等级的自产 $3U_0$ 及外接开口三角电压数值的巡视记录，发现异常，立即汇报检修人员处理。

（2）新安装及年检过程中，应重点加强对电压二次接线端子的检查，检查有无 N600 未接线或接触不良的情况。

（3）建议各保护厂家增加对 N600 断线的判别功能，并发出"电压二次中性点 N600 断线"告警信号。

5. 规程要求

闽电调〔2019〕419 号《国网福建电力关于〈国家电网有限公司十八项电网重大反事故措施（修订版）〉继电保护专业实施意见》每年至少一次测试变电站电压互感器 N600 接地点的电流，若电流大于 40mA 则应查明是否存在多点接地。

三、延伸知识

电压互感器二次回路必须有一点接地，其原因是为了人身和二次设备的安全。如果二次回路没有接地点，接在互感器一次侧的高压电压，将通过互感器一、二次绕组间的分布电容和二次回路的对地电容形成分压，将高压电压引入二次回路，其值决定于二次回路对地电容的大小。如果互感器二次回路有了接地点，则二次回路对地电容将为零。

在同一变电站中，常常有几台同一电压等级的电压互感器。常用的一种二次回路接线设计，是把它们所有由中性点引来的中性线引入控制室，并接到同一零相电压小母线上，然后分别向控制、保护屏配出二次电压中性线。对于这种设计方案，在整个二次回路上，只能选择在控制室将零相电压小母线的一点接到地网，若零相电压松动，将造成电压互感器的三相电压及零序电压漂移。

第三节　逆变电源故障引起数据网通信中断

一、案例简述

某日，某 110kV 终端变电站对侧 176 开关因线路故障跳闸，导致 110kV 某变电站全站交流失压，同时，调度四级数据网发生通信中断。

某终端变电站为内桥式接线，某日其中一条线路因线路工作检修，全站由 151 单线带双变运行。10kV Ⅰ、Ⅱ段母线各带一台站用变压器作为一体化电源的进线电源。

事故前运行方式主接线图如图 4-6 所示。

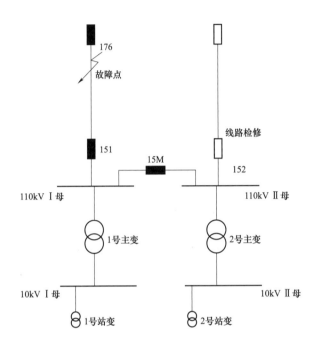

图 4-6 主接线图

二、案例分析

1. 保护动作情况

该日 16 时 50 分，该 110kV 终端变电站对侧 176 开关因线路故障跳闸，导致 110kV 某变电站两台主变均失去电源点，全站交流失压，同时，调度四级数据网发生通信中断。16 时 59 分，调度值班台对 110kV 176 开关进行遥控合闸操作后，全站交流电压恢复，调度四级数据网通信中断复归，同时又报出"1、2 号直流充电机交流进线失电"信号。运维人员进站检查发现，站内蓄电池供电正常，保护装置测控装置运行正常，后台监控机已断电关机（表明之前有被断电）。

运维人员在断开全部重要负荷后，待交流电源恢复后，逐级试送交流负荷，先试送直流充电屏以及站用电屏的空开均成功，再试送直流充电屏的充电机空开成功，110kV 某变电站一体化电源恢复正常运行。UPS 电源在交流电源恢复后所带负荷恢复供电，调度四级数据网通信恢复。一体化电源系统接线图如图 4-7 所示。

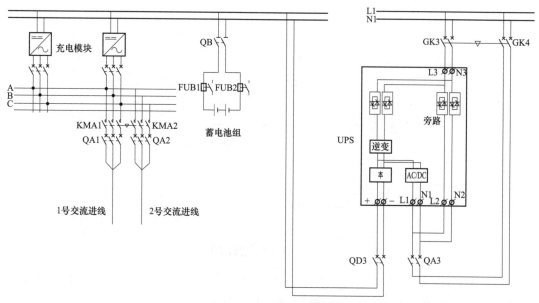

图 4-7 一体化电源系统接线图

2. 事故原因

（1）相关设备型号见表 4-3。

表 4-3 相 关 设 备 型 号

序号	装置	型号
1	充电机	LNDY240ZZ10
2	直流总控装置	LDS-151A
3	UPS 逆变装置	XMI30DR-220V

（2）调度四级数据网通信中断排查。由于四级数据网通信在全站交流失压复归后立即恢复，同时现场检查发现后台监控机也已断电关机，因此可认为由 UPS 供电的设备当时全部失压，UPS 装置失去作用。故主要排查以下几种可能因素：

1）由 UPS 装置供电的设备，其交流电源错接至交流屏，UPS 装置未能对其进行正常供电。现场检查各个由 UPS 装置供电的设备，检查其电缆走向是否指向 UPS 逆变电源屏，及电缆芯数、二次线颜色等是否与 UPS 逆变电源屏内一致。检查结果合格，可以确定现场接线为正确。

2）UPS 装置未能通过蓄电池组正常供电，而是使用交流供电方式。现场检查 UPS 装置运行情况，发现其面板上的信号灯显示为"逆变"，无告警信号。工作人员尝试断开 UPS 装置的交流输入电源（断电前已告知调度监控班，并且现场已将涉及的设备关机），断开电源后发现 UPS 装置交流输出全部断电。UPS 装置接线方式如图 4-8 所示。

至此，可确认该 UPS 装置的逆变功能出现问题，装置始终在使用交流供电，蓄电池供电已失去作用。

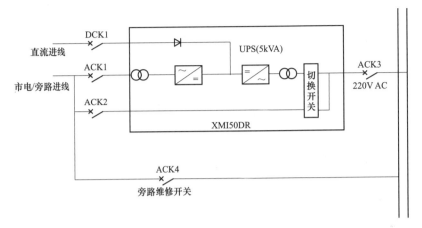

图 4-8　UPS 装置接线方式

（3）处理经过。工作人员配合厂家拆下 UPS 装置，发现内部积灰严重，进行清灰工作并轻轻敲打和按压紧固内部继电器后，重新恢复其接线，并尝试对其送电，当仅送入直流电源时，UPS 装置能够正常工作，但是将交流电源也送入后，装置内部发出一声声响，

图 4-9　UPS 装置内部损坏的电容器

但装置运行正常，也无告警。经过 5s 后，装置再次发出声响，同时直流电源空开跳闸。再次拆下 UPS 装置后，发现内部电容器已损毁。至此，可以确认该 UPS 装置内部的交直流切换触头存在故障，交直流输入无法正常切换，最终导致交直流回路间短路。

由于该 UPS 装置已损坏（见图 4-9），工作人员启用旁路检修功能，暂用交流电代替 UPS 装置对各设备供电，同时从备品仓库取来同类型 UPS 装置进行更换。更换完毕并试验合格后，断开旁路检修功能空开，重新使用 UPS 装置供电，至此，UPS 装置所带负荷恢复正常供电。

3. 事故结论

（1）UPS 装置内部故障致使交直流输入无法正常切换，最终导致交直流回路间短路，从而造成 UPS 装置损坏，导致调度四级数据网发生通信中断。

（2）正常运行时，UPS 装置应仅保留直流输入，该站交流与直流同时输入，导致逆变装置仅有交流供电，交流市电失去后由 UPS 所供重要负荷丢失。

4. 规程要求

调继〔2020〕56 号《国网福建电力调控中心关于福建电网站用直流电源系统验收运维及检修补充要求的通知》规定：1.16UPS 正常运行时由站用交流电源供电，当交流输入电源中断或整流器故障时，切换至由站用直流电源系统供电。1.17 正常运行中，严禁不具备并联运行功能的 UPS 并列运行。1.18 不得带负荷启动 UPS。开启时应先启动 UPS，待稳定后再合上负荷设备开关。UPS 两次开机间隔应在 1min 以上。

5. 整改措施

一体化电源系统承担着为站内各个设备供电的重要任务，发生任何问题都可能影响到其他运行设备，严重者甚至影响到一次设备能否正常分合，保护能否正确动作等。因此，更应该在验收工作中，加强对一体化电源系统的检查和试验，在平日的维护中，强化对相关设备的巡视，以确保将事故隐患提前扼杀，一体化电源系统能够持续正常运行。在此，对一体化电源的验收和日常维护提出以下几点建议：

（1）基建验收过程中，在验收一体化电源系统时，应针对性的开展几项试验：

1）针对全站失压的情况，进行一次模拟试验：在一体化电源系统正常工作时，突然断开站用电屏的交流进线总开关，持续 10～20min，观察在此期间 UPS 装置是否能够正常工作，蓄电单体电压是否正常。

2）针对一体化电源系统的耐冲击性，进行一次模拟试验：在断开站用电屏交流进线总开关的情况下，合上全部充电机交流空开，此时再合上站用电屏的交流进线总开关，对一体化电源系统进行冲击，观察是否有空开跳开，直流总控装置是否有告警信号。

3）检查一体化电源系统的各级空开间的跳闸电流是否能够正确配合，若发现问题，应及时更换空开。

（2）日常维护及巡视时，应加强对一体化电源系统的监视，检查各装置是否正常运行，无死机现象，并重视蓄电池组带载充放电等试验，一旦发现问题，应第一时间上报，以便及时消除隐患。

三、延伸知识

不间断电源（Uninterruptible Power System/Uninterruptible Power Supply，UPS）是将蓄电池（多为铅酸免维护蓄电池）与主机相连接，通过主机逆变器等模块电路将直流电转换成市电的系统设备。主要用于给单台计算机、计算机网络系统或其他电力电子设备如电磁阀、压力变送器等提供稳定、不间断的电力供应。当市电输入正常时，UPS 将市电稳压后供应给负载使用，此时的 UPS 就是一台交流式电稳压器，同时它还向机内电池充电；当市电中断（事故停电）时，UPS 立即将电池的直流电能，通过逆变器切换转换的方法向负载继续供应 220V 交流电，使负载维持正常工作并保护负载软、硬件不受损坏。UPS设备通常对电压过高或电压过低都能提供保护。

UPS 电源系统由五部分组成：主路、旁路、电池等电源输入电路，进行 AC/DC 变换的整流器（REC），进行 DC/AC 变换的逆变器（INV），逆变和旁路输出切换电路以及蓄能电池。其系统的稳压功能通常是由整流器完成的，整流器件采用可控硅或高频开关整流器，本身具有可根据外电的变化控制输出幅度的功能，从而当外电发生变化时（该变化应满足系统要求），输出幅度基本不变的整流电压。净化功能由储能电池来完成，由于整流器对瞬时脉冲干扰不能消除，整流后的电压仍存在干扰脉冲。储能电池除可存储直流直能的功能外，对整流器来说就像接了一只大容器电容器，其等效电容量的大小，与储能电池容量大小成正比。由于电容两端的电压是不能突变的，即利用了电容器对脉冲的平滑特性消除了脉冲干扰，起到了净化功能，也称为对干扰的屏蔽。频率的稳定则由变换器来完成，频率稳定度取决于变换器的振荡频率的稳定程度。为方便 UPS 电源系统的日常操作与维护，设计了系统工作开关，主机自检故障后的自动旁路开关，检修旁路开关等开关控制。

第四节　虚端子拉线错误导致装置告警的缺陷分析

一、案例简述

某 110kV 智能变电站，设备厂家升级完 18M 合智一体 A 装置（PCS-222EA-G 型）程序后，该装置出现告警信号，无法复归。

某变电站主接线图如图 4-10 所示，110kV Ⅰ/Ⅱ 段母分 18M 开关既作为 1 号主变的高压侧开关，又作为 2 号主变高压侧开关，所以两组主变均有采集该间隔合智一体 A 装置的电流采样数据。

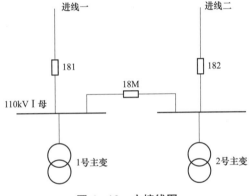

图 4-10　主接线图

二、案例分析

1. 缺陷情况

该日，保护班开展 110kV Ⅱ 段二次设备的检验工作。同时设备厂家对存在缺陷的 18M 合智一体 A 装置（PCS-222EA-G 型）进行升级。在工作结束恢复二次安全措施（简称安措）后，该装置告警信号灯仍然动作且无法复归，厂家通过调试软件查看，发现装置报出"输入拉线错误"信号。

2. 事故原因

由于 110kV 某变电站为内桥的接线方式，110kV Ⅰ/Ⅱ 段母分 18M 开关既作为 1 号主变的高压侧开关，又作为 2 号主变高压侧开关，所以两组主变均有采集该间隔合智一体 A 装置的电流采样数据。因为本次的首检工作仅为 Ⅱ 段二次设备的检验工作。所以在二次安措中，将 110kV Ⅰ/Ⅱ 段母分 18M 开关间隔的合智一体 A 装置至运行中的 1 号主变的 SV 采样光纤及 GOOSE 跳闸光纤解除（同组光纤），安措完成后 18M 开关间隔的合智一体 A 装置报出链路异常报警（该报警属于安措执行后正常信号）。

次日下午 4 时左右，厂家完成 18M 合智一体 A 装置的程序升级，由于该装置的安措内容，装置一直有报告警，故未能发现装置异常。第三天上午 11 时左右，站内 Ⅱ 段二次设备的检验工作完成，恢复安措后发现，18M 合智一体 A 装置的告警灯仍无法复归（此时站内其他信号均已正常）。

厂家通过调试软件查看，发现该装置报出"输入拉线错误"信号。

通过查看 SCD 文件发现，110kV Ⅰ/Ⅱ段母分 18M 的合智一体 A 装置的输入有：1 号主变保护装置 A 的跳闸 GOOSE 输入（0x1116）、2 号主变保护装置 A 的跳闸 GOOSE 输入（0x1118）、桥一备自投装置的跳闸 GOOSE 输入、桥一母联保护的跳闸和遥控 GOOSE 输入，以及 110kV Ⅰ段母线合并单元的级联电压采样输入。110kV Ⅰ/Ⅱ段母分 18M 合智一体 A 装置连线图如图 4-11 所示。

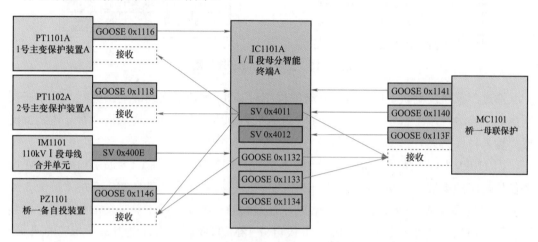

图 4-11　110kV Ⅰ/Ⅱ段母分 18M 合智一体 A 装置连线图

对输入的 SV 和 GOOSE 信号分别查看，发现 2 号主变保护装置 A 到 Ⅰ/Ⅱ段母分 18M 的合智一体 A 装置的跳闸 GOOSE 连线异常，通过查看装置的虚端子连线，发现 Ⅰ/Ⅱ段母分 18M 的合智一体 A 装置接收 2 号主变保护装置 A 的跳闸虚端子拉了两次，如图 4-12 标红处所示，分别连了母分 18M 的合智一体 A 装置内部的 TJR 三跳 1 和 TJR 三跳 3 逻辑节点。

	外部信号	外部信号描述	内部信号	内部信号描述
1	PZ1101GOLD/SelfPTRC1.Tr.general	桥一备自投装置/分段1开关合闸输出_GOOSE	RPIT/GOINGGIO1.SPCSO13.stVal	保护重合闸1
2	PT1102APIGO/PTRC9.Tr.general	#2主变保护装置A/跳闸备用1-1	RPIT/GOINGGIO1.SPCSO3.stVal	保护TJR三跳1
3	MC1101PIGO02/CSWI1.OpOpn.general	桥一母联保护/遥控01分闸出口	RPIT/GOINGGIO2.SPCSO1.stVal	断路器控分
4	MC1101PIGO02/CSWI1.OpCls.general	桥一母联保护/遥控01合闸出口	RPIT/GOINGGIO2.SPCSO2.stVal	断路器控合
5	MC1101PIGO02/CSWI2.OpOpn.general	桥一母联保护/遥控02分闸出口	RPIT/GOINGGIO2.SPCSO4.stVal	隔刀1控分
6	MC1101PIGO02/CSWI2.OpCls.general	桥一母联保护/遥控02合闸出口	RPIT/GOINGGIO2.SPCSO5.stVal	隔刀1控合
7	MC1101PIGO02/CSWI3.OpOpn.general	桥一母联保护/遥控03分闸出口	RPIT/GOINGGIO2.SPCSO7.stVal	隔刀2控分
8	MC1101PIGO02/CSWI3.OpCls.general	桥一母联保护/遥控03合闸出口	RPIT/GOINGGIO2.SPCSO8.stVal	隔刀2控合
9	MC1101PIGO02/CSWI4.OpOpn.general	桥一母联保护/遥控04分闸出口	RPIT/GOINGGIO2.SPCSO16.stVal	地刀1控分
10	MC1101PIGO02/CSWI4.OpCls.general	桥一母联保护/遥控04合闸出口	RPIT/GOINGGIO2.SPCSO17.stVal	地刀1控合
11	MC1101PIGO02/CSWI5.OpOpn.general	桥一母联保护/遥控05分闸出口	RPIT/GOINGGIO2.SPCSO19.stVal	地刀2控分
12	MC1101PIGO02/CSWI5.OpCls.general	桥一母联保护/遥控05合闸出口	RPIT/GOINGGIO2.SPCSO20.stVal	地刀2控合
13	MC1101PIGO02/CILO2.EnaOpn.stVal	桥一母联保护/遥控02分闭锁状态	RPIT/GOINGGIO2.SPCSO6.stVal	隔刀1闭锁
14	MC1101PIGO02/CILO3.EnaOpn.stVal	桥一母联保护/遥控03分闭锁状态	RPIT/GOINGGIO2.SPCSO9.stVal	隔刀2闭锁
15	MC1101PIGO02/CILO4.EnaOpn.stVal	桥一母联保护/遥控04分闭锁状态	RPIT/GOINGGIO2.SPCSO18.stVal	地刀1闭锁
16	MC1101PIGO02/CILO5.EnaOpn.stVal	桥一母联保护/遥控05分闭锁状态	RPIT/GOINGGIO2.SPCSO21.stVal	地刀2闭锁
17	MC1101PIGO02/CSWI6.OpOpn.general	桥一母联保护/遥控06分闸出口	RPIT/GOINGGIO2.SPCSO28.stVal	装置复归
18	MC1101PIGO01/PTRC1.Tr.general	桥一母联保护/跳闸联1	RPIT/GOINGGIO1.SPCSO3.stVal	保护TJR三跳1
19	PT1101APIGO/PTRC9.Tr.general	#1主变保护装置A/跳闸备用1-1	RPIT/GOINGGIO1.SPCSO4.stVal	保护TJR三跳2
20	PT1102APIGO/PTRC9.Tr.general	#2主变保护装置A/跳闸备用1-1	RPIT/GOINGGIO1.SPCSO5.stVal	保护TJR三跳3

图 4-12　110kV Ⅰ/Ⅱ段母分 18M 合智一体 A 装置虚端子连线

2 号主变保护装置 A 到 I/Ⅱ 段母分 18M 的合智一体 A 装置的跳闸虚端子连接如图 4-13 所示。

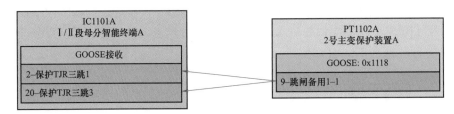

图 4-13　更改前虚端子连线图

通过厂家研发确认，由于本次升级的程序对 SCD 虚端子连线的判据更严，厂家在判别虚端子连线时，对于同一数据集包多个开入会判别为异常告警。造成该合智一体装置出现"输入拉线错误"告警的异常信号。而之前的程序则不会判，显示正常。

因 110kV I/Ⅱ 段母分 18M 合智一体 A 装置内部的 TJR 三跳 1 已经接入接收 18M 母联保护跳闸的虚端子回路，故将母分 18M 的合智一体 A 装置内部的 TJR 三跳 1 接受 2 号主变保护装置 A 跳闸的 SCD 内多余虚端子连线删除，重新下载安装装置的配置程序，装置告警灯消失，信号恢复正常。对 I/Ⅱ 段母分 18M 的合智一体 A 装置进行相应的通流、传动试验，装置运行正常。

更改后的 SCD 虚端子连线如图 4-14 所示。

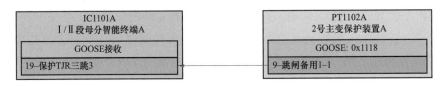

图 4-14　更改后虚端子连线

3. 事故结论

本次出现 18M 合智一体 A 装置升级后出现告警，是由于后台集成商的 SCD 连线不规范造成的。

4. 规程要求

Q/GDW 1396—2012《IEC 61850 工程继电保护应用模型》规定：

10.1.1　GOOSE 配置

e）系统配置时在相关联逻辑设备下的 LLN0 逻辑节点中的 Inputs 部分定义该设备输入的 GOOSE 连线，每一个 GOOSE 连线包含了该逻辑设备内部输入虚端子信号和外部装置的输出信号信息，虚端子与每个外部输出信号为一一对应关系。Extref 中的 IntAddr 描述了内部输入信号的引用地址，应填写与之相对应的以"GOIN"为前缀的 GGIO 中 DO 信号的引用名，引用地址的格式为"LD/LN.DO.DA"。

5. 整改措施

（1）加强对基建站的 SCD 验收工作，智能站的虚端子连线和常规站的电缆回路类似，进一步做好相应的图实相符工作。应加强对智能站 SCD 的管控,重点检查:各装置的 MAC 地址、APPID 应用标识、SCD 对应的版本、装置的光口设置、装置间的虚端子连线是否正确。

(2)本次装置升级后出现告警,到最后恢复安措才发现异常现象,主要是受到两方面的影响:安措执行后异常信号的干扰、智能站内的合智一体装置无液晶面板直观查看。以后类似的升级工作完成后,应要求厂家接入虚拟液晶软件,连接装置查看,确认无相关异常信号后,再做后续试验。

(3)某公司目前需要升级的该型装置共 49 套,现已升级完其中的 19 套。后面升级前应逐一对该型号的合智一体装置进行虚端子连线排查,确认无误后再进行相应升级。

(4)工作流程上,因根据现场经验,合理安排顺序,将比较容易出现问题的项目安排在前面检查,如:绝缘、信号等,将会影响后续试验的项目尽量安排在前面做,如:装置升级工作等。这样出现问题后,现场可以留有较多的缓冲时间来处理。

三、延伸知识

目前,由于在现场运行中的 PCS-222EA-G 型合智一体化装置存在故障风险,可能会出现无法接收某一订阅 GOOSE 报文的情况,这将导致装置出现 GOOSE 通信断链告警信号。重启装置后,GOOSE 断链告警消失。

当现场该装置的告警灯和 GOOSE 异常灯亮时,监控后台出现该 PCS-222EA-G 装置报单个控制块接收链路断链时,如果排除光纤回路、相应发送装置的问题,可定位为 PCS-222EA-G 型合智一体装置由于无法接收相关 GOOSE 报文而导致的通信断链。出现该现象后,受影响的 GOOSE 链路会产生断链告警,但其他链路仍然正常,功能不受影响。

厂家给出的解决方案是升级 PCS-222EA-G 型合智一体化装置的程序。

第五节　误操作导致主变高低压侧电量不平衡

一、案例简述

某日 110kV 某变电站 2 号主变 4~6 月损耗电量偏高,达到 4%左右(正常应低于 1%),且 2 号主变高压侧电量输入比低压侧输出低,其他时间损耗电量正常。

变电站主接线图如图 4-15 所示。

二、案例分析

1. 缺陷情况

2 号主变近期电量损耗见表 4-4。

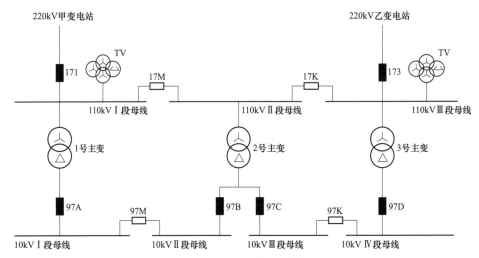

图 4-15 变电站主接线图

表 4-4 某变电站 2 号主变电量损耗列表

月份	间隔	输入电量	输出电量	损耗电量	损耗率（%）
3	2 号主变	938.39	934.41	3.98	0.42
4	2 号主变	908.82	950.31	−41.49	−4.57
5	2 号主变	1057.86	1103.52	−45.66	−4.32
6	2 号主变	1604.64	1659.24	−54.6	−3.40
7	2 号主变	1846.56	1834.46	12.1	0.66

2. 缺陷原因

进一步检查 2 号主变日损耗率，发现 5 月 25~28 日、6 月 20 日之后损耗率降低至合格水平，见图 4-16、图 4-17 最后一列。

序号	日期	输入电量	输出电量	损耗电量	损耗率
22	2020-05-22	297000	309760	−12760	−4.30%
23	2020-05-23	302400	314160	−11760	−3.89%
24	2020-05-24	325200	341440	−16240	−4.99%
25	2020-05-25	358800	362560	−3760	−1.05%
26	2020-05-26	372600	374000	−1400	−0.38%
27	2020-05-27	330000	330880	−880	−0.27%
28	2020-05-28	323400	328240	−4840	−1.50%
29	2020-05-29	300000	315920	−15920	−5.31%
30	2020-05-30	305400	320320	−14920	−4.89%

图 4-16 2 号主变日电量平衡分析截屏图（5 月）

序号	日期	输入电量	输出电量	损耗电量	损耗率
18	2020-06-18	612600	648560	−35960	−5.87%
19	2020-06-19	622800	658240	−35440	−5.69%
20	2020-06-20	582000	593120	−11120	−1.91%
21	2020-06-21	586200	587840	−1640	−0.28%
22	2020-06-22	643200	645920	−2720	−0.42%
23	2020-06-23	648600	650320	−1720	−0.27%
24	2020-06-24	637200	638880	−1680	−0.26%
25	2020-06-25	559200	561440	−2240	−0.40%
26	2020-06-26	563400	564960	−1560	−0.28%
27	2020-06-27	618000	620400	−2400	−0.39%
28	2020-06-28	650400	652080	−1680	−0.26%
29	2020-06-29	656400	658240	−1840	−0.28%
30	2020-06-30	688200	690800	−2600	−0.38%

图 4-17 2 号主变日电量平衡分析截屏图（6 月）

经查 5 月 25 日、5 月 27 日、6 月 20 日正好与该变电站 110kV 侧运行方式改变时间点完全吻合，从图 4-18 可以看出：

4 月 1 日之前，进线 171 带三台主变运行；

4 月 1 日之后，进线 171 带 1、2 号主变运行，进线 173 带 3 号主变运行；

5 月 25 日之后，进线 171 带三台主变运行；

5 月 28 日之后，进线 171 带 1、2 号主变运行，进线 173 带 3 号主变运行；

6 月 20 日之后，进线 171 带三台主变运行。

操作任务	票号	操作开始时间	操作结束时间
110kV城北变：断开#3主变110kV侧中性点1738接地刀闸	PT-BB-110kVCBB-2020-0039	2020-06-20 09:22:34	2020-06-20 09:26:42
110kV城北变：110kV蓝北Ⅱ路173开关由运行转备用	PT-BB-110kVCBB-2020-0038	2020-06-20 09:20:01	2020-06-20 09:22:08
110kV城北变：110kVⅦ、Ⅲ段母分17K开关由热备用转合环运行	PT-BB-110kVCBB-2020-0037	2020-06-20 09:17:10	2020-06-20 09:20:15
110kV城北变：10kV安福线927线路由检修转运行	PT-BB-110kVCBB-2020-0036	2020-05-31 16:37:59	2020-05-31 16:39:53
110kV城北变：10kV安福线927线路由运行转检修	PT-BB-110kVCBB-2020-0035	2020-05-31 08:25:46	2020-05-31 08:42:51
110kVⅦ、Ⅲ段母分17K开关由运行转备用	PT-BB-110kVCBB-2020-0034	2020-05-28 18:09:02	2020-05-28 18:12:10
110kV城北变：110kV蓝北Ⅱ路173开关由热备用转合环运行	PT-BB-110kVCBB-2020-0033	2020-05-28 18:05:40	2020-05-28 18:08:48
合上#3主变110kV侧中性点1738接地刀闸	PT-BB-110kVCBB-2020-0032	2020-05-28 18:01:59	2020-05-28 18:04:33
110kV城北变：10kVⅠ、Ⅱ段母分97M开关由冷备用转备用	PT-BB-110kVCBB-2020-0031	2020-05-26 17:21:58	2020-05-26 17:33:11
指令票：110kV城北变：10kVⅠ、Ⅱ段母分97M开关由检修转冷备用	PT-BB-110kVCBB-2020-0029	2020-05-26 16:46:06	2020-05-26 16:47:14
110kV城北变：10kVⅠ、Ⅱ段母分97M开关由检修转冷备用	PT-BB-110kVCBB-2020-0030	2020-05-26 16:55:53	2020-05-26 17:10:03
指令票：110kV城北变：10kVⅠ、Ⅱ段母分97M开关由冷备用转检修	PT-BB-110kVCBB-2020-0027	2020-05-26 08:42:54	2020-05-26 08:53:03
110kV城北变：10kVⅠ、Ⅱ段母分97M开关由冷备用转检修	PT-BB-110kVCBB-2020-0028	2020-05-26 08:42:28	2020-05-26 08:53:52
110kV城北变：10kVⅠ、Ⅱ段母分97M开关由热备用转冷备用	PT-BB-110kVCBB-2020-0026	2020-05-26 08:29:20	2020-05-26 08:39:32
110kV城北变：断开#3主变110kV侧中性点1738接地刀闸	PT-BB-110kVCBB-2020-0025	2020-05-25 07:24:42	2020-05-25 07:26:50
110kV蓝北Ⅱ路173开关由热备用转备用	PT-BB-110kVCBB-2020-0024	2020-05-25 07:22:15	2020-05-25 07:24:20
110kV城北变：110kVⅦ、Ⅲ段母分17K开关由合环转备用运行	PT-BB-110kVCBB-2020-0023	2020-05-25 07:19:01	2020-05-25 07:22:29
110kV城北变：10kV#2消弧线圈及930开关由检修转冷备用	PT-BB-110kVCBB-2020-0020	2020-04-29 14:03:48	2020-04-29 14:15:23
110kV城北变：10kV#1消弧线圈及910开关由检修转冷备用	PT-BB-110kVCBB-2020-0019	2020-04-29 13:50:25	2020-04-29 14:02:30
110kV城北变：指令票：10kV#1消弧线圈及910开关由检修转冷备用，10kV#2消弧线圈及930开关由检修转冷备用	PT-BB-110kVCBB-2020-0018	2020-04-29 13:49:46	2020-04-29 13:49:52
110kV城北变：10kV#2消弧线圈由冷备用转运行	PT-BB-110kVCBB-2020-0022	2020-04-29 14:37:53	2020-04-29 14:52:01
110kV城北变：10kV#1消弧线圈由冷备用转运行	PT-BB-110kVCBB-2020-0021	2020-04-29 09:34:40	2020-04-29 09:47:56
110kV城北变：10kV城学线953线路由检修转运行	PT-BB-110kVCBB-2020-0014	2020-04-23 12:51:27	2020-04-23 13:00:37
110kV城北变：10kV城学线953线路由运行转检修	PT-BB-110kVCBB-2020-0013	2020-04-23 10:08:05	2020-04-23 10:19:12
110kV城北变：110kVⅦ、Ⅲ段母分17K开关由运行转备用	PT-BB-110kVCBB-2020-0012	2020-04-01 12:31:32	2020-04-01 12:33:50
110kV城北变：110kV渭北线171开关由热备用转合环运行	PT-BB-110kVCBB-2020-0011	2020-04-01 12:27:44	2020-04-01 12:30:49
110kV城北变：合上#1主变110kV侧中性点1718接地刀闸	PT-BB-110kVCBB-2020-0010	2020-04-01 12:25:55	2020-04-01 12:26:01

图 4-18 该变电站相关操作票查询截屏图

110kVⅡ母未配置母线 TV，因此 2 号主变间隔高压侧计量所需电压只能从 110kVⅠ母或 110kVⅢ母的 TV 取，17M 开关合，则从 110kVⅠ母取 TV 电压，17K 开关合，则从 110kVⅢ母取 TV 电压。因此设计 31YK 切换把手，通过手动切换实现母线电压的选择。2号主变高压侧电压切换回路图如图 4-19 所示。2 号主变高压侧 110kVⅠ、Ⅲ段母线电压切换开关如图 4-20 所示。

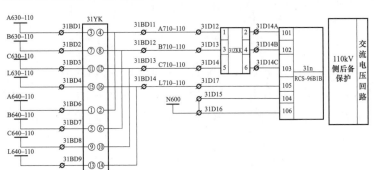

图 4-19 2 号主变高压侧电压切换回路图

图4-20 2号主变高压侧110kVⅠ、Ⅲ段
母线电压切换开关

以6月20日运行方式改变举例说明。

6月20日之前运行方式为：进线一171带1、2号主变运行，进线二173带3号主变运行，即171、17M、173开关在合位，17K分位。此时2号主变电压应取110kVⅠ母TV电压，但查操作票，实际31YK把手仍位于"Ⅲ母电压"位置。即2号主变所采集的计量电压本应是110kVⅠ母TV电压，但实际采集的是110kVⅢ母TV电压，造成电量误差。

6月20日之后运行方式变更为：进线一171带1、2、3号主变运行，进线二173热备用，即171、17M、17K开关在合位，173分位。此时2号主变电压任意取110kVⅠ母TV电压或110kVⅢ母TV电压均可，因此6月20日之后电量误差恢复至正常水平。

由于220kV甲变电站到本站距离较之220kV乙变电站到本站距离近。因此送到本站的电压也较高，但2号主变高压侧计量电压使用了进线二173较低的电压，因此造成了2号主变高压侧电量偏低的问题。

3. 缺陷结论

（1）运维人员未针对变电站内特殊回路编制典型操作票，是造成此次缺陷的主要原因。

（2）设计者应减少此类特殊回路，尽量配齐TV，或改为自动切换回路，可从源头上减少误操作问题。

4. 规程要求

国家电网设备〔2018〕979号《国家电网有限公司关于印发十八项电网重大反事故措施（修订版）》规定：4.1.8 对继电保护、安全自动装置等二次设备操作，应制订正确操作方法和防误操作措施。智能变电站保护装置投退应严格遵循规定的投退顺序。

5. 整改措施

（1）要求运维人员修改典型操作票及运行规程。

（2）排查所有110kV扩大内桥接线方式的变电站，杜绝类似情况发生。

三、延伸知识

110kV扩大内桥接线方式高压侧中间段母线未配置TV时的电压切换方式为：除了上述利用切换把手人工切换，还可以设计为自动切换。如图4-21所示，其中1QB虚框内为17M端子箱内相关开关隔离开关触点，2QB虚框内为17K端子箱内相关开关隔离开关触点。

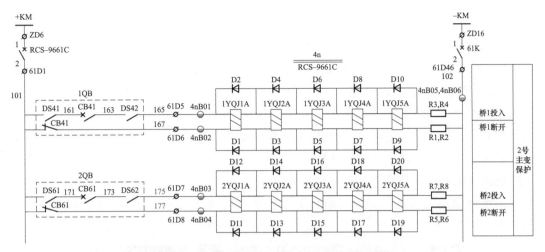

图 4-21 2号主变高后备保护电压切换回路

第六节 隔离开关辅助触点虚接导致保护 TV 断线事件

一、案例简述

某日 220kV 某变电站 110kV 某线 135 线路保护装置报 TV 断线，现场保护装置及测控装置上母线电压采样值均为零。运维人员现场检查 110kV 某线 135 保护及测控屏电压空气开关在合位，空气开关上下端电压均为零。

故障前运行方式：110kV 某线 135 线路正常运行时挂在 110kV Ⅰ 段母线上，故障当天由于 2号主变 13B1 隔离开关大修工作，所有 110kV 线路倒排至 110kV Ⅱ 母运行，110kV Ⅰ 母转检修。

二、案例分析

1. 监控信号动作情况

监控主站故障时信号统计截屏图见图 4-22。

变电站.110kV.母线PT.Ⅰ母PT计量失压	动作(SOE)	保护事项	2019/01/06 11:57:17.291	2019/01/06 11:57:16.918	严重告警
变电站.110kV.母联.13M开关.双通信状态1	合转分(SOE)	其他通信变位事项	2019/01/06 11:57:17.291	2019/01/06 11:57:16.893	普通事项
变电站.110kV.母联.13M开关.双通信状态2	分转合(SOE)	其他通信变位事项	2019/01/06 11:57:17.333		普通事项
变电站.110kV.母联.13M开关.状态	合转分(遥控)	断路器事项	2019/01/06 11:57:17.333		一般告警
变电站.110kV.母联.新13M测控.开关控制回路断线	复归	保护事项	2019/01/06 11:57:17.432		严重告警
变电站.110kV.母差.测控.刀闸位置告警	动作	保护事项	2019/01/06 11:57:17.620		严重告警
变电站.110kV.母联.13M开关.双通信状态2	分转合(SOE)	其他通信变位事项	2019/01/06 11:57:17.783	2019/01/06 11:57:16.903	普通事项
变电站.110kV.母联.新13M测控.开关控制回路断线	复归(SOE)	保护事项	2019/01/06 11:57:17.783	2019/01/06 11:57:16.905	严重告警
变电站.110kV.母差.测控.刀闸位置告警	动作(SOE)	保护事项	2019/01/06 11:57:17.783	2019/01/06 11:57:17.306	严重告警
变电站.110kV.Ⅰ段母线.频率	处于不工作状态	遥测越限事项	2019/01/06 11:57:17.996		普通事项
变电站.110kV.母差.测控.刀闸位置告警	复归	保护事项	2019/01/06 11:57:18.028		严重告警
变电站.110kV.○线.135测控.保护线路PT断线	动作	保护事项	2019/01/06 11:57:18.126		严重告警
变电站.110kV.○线.135线路WXN813.PT断线	动作	保护事项	2019/01/06 11:57:18.183		严重告警

图 4-22 监控主站故障时信号统计截屏图

2. 事故原因

（1）TV 断线原因。从 SOE 信号可以看出，11:57:17.291 时 110kV 母联 13M 开关遥控分闸，11:57:18.128 时 135 保护报 TV 断线，可初步判定 13M 开关由合转分与保护 TV 断线存在一定联系。现场查看 135 保护装置面板上电压切换指示灯，Ⅱ母灯亮，Ⅰ母灯灭，与运行方式一致。电压回路上切换前的Ⅱ母电压 640 回路均有正常电压，切换后电压 710 回路没有电。将保护装置电压切换插件拔出检查时，发现该插件及装置内主板上的接口位置均有烧焦痕迹，如图 4-23 所示。综上分析，可确定母联 13M 分闸前，135 间隔的切换继电器同时动作，导致 110kV 母线二次电压在此处并列，当 13M 分闸后由于一次系统分列运行二次仍并列，相当于在切换回路上发生电压短路，致使回路被烧毁出现 TV 断线。

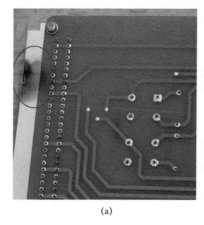 

（a）　　　　　　　　　　　　　（b）

图 4-23　插件及装置内主板上的接口位置均有烧焦痕迹
（a）电压切换插件；（b）装置主板插槽

（2）切换继电器同时动作原因。110kV 某线 135 的电压切换开入回路如图 4-24 所示。用万用表量电压切换回路，7QD4（61）、7QD5（62）、7QD7（64）是负电，7QD6（63）是正电。此时的一次设备状态 1351 隔离开关在分位，1352 隔离开关在合位，62 回路应是正电。进一步检查 1351 隔离开关机构箱内部接线，发现 1351 辅助开关动断触点上 62 回路的二次线虚接，导致 135 间隔由Ⅰ母倒排至Ⅱ母过程中，1351 隔离开关分闸后Ⅰ母切换回路不能复归，出现切换继电器同时动作的情况。

（3）切换继电器同时动作没有告警信号原因。查看保护装置的电压切换开入回路（见图 4-24）、电压切换信号回路（见图 4-25），切换继电器同时动作信号用的 1YJQ7 和 2YJQ7 都不是自保持继电器，因此当 1351 隔离开关分闸时 7QD4（61）回路上的正电消失，1YJQ7 继电器复归，因此不会发同时动作告警信号。由于切换继电器的信号回路和电压切换回路用的是不同类型的继电器，该信号无法正确反应电压回路的状态。保护装置前面板的电压切换指示灯经实测也是不保持的。因此在这种情况下从面板指示灯和后台信号都无法发现该装置切换继电器同时动作。

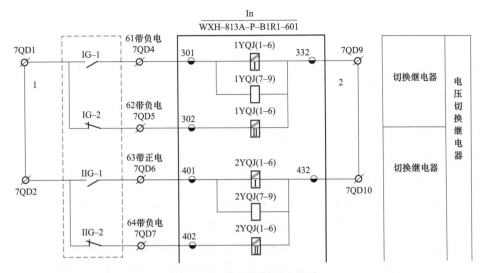

图 4-24 电压切换开入回路

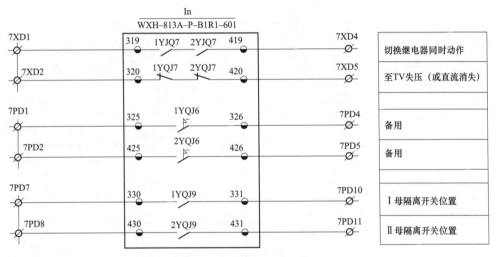

图 4-25 电压切换信号回路

3. 事故结论

根据运行记录，110kV 某线 135 间隔一直在 I 母上运行，1 月 4 日因 1351 隔离开关大修工作将 135 间隔转检修并更换了 1351 隔离开关机构，工作中恢复二次接线时将 62 回路虚接。1 月 6 日该站 110kV I 母要转检修，135 间隔倒排至 II 母后因 62 回路虚接导致切换继电器同时动作，是事件直接原因。

因厂家设计将不保持继电器用于切换继电器同时动作告警信号，导致运维和监控人员没有发现该故障，在倒排结束后操作母联 13M 分闸，最终发生该故障，是事件主要原因。

4. 规程要求

Q/GDW 10766—2015《10kV~110（66）kV 线路保护及辅助装置标准化设计规范》规定：5.5.4 电压切换箱（插件）电压切换箱（插件）应满足以下要求：

a）110kV 及以下电压等级若配置单套电压切换箱（回路），隔离开关辅助触点采用双位置输入方式；

b）电压切换继电器的"切换继电器同时动作"信号应采用保持型继电器触点；

c）电压切换继电器的" TV 失压时发信号""回路断线"或"直流消失"信号应采用非保持触点；

d）本规范不对电压切换插件装置端子定义做统一要求。

5．整改措施

（1）更换故障的插件及主板，并将切换继电器同时动作信号回路改为保持触点，将原 7XD4 的信号回路接线改接至 7PD5，将 7XD1 和 7PD4 短接，如图 4-26 所示。

（2）排查整改全区保护装置内同时动作信号使用不保持触点的情况。

（3）运行、调度操作时应注意检查异常信号，在进行母线分列的操作前，要检查电压等级所有间隔没有切换继电器同时动作信号，顺控操作闭锁逻辑应增加该信号。

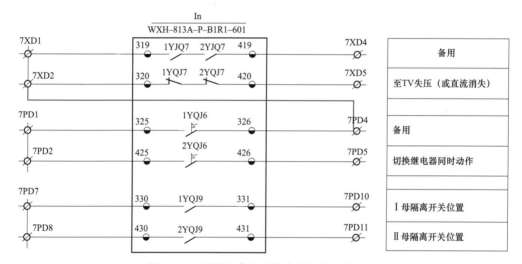

图 4-26　设计规范要求的电压切换信号回路

三、延伸知识

电压二次回路误并列后果：当一台电压互感器停运时，只有当停运电压互感器的一次隔离开关分开，并且二次电压总空气开关 1QA 或 2QA 断开时，二次回路才允许并列。在电压互感器停运或二次联络后需停用一台互感器时，要首先断开二次回路空气开关，否则二次回路的电压将倒送至一次侧，由于电压互感器的变比很大，一次的电容电流将使二次回路过载，造成正常运行的电压互感器次级总空气开关跳闸，影响计量及保护装置正常运行。

220kV 电压互感器一相的联络回路图，如图 4-27 所示，其变比为 $220/\sqrt{3}/0.1/\sqrt{3}$。当副母电压互感器的隔离开关 2QS 打开而二次空气开关 2QA 在合上位置时，倒送至一次的电压将产生一个电容电流 I_1，通过变比折算到二次的电流 $I_2 = n_{TV}I_1\ 2200I_1$。如果一次电容电流 4mA，二次将产生 8.8A 的电流，通过 1QA 的电流等于该电流加上全部二次电流负载，这将使 1QA 空开过载跳闸。

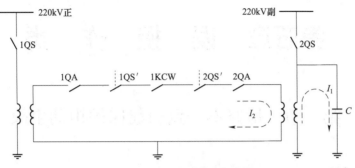

图 4-27　电压互感器二次联络图

　　电压互感器是一个内阻极小的电压源，正常运行时负载阻抗很大，相当于开路状态，二次侧仅有很小的负载电流。当二次短路时，负载阻抗为零，将产生很大的短路电流，会将电压互感器烧坏。因此在电压互感器二次回路上一般采用自动空气开关作为保护设备，除能切除二次短路故障外，还可利用自动空气开关辅助触点发出空开跳开信号。

　　当保护装置交流失压后，装置内采用电压参与计算的距离保护、零序保护等有可能不正确动作，为了防止这种情况，保护装置应采取一定措施。目前我国一般采用保护经电流启动和 TV 断线退出相关保护相结合的方式。当 TV 断线时，电流一般没有变化，因此保护装置不会启动进入故障计算程序，不容易误动作。

第五章 误操作类

第一节 检修不一致引起保护拒动事故

一、案例简述

某日，某 330kV 智能变电站 330kV 甲线发生异物短路 A 相接地故障，由于线路保护因 3320 断路器合并单元"装置检修"压板投入，线路双套保护闭锁，未及时切除故障，引起故障范围扩大，导致站内两台主变高压侧后备保护动作跳开三侧开关，330kV 乙线路由对侧线路保护零序 Ⅱ 段动作切除。最终造成该智能变电站全停，该智能变电站所带的 8 座 110kV 变电站、1 座 110kV 牵引变电站和 1 座 110kV 水电站失压，损失负荷 17.8 万 kW。

故障前，该 500kV 变电站运行方式如图 5-1 所示。

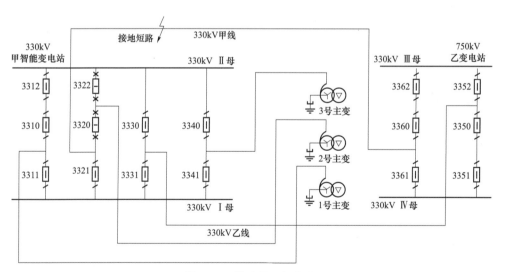

图 5-1 故障前运行方式

（1）330kV Ⅰ、Ⅱ 母，第 1、3、4 串合环运行。

（2）330kV 甲、乙线及 1、3 号主变运行。

（3）3320、3322 开关及 2 号主变检修。

二、案例分析

1. 保护动作情况分析

330kV 甲智能变电站进行 2 号主变及三侧设备智能化改造，改造过程中，330kV 甲线 11 号塔发生异物 A 相接地短路，330kV 甲智能变电站保护动作情况如下：

1）330kV 甲线路两套线路保护未动作，330kV 乙线路两套线路保护也未动作；

2）1、3 号主变高压侧后备保护动作，跳开三侧开关。

750kV 乙变电站保护动作情况如下：

1）330kV 甲线两套保护距离 I 段保护动作，跳开 3361、3360 开关 A 相，3361 开关保护经 694ms 后，重合闸动作，合于故障，84ms 后重合后加速动作，跳开 3361、3360 开关三相；

2）330kV 乙线路零序 II 段重合闸加速保护动作，跳开 3352、3350 开关三相。

最终造成 330kV 甲智能变电站全停，其所带的 8 座 110kV 变电站、1 座牵引变电站和 1 座 110kV 水电站全部失压，损失负荷 17.8 万 kW。

2. 事故原因分析

2 号主变及三侧设备智能化改造过程中，现场运维人员根据工作票所列安全措施内容，在未退出 330kV 甲线两套线路保护中的 3320 开关 SV 接收软压板的情况下，投入 3320 开关汇控柜合并单元 A、B 套"装置检修"压板，发现 330kV 甲线 A 套保护装置（PCS–931G–D）"告警"灯亮，面板显示"3320A 套合并单元 SV 检修投入报警"；330kV 甲线 B 套保护装置（WXH–803B）"告警"灯亮，面板显示"中 CT 检修不一致"，但运维人员未处理两套线路保护的告警信号。Q/GDW 1396—2012《IEC 61850 工程继电保护应用模型》中 SV 报文检修处理机制要求如下：

（1）当合并单元装置检修压板投入时，发送采样值报文中采样值数据的品质 q 的 Test 位应置 True。

（2）SV 接收端装置应将接收的 SV 报文中的 Test 位与装置自身的检修压板状态进行比较，只有两者一致时才将该信号用于保护逻辑，否则应按相关通道采样异常进行处理。

（3）对于多路 SV 输入的保护装置，一个 SV 接收软压板退出时应退出该路采样值，该 SV 中断或检修均不影响本装置运行。

按照上述（2）条要求，330kV 甲智能变电站中，330kV 甲线两套线路保护自身的检修压板状态退出，而 3320 开关合并单元的检修压板投入，SV 报文中 Test 位置位，导致线路保护与 SV 报文的检修状态不一致，而此时并未退出线路保护中 3320 开关的 SV 接收软压板，不满足上述（3）条要求，因此保护装置将 3320 开关的 SV 按照采样异常处理，闭锁保护功能，而对侧线路保护差动功能由于本侧保护的闭锁而退出，其他保护功能不受影响。

因此，330kV 甲线发生异物 A 相接地短路时，330kV 甲线区内故障，两侧差动保护退出而不动作，甲变电站侧线路保护功能全部退出，不动作；乙变电站侧线路保护距离 I

段保护动作，跳开 A 相，切除故障电流，3361 开关和 3360 开关进入重合闸等待，3361 开关保护先重合，由于故障未消失，3361 开关保护重合于故障，线路保护重合闸后加速保护动作，跳开 3361 和 3360 开关三相。

对于 330kV 乙线，属于区外故障，在甲变电站侧保护的反方向、在乙变电站侧保护的正方向，因此甲变电站侧乙线线路保护未动作，乙变电站侧乙线线路保护零序Ⅱ段重合闸加速保护动作，跳开 3352、3350 开关三相。

故障前，330kV 甲智能变电站中，1 号主变和 3 号主变运行，故障点在主变差动保护区外，在高压侧后备保护区内，因此 1 号和 3 号主变的差动保护未动作，高压侧后备保护动作，跳开三侧开关。

3. 事故结论

由上述分析可知，所有保护正确动作，主要由于 330kV 甲线线路保护闭锁导致故障范围扩大。

4. 经验教训

（1）智能变电站二次系统技术管理薄弱。运维单位对智能变电站设备特别是二次系统技术、运维管理重视不够，对智能变电站二次设备装置、原理、故障处置没有开展有效的技术培训，没有制定针对性的调试大纲和符合现场实际的典型安措，现场运行规程编制不完善，关键内容没有明确说明，现场检修、运维人员对智能变电站相关技术掌握不足，保护逻辑不清楚，对保护装置异常告警信息分析不到位，没能作出正确的判断。

（2）改造施工方案编制审核不严格。变电站智能化改造工程施工方案没有开展深入的危险点分析，对保护装置可能存在的误动、拒动情况没有制定针对性措施，安全措施不完善。管理人员对施工方案审查不到位，工程组织、审核、批准存在流于形式、审核把关不严等问题。

（3）保护装置说明书及告警信息不准确。线路保护装置说明书、装置告警说明不全面、不准确、不统一，未点明重要告警信息（应点明"保护已闭锁"，现场告警信息为"SV检修投入报警""中 CT 检修不一致"），技术交底不充分，容易造成现场故障分析判断和处置失误。

5. 整改措施和建议

（1）加强智能变电站设备技术和运维管理，高度重视智能变电站设备特别是二次系统的技术和运维管理，结合实际，制定智能变电站调试、检验大纲，规范智能变电站改造、验收、定检工作标准，加强继电保护作业指导书的编制和现场使用；现场操作过程中应时刻注意设备的告警信号，重视各类告警信号，出现告警应及时处理。

（2）明确二次设备的信号描述，智能二次设备各种告警信号应含义清晰、明确，且符合现场运维人员习惯，直观表示告警信号的严重程度，如上述保护装置判断出 SV 报文检修不一致后，应明确"保护闭锁"；编制完善的智能变电站调度运行规程和现场运行规程，细化智能设备报文、信号、压板等运维检修和异常处置说明。

（3）进一步提升二次设备的统一性，在现有继电保护"六统一"基础上，进一步统一继电保护的信号含义和面板操作等，使检修、运维人员对装置信号具有统一的理解，降低智能变电站现场检修、运维的复杂度。

（4）加强继电保护、变电运维等专业技术技能培训，开展智能变电站设备原理、性能及异常处置等专题性培训，使现场检修、运维人员对智能变电站具有深入理解，提升智能变电站运维管理水平。

三、延伸知识

SV 接收端装置将接收的 SV 报文中的 Test 位与装置自身的检修压板状态进行比较，只有两者一致时才将该信号用于保护逻辑，否则应按相关通道采样异常进行处理。

GOOSE 接收端装置根据 Test 位的值判断 GOOSE 报文是否为检修状态，并根据检修机制确定是否使用此 GOOSE 报文的内容。一般的，两侧设备都处于检修态或都处于运行态，GOOSE 报文的内容将被采用；当两侧装置检修装置不一致时，接收的 GOOSE 报文不参与运行处理。

第二节　软压板投退不当引起保护误动事故

一、案例简述

某日，某 220kV 智能变电站进行 220kV 分段合并单元更换，在恢复 220kV 母差保护的过程中，由于操作顺序执行错误，导致 I – II 段母差保护动作，跳开母联、2 条线路和 1 台主变，事件没有造成负荷损失。

故障前，该 220kV 智能变电站运行方式如图 5-2 所示。

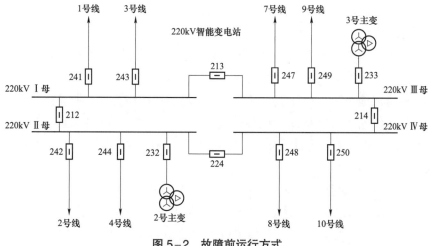

图 5-2　故障前运行方式

（1）220kV 系统采用双母线双分段接线，运行出线 8 回，主变 2 台。

（2）1、3号线运行于Ⅰ母；2、4号线、2号主变运行于Ⅱ母；7、9号线、3号主变运行于Ⅲ母；8、10号线运行于Ⅳ母。

（3）母联212开关、母联214开关、分段213开关运行，分段224开关检修。

二、案例分析

1．保护动作情况分析

该220kV智能变电站进行Ⅱ-Ⅳ母分段224开关合并单元及智能终端更换、调试工作，224开关处于检修状态。按现场工作需要和调度指令，站内退出220kVⅠ-Ⅱ段母线及Ⅲ-Ⅳ段母线A套差动保护。现场工作结束后，运维人员按调度指令开始操作恢复220kVⅠ-Ⅱ段母线及Ⅲ-Ⅳ段母线A套差动保护，首先退出Ⅰ-Ⅱ段母线A套差动保护"投检修"压板，然后操作批量投入各间隔的"GOOSE发送软压板"和"间隔投入软压板"。在投入"间隔投入软压板"时，Ⅰ-Ⅱ段母线母差保护动作，跳开Ⅰ-Ⅱ母母联212开关、2号主变232开关、1号线241开关以及2号线242开关，3号线243开关和4号线244开关由于"间隔投入软压板"还未投入，未跳开，事件没有造成负荷损失。

2．事故原因分析

在恢复220kVⅠ-Ⅱ段母线A套差动保护过程中，运维人员先将母差保护"投检修"压板提前退出，然后投入了Ⅰ、Ⅱ段母线上各间隔的"GOOSE发送软压板"，这使母差保护具备了跳闸出口条件，在投入"间隔投入软压板"过程中，已投入"间隔投入软压板"的支路电流参与母差保护计算，而未投入"间隔投入软压板"的支路电流不参与母差保护计算，因此Ⅰ、Ⅱ段母线上运行的支路有些参与差流计算，有些未参与差流计算，这势必导致出现差流，当投入1、2号线和2号主变间隔后，差流达到动作门槛，差动保护动作，跳开所有已投入"间隔投入软压板"的支路，其他支路不跳闸。

3．事故结论

该事故为因软压板投退不当而引起的保护误动。

4．经验教训

（1）现场工作组织管理不力。对智能化设备更换工作组织管理不到位，现场施工方案执行落实不到位，工作前未充分组织运维人员、检修人员、专业管理人员开展风险辨识，在倒闸操作中错误地填写、执行倒闸操作票，现场作业组织管理和监督执行不到位。

（2）现场运维水平有待提高。运维人员对智能变电站二次设备的工作机制了解不深入，对设备压板的正确操作方法不掌握；现场没有编制设备操作规程，导致现场操作不规范、无依据。

（3）"两票三制"执行不到位。现场工作中，倒闸操作票步骤顺序填写错误，提前退出了220kVⅠ-Ⅱ段母线保护"投检修"压板，之后的操作顺序也未按照倒闸操作票执行，操作顺序和操作票不一致，先投入了"GOOSE发送软压板"，再投入"间隔投入软压板"，导致母差保护动作，暴露出运维人员执行倒闸操作随意，存在习惯性违章行为。

（4）运行管理存在薄弱环节。人员技能培训不够，现场运维人员对智能变电站相关技术掌握不足。执行倒闸操作准备不充分，倒闸操作票审核把关不严，操作前运维人员未能提前辨识操作中的风险。现场运行规程编制不完善，针对智能化设备的运行、操作等内容指导性不强，典型操作票不完善。

5. 整改措施和建议

（1）现场加强监督管理，运维人员应在智能变电站投运之前根据实际工程情况编制详细的操作规程，变电站运维过程中各项工作应严格执行操作规程和两票制度；智能变电站运维操作过程应加强监护，确保变电站的安全可靠运行。

（2）加强智能变电站技术培训，开展智能变电站设备原理、性能及异常处置等专题性培训，使现场运维人员对智能变电站工作机理深入理解，熟练掌握设备的日常操作，提升智能变电站运维管理水平。

（3）智能变电站执行安措时，应第一步退出"GOOSE 出口软压板"或出口硬压板，然后进行其他操作；在恢复安措过程中，应在检查装置无异常且无跳闸动作的情况下，最后一步投入"GOOSE 下出口软压板"或"出口硬压板"。

（4）现场工作应时刻监视设备的运行状态，现场进行设备操作过程中，应关注设备的运行状态和告警信号，当设备有异常告警时应立刻停止操作，在该变电站进行母线保护"间隔投入软压板"操作时，应及时检查差动保护的差流大小，在投入第一个"间隔投入软压板"时，差流比较小，还未达到差动动作值，若及时发现应避免差动保护动作。

三、延伸知识

Q/GDW 11357—2014《智能变电站继电保护和电网安全自动装置现场工作保安规定》规定，智能变电站二次工作安全措施票的编制原则如下：

（1）隔离或屏蔽采样、跳闸（包括远跳）、合闸、启动失灵、闭重等与运行设备相关的电缆、光纤及信号联系。

（2）安全措施应优先采用退出装置软硬压板、投入检修硬压板、断开二次回路接线、退出装置硬压板等方式实现。当无法通过上述方法进行可靠隔离（如运行设备侧未设置接收软压板时）或保护和电网安全自动装置处于非正常工作的紧急状态时，方可采取断开GOOSE、SV 光纤的方式实现隔离，但不得影响其他保护设备的正常运行。

（3）由多支路电流构成的保护和电网安全自动装置，如变压器差动保护、母线差动保护和 3/2 接线的线路保护等，若在采集器、合并单元或对应一次设备上工作有可能影响保护装置的和电流回路或保护逻辑判断，作业前在确认该一次设备改为冷备用或检修后，应先退出该保护装置接收电流互感器 SV 输入软压板，防止合并单元受外界干扰误发信号造成保护装置闭锁或跳闸，再退出该保护跳此断路器智能终端的出口软压板及该间隔至母差（相邻）保护的启动失灵软压板。对于 3/2 接线线路单断路器检修方式，其线路保护还应投入该断路器检修软压板。

（4）检修范围包含智能终端、间隔保护装置时，应退出与之相关联的运行设备（如母线保护、断路器保护等）对应的 GOOSE 发送/接收软压板。

（5）若上述安全隔离措施执行后仍然可能影响运行的一、二次设备，应提前申请将相关设备退出运行。

（6）在一次设备仍在运行，而需要退出部分保护设备进行试验时，在相关保护未退出前不得投入合并单元检修压板。

智能变电站中安全措施的恢复顺序宜按照"先执行的措施后恢复"的原则。

第三节　智能变电站压板误投退导致的主变越级跳闸事故

一、案例简述

某日，110kV 智能变电站（单主变配置），951 开关柜爆炸，3 号主变低后备动作，未能跳开 98M 开关，导致 98C 开关越级跳闸后，故障隔离。

故障前运行方式如图 5-3 所示。

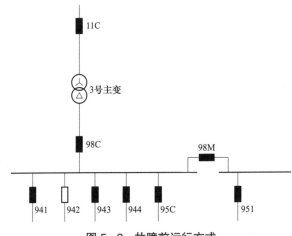

图 5-3　故障前运行方式

二、案例分析

1. 保护动作情况

保护动作情况见表 5-1。

表 5-1　　　　　　　　　　　保 护 动 作 情 况

时间点	报文内容
05:27:24.606	10kV TV 测控装置 II 母微机消谐告警动作
05:27:29.167	3 号主变保护后备保护启动
05:27:30.420	3 号主变保护中压侧复压过电流 I 段 1 时限动作，保护跳 98M 母分开关，开关并未正确跳开
05:27:30.863	3 号主变保护中压侧复压过电流 I 段 2 时限动作，3 号主变中压侧开关 98C 跳闸，故障隔离

2. 事故原因

（1）951 保护未动作分析。事后检查现场，发现故障点为 951 开关靠母线侧触头因潮湿发生两相短路故障，超出 951 保护范围，951 保护未动作是正确的。

（2）98M 开关未能正确跳闸原因分析。现场检查，发现 98M 母分保护装置出口压板 1LP1 被解除。变电二次人员将 1LP1 压板投入后，对 3 号主变保护进行整组试验，发现仍然无法跳开 98M 开关，再次检查 98M 母分保护装置，发现该母分装置（WBT-821B/G）中设置有出口矩阵，所有出口矩阵均被整定为 0，其中包括应该投入的"过电流一段保护"及"直跳分段出口"。投入对应的出口矩阵后，对 3 号主变保护进行整组试验，98M 可以正常分闸。

（3）1LP1 被解除原因分析。运维人员依据常规变电站经验，正常运行时，将母分保护出口压板退出，认为只有在母分充电保护投入时，才投入相关出口压板，但是智能变电站主变跳母分开关是通过 GOOSE 信号发送至 10kV 母分保护装置，再由母分保护装置经 1LP1 压板出口跳闸，即 1LP1 出口压板解除后，3 号主变无法正常跳开 98M 母分开关。

（4）出口矩阵整定错误原因分析。在该变电站投运前调试过程中，该装置出口矩阵所有出口默认整定为 1，调试过程中调试人员不知该保护装置存在出口矩阵，调试定值单亦未体现出口矩阵的整定。在投运前正式定值整定时，调试人员指派一名实习人员林某对其整定，林某在整定其他间隔定值单时，由于定值单明确画出出口矩阵，因此其他线路间隔出口矩阵整定正确，如图 5-4 所示。

序号	出口名称 \ 保护动作	保护跳闸	重合闸	遥控跳闸	遥控合闸	备用出口 1~3	告警信号	遥跳手跳 GOOSE出口
	WXH-822C				定值区01			
	出口设置							
1	过流保护Ⅰ段	√						
2	过流保护Ⅱ段	√						
3	过流保护Ⅲ段	√						
4	反时限过流保护	√						
5	过流加速段保护	√						
6	零流加速段保护	√						
7	零流Ⅰ段保护	√						
8	零流Ⅱ段保护	√						
9	零流Ⅲ段保护	√						
10	重合闸		√					
11	低周减载	√						
12	低压减载	√						
13	过负荷动作	√						
14	手合同期					√ 备出2		
15	遥跳手跳重动							

图 5-4 10kV 线路间隔跳闸矩阵

但是整定到 98M 间隔时，98M 间隔定值单内出口矩阵只是一句话带过，如图 5-5 所示，林某未注意该段话，认为出口矩阵不用，就自行将其全部整定为 0。

图 5-5　98M 备自投定值单

3. 事故结论

（1）调试人员在变电站投运交代中，未能交代母分保护装置出口压板 1LP1 的作用，是这起事故的直接原因。

（2）运维人员对智能变电站技术了解不足，是造成这起事故的主要原因。

（3）调试人员整定过程中指派实习人员整定，并未指派经验丰富班员监护，是造成这起事故的主要原因。

（4）调试人员调试过程中未能对装置进行充分熟悉，是造成这起事故的主要原因。

（5）该保护装置出口矩阵菜单项目布局不合理，说明书中定值清单不足，是导致这次事故的间接原因。

4. 规程要求

GB/T 50976—2014《继电保护及二次回路安装及验收规范》中规定：

8.1　投运前的检查

8.1.1　检查保护装置及二次回路应无异常，现场运行规程的内容应与实际设备相符。

8.1.2　装置整定值应与定值通知单相符，定值单应与现场实际相符。

8.1.3　试验记录应无漏项，试验数据，结论应完整、正确。

5. 整改措施

（1）排查同型号保护装置出口矩阵整定情况。

（2）排查这种两套以上保护装置共用一个出口情况下，是否存在出口被误解的现象。

三、延伸知识

智能变电站中有以下压板可能导致误解或误投：

（1）220kV 或 110kV 母分的智能终端出口跳闸压板被误解除，导致母差保护无法正确出口跳闸。

（2）110kV 终端站 110kV 线路保护一般不投出口，只投信号，但是如果该站存在小水电需要联切时，可能因为线路保护的 GOOSE 出口误解除而导致无法联切小水电。

第四节　直流系统接地时操作开关造成主变重瓦斯误动事故

一、案例简述

某日，35kV 某变电站直流系统负接地，在查找故障过程中，2 号主变本体重瓦斯保护动作跳开 35kV 侧 38B 开关、10kV 侧 98B 开关。因 1 号主变 381 开关在检修状态进行技改更换后的验收工作，该站 10kV 母线失压，负荷损失 8.53MW。

二、案例分析

1. 故障前运行方式

35kV 单母线接线，35kV 383、2 号主变 35kV 侧 38B 开关在运行，35kV 386 开关间隔在冷备用，1 号主变 35kV 侧 381 开关在检修，故障前运行方式图如图 5-6 所示。

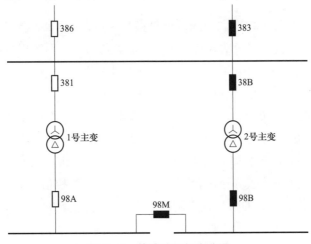

图 5-6　故障前运行方式图

2. 事故原因

事故当天早上，检修人员到现场处理直流母线绝缘降低缺陷，现场直流屏上显示负母接地，在检查过程中 2 号主变本体重瓦斯动作。检修人员马上对 2 号主变本体进行检查，

2号主变外观无异常，主变各侧一次设备检查正常，无可见故障点。对2号主变本体重瓦斯开入二次回路进行绝缘电阻测试，1000V电压下测试重瓦斯开入公共端绝缘合格，负端对地绝缘电阻值为0.23MΩ，本体重瓦斯回路出现负接地。对2号主变非电量保护中本体重瓦斯开入继电器测试，动作电压131V，动作功率9.2W，满足相关反事故措施要求。

对2号主变本体气体继电器进行检查，防雨罩外观无破损，不存在雨水灌入可能，对本体气体继电器接线盒进行开盖检查，内部干燥正常，盒体密封无破损（见图5-7）。对主变端子箱至主变本体的二次线缆进行检查，发现二次线缆护套管（蛇皮管）下端积水弯未打排水孔，现场打排水孔后存在个别积水弯内部有大量积水流出的情况（见图5-8）。进一步检查确认，本体气体继电器至端子箱的二次线缆在上端蛇皮管老化进水，加上底部积水湾没有打排水孔，导致内部积水使直流系统负接地。

图5-7　2号主变本体重瓦斯接线盒

图5-8　2号主变本体端子箱底部积水弯积水

对2号主变本体气体继电器二次线进行更换处理后，该回路绝缘恢复正常，但是直流系统负对地绝缘仍未恢复，说明站内其他地方还存在接地点。继续用拉路法进行排查后找到1号主变35kV侧381控制电源存在接地，对1号主变35kV侧381开关机构箱内部进行检查，发现辅助开关合闸回路辅助触点存在接地故障。

以上两个接地点都是负接地，并且2号主变非电量保护的继电器动作电压和功率都满足反事故措施要求，这种情况下一般不存在瓦斯保护误动作可能，站内也没有找到其他直流接地点。2号主变重瓦斯动作时，站内在进行1号主变35kV 381开关更换后的验收工作，且早上有进行该开关的试分合试验。检修人员查后台监控信号记录发现，2号主变重瓦斯动作后38B开关合转分的信号几乎同时有出现1号主变381开关分转合的信号，说明2号主变重瓦斯动作同时1号主变381进行了合闸操作。监控系统相关信号见表5-2。

表5-2　　　　　　　　　　　监控系统相关信号

时间	信号名称
5:04:21.573	公用测控直流母线绝缘故障
10:31:50.158	2号主变本体测控2号主变非电量保护本体重瓦斯动作

续表

时间	信号名称
10:31:50.196	1 号主变 35kV 侧 381 开关测控装置 1 号主变 35kV 侧 381 开关分转合
10:31:50.211	2 号主变 35kV 侧 38B 开关测控装置 2 号主变 35kV 侧 38B 开关合转分

综上分析，在 2 号主变重瓦斯开入回路和 1 号主变 381 开关合闸回路同时直流负接地，此时由于 2 号主变非电量保护内继电器动作电压满足 55%～70% 额定电压的要求，在直流系统一点接地时能够可靠不误动。10 时 31 分 50 秒，由于 1 号主变 381 开关的合闸操作时合闸触点闭合，使该回路由负接地变成正接地，使直流系统变成两点接地，正电通过 381 合闸触点和大地连通到 2 号主变本体重瓦斯开入回路导致这次误动作事故（如图 5-9 所示，图中粗虚线位 381 合闸触点闭合后使重瓦斯动作的回路路径）。

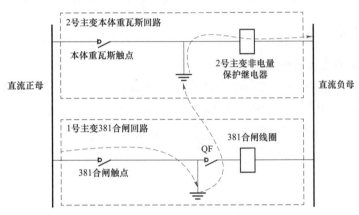

图 5-9 2 号主变重瓦斯误动原因示意图

3. 事故结论

本次事故是由于该变电站内设备防水防渗处理不到位，2 号主变本体的二次线缆蛇皮管长时间老化存在一定缝隙，该缝隙无法完全阻隔雨水渗入，雨水沿蛇皮管道进入底部积水弯，因底部无排水孔，造成积水弯内部积水，非电量保护二次电缆绝缘降低；加上 1 号主变 381 开关技改过程中机构箱没有做好密封措施，在二次接火后合闸回路绝缘降低，导致直流系统二次回路出现多处接地，为 2 号主变重瓦斯动作埋下诱因。运维人员发现站内直流接地后未及时通知 381 的施工调试人员和验收人员停止工作，最终进行合开关操作时导致 2 号主变重瓦斯误动作。

4. 规程要求

国家电网设备〔2018〕979 号《国家电网有限公司关于印发十八项电网重大反事故措施（修订版）》15.6.6 规定：继电保护及安全自动装置应选用抗干扰能力符合有关规程规定的产品，针对来自系统操作、故障、直流接地等的异常情况，应采取有效防误动措施。继电保护及安全自动装置应采取有效措施防止单一元件损坏可能引起的不正确动作。断路器失灵启动母线保护、变压器断路器失灵启动等重要回路应采用装设大功率重动继电器，或者采取软件防误等措施。

5. 整改措施

（1）更换 2 号主变本体重瓦斯回路电缆及 1 号主变 381 辅助触点后，站内直流绝缘恢复。

（2）进行二次线缆护套管（蛇皮管）积水弯排查工作，全面排查主变本体端子箱、开关机构箱等二次线缆护套管（蛇皮管）是否已开孔、是否积水，并制定整改计划。

（3）按照《国网福建电力运检部关于印发变电站高压室、户外箱柜、表计等防水防潮典型措施图册的通知》〔运检一（2018）88 号文〕内容开展专项培训，确保全员落实到位。

（4）运维及检修人员相关知识宣贯，规范变电站运行规程相关规定，强调直流接地缺陷消除前，站内不得进行操作和变动二次回路。运维及检修人员监督施工队进行设备操作的时候，要告知现场运行设备的实际情况，分析可能引起的设备误动作，做好相关的防范措施。

三、延伸知识

1. 直流系统两点接地的危害

直流正极接地有造成保护误动的可能。因为一般跳闸线圈（如出口中间继电器线圈和跳合闸线圈等）均接负极电源，若这些回路再发生接地或绝缘不良就会通过两个接地点将正电导通到线圈上，引起开关误动作，如图 5-10 所示。

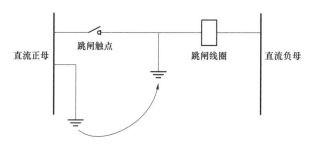

图 5-10　直流正极接地时发生两点接地示意图

直流负极接地与正极接地同一道理，如回路中再有一点接地就可能造成开关拒绝动作（越级扩大事故）。因为两点接地将跳闸或合闸回路短路，导致跳闸或合闸线圈无法动作。并且这时如果跳闸或合闸触点动作，还可能引起直流正负极短路，造成直流失电，烧坏触点，如图 5-11 所示。

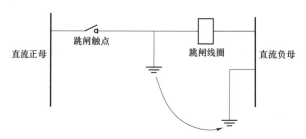

图 5-11　直流负接地时发生两点接地示意图

2. 直流系统接地时要停止二次回路上工作或系统操作

在如图 5-12 所示的电路中 K 点发生了直流接地，由于 C 为二次回路电缆对地电容。在接点 A 动作之前，直流系统为负接地，此时直流系统的负极对地电位为 0V；正极对地电位为 220V，此时电容 C 上的电位为 0V。

接点 A 动作之后，直流系统瞬间便由负接地转为正接地，正极对地电位由 220V 转为 0V；负极对地电位由 0V 转为 -220V。

由于电容上的电位不能突变，因此在直流系统由正接地转为负接地之后，电容 C 上的电位不能马上转变为 -220V，而是由 0V 逐渐变为 -220V，并通过继电器 ZJ2 的线圈对负极放电。如果继电器 ZJ2 为快速继电器，且动作功率小于电容放电的功率，就有可能在电容 C 的放电过程中误动作。

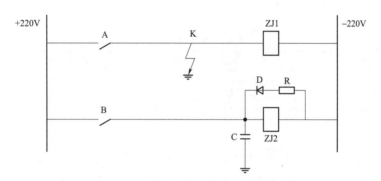

图 5-12 直流接地时进行操作示意图

此外，发生多点负接地时如果进行接地回路的操作，会使负接地变为正接地产生两点接地造成误动作，如本案例中的情况。

3. 防止直流一点接地会误动

直流系统所接电缆正、负极对地存在电容，直流系统所供静态保护装置的直流电源的抗干扰电容，两者之和构成了直流系统两极对地的综合电容。对于大型变电站、发电厂直流系统如果从保护屏到开关厂电缆较长，该电容量是不可忽视的。在直流系统某些部位发生一点接地，保护出口中间继电器线圈、断路器跳闸线圈与上述电容通过大地即可形成回路，如果保护出口中间继电器的动作电压低于反措所要求的 55%U_e，或电容放电电流大于断路器跳闸电流就会造成保护误动作或断路器跳闸。以下规定正是为了防止这种情况：国家电网设备〔2018〕979 号《国家电网有限公司关于印发十八项电网重大反事故措施（修订版）》15.6.7 外部开入直接启动，不经闭锁便可直接跳闸（如变压器和电抗器的非电量保护、不经就地判别的远方跳闸等），或虽经有限闭锁条件限制，但一旦跳闸影响较大（如失灵启动等）的重要回路，应在启动开入端采用动作电压在额定直流电源电压的 55%～70% 范围以内的中间继电器，并要求其动作功率不低于 5W。

第五节　空气开关未合导致合环送电保护误跳闸案例

一、案例简述

某日，220kV 某变电站甲线 221 间隔完成例检等相关工作后进行送电，22 时 28 分运维站人员操作甲线 221 开关合环运行时，220kV 甲线 221 开关跳闸于 CSC-103B 阻抗手合加速保护、远方跳闸保护，对侧开关跳闸于 CSC-103B 远方跳闸保护。

二、案例分析

1. 保护配置情况

甲线 221 线路保护的配置情况见表 5-3。

表 5-3　　　　　　　　　　甲线 221 线路保护配置情况

厂站	调度命名	保护型号	CT 变比
某变电站	甲线 221 线路 A 套保护装置	RCS-901	1200/5
某变电站	甲线 221 线路 B 套保护装置	CSC-103B	1200/5

2. 保护动作情况

220kV 甲线 221 间隔 CSC-103B 保护装置阻抗手合加速保护、远方跳闸保护，对侧乙变开关跳闸于 CSC-103B 远方跳闸保护信号如图 5-13 所示。

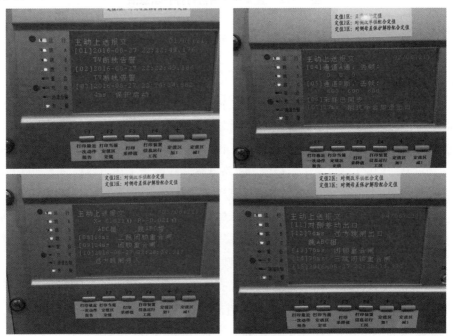

图 5-13　220kV 甲线 221 间隔保护动作报告

3. 事故原因

甲线 221 开关转热备用后，现场保护装置及调度监控系统 OPEN3000 上此时本应消失的 TV 断线告警报文、监控系统光字牌、告警灯亮、TV 断线灯亮等仍然存在。因监控无法遥控合闸，改为现场操作 "220kV 甲线 221 开关由热备用转合环运行"。运维站操作开始时，发现 220kV 甲线 221 线路 CSC-103B 保护装置屏上滚动显示有 "TV 断线告警" 报文、装置 "告警" 信号灯亮，RCS-901 保护装置 "TV 断线" 灯亮。运维人员误认为是线路 TV 断线造成，令两名操作人员继续操作。22 时 28 分操作人员在测控屏对 221 开关进行强制手合时，线路 CSC-103B 保护因未感受到母线 TV 二次电压同时感受到手合时突现的负荷电流而判断为近区故障，阻抗手合加速动作跳闸及断路器三跳启动远方跳闸，跳开本侧开关同时远跳对侧乙变甲线 261 开关。

现场检查保护屏空开状态，发现隔离开关切换电源控制 7DK 处于断开位置，如图 5-14 所示。由于本次例检工作中有拉合过 7DK 空开，例检结束后保护人员未恢复空开初始状态且运维人员送电前未进行检查，导致该空开未及时恢复。

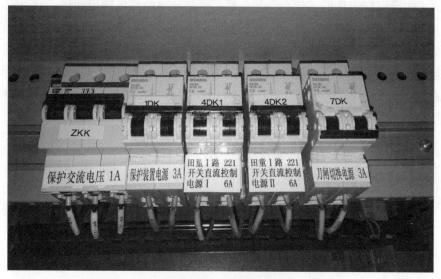

图 5-14 220kV 甲线 221 保护屏空开位置情况

4. 事故结论

220kV 甲线 221 间隔 7DK 隔离开关切换电源空开未合导致 CSC-103B 保护装置未采集到母线电压，线路有突增的负荷电流，判定为线路近区故障，阻抗手合加速动作，同时三跳启动远方跳闸，跳开乙变侧 220kV 甲线 221 开关。

5. 规程要求

（1）《继电保护和电网安全自动装置现场工作保安规定福建省电网实施细则》中继电保护作业应全过程闭环管控，工作票办结时应验收工作。对工作前后保护压板、空气开关、小隔离开关、TK 的位置核对。确保保护工作结束时所有元件、信号恢复到开工前的状态。

（2）调继〔2017〕164 号《国网福建电力调控中心关于下发福建电网变电站继电保护

及综自系统检验作业指导书的通知》中 6.1 "在工作票许可后，需记录保护等设备空气开关、把手、定值区号、压板等状态。工作结束核对各设备空开、把手、定值区号、压板已恢复至原始状态。"

6. 整改措施

（1）进一步加强工作票，尤其是二次工作票办结验收工作。在目前已在使用保护压板工作前后核对表的基础上，再增加具体的屏上空开、小隔离开关、TK 的位置核对。同时，要求保护人员要主动使用"二次设备工作前后核对表"，确保保护工作结束时所有元件、信号恢复到开工前的状态。

（2）进一步加强继电保护检修试验工作的规范化、标准化管理，所有的解接线、断合空开、切换 TK 等作业行为均应纳入工作票、二次安全措施票、解接线记录进行有效管控。保护人员在工作中，不得在票卡之外随意对保护装置的二次元件进行操作，确有需要必须记录在相关措施票内，在工作结束时按此进行逐项恢复，确保工作结束时不发生遗漏，避免给后续设备复役送电埋下不必要的隐患。

（3）大力开展技术培训工作。一是从最基础的变电站现场通用规程、专用规程培训，"两票"填写与执行培训抓起，把培训开展质量纳入到对班组管理人员的绩效考核要素中，要求安全日活动议程进一步优化，挤出时间开展授课培训。鼓励把技术培训活动开展到现场，让员工能够切实理解领会技术要求；二是组织保护人员、运维站技术人员对继电保护基本原理、保护装置各类信号原理进行授课，让运维人员在倒闸过程与正常运维中掌握区分判断异常信号与正常信号的方法与要领，提升二次设备运维与监控水平。

三、延伸知识

CSC-103B 保护装置关于手合加速判别条件：

（1）三相开关跳位 10s 后又有电流突变量启动，则判为手动合闸，投入手合加速功能开放 1s 后整组复归。

（2）距离保护采用阻抗加速判别是否手合于故障，零序保护采用延时 100ms 判别是否手合于故障。

第六章 误 碰 类

第一节 误碰跳闸出口回路造成主变异常跳闸

一、案例简述

某日，110kV 变电站 1 号主变 35kV 侧 301 开关跳闸，1 号主变 301 开关跳闸后，35kV Ⅰ段母线失压。

二、案例分析

1. 保护动作情况

1 号主变保护 35kV 侧 301 开关跳闸，1 号主变保护无任何动作信号，开关跳闸前站内无其他异常信号。

2. 事故原因

（1）电网运行方式。110kV 变电站 35kV Ⅰ、Ⅱ母线分列运行，1 号主变 35kV 侧 301 开关、35kV 线路 312 挂Ⅰ母运行，2 号主变 35kV 侧 302 开关、35kV 线路 322 挂Ⅱ母运行，35kV 线路 321、线路 323 处检修状态，35kV 线路 311、备用线 313 开关冷备用。故障前运行方式如图 6-1 所示。

（2）事故调查。对后台监控、继保装置事项记录进行检查。读取站内监控报文，并截取 15 时到 15 时 05 分期间（301 开关于 15 时 02 分跳闸）报文，除 301 开关合位遥信变位（状态由 1 变为 0）以及 1 号主变中压侧控制回路断线外，无其他相关记录。现场监控截取报文如图 6-2 所示。

对 1 号主变保护屏进行检查，屏内保护装置运行正常，无异常告警以及保护跳闸信号，装置内部查询无当天的保护跳闸事项记录，确认当天 1 号主变保护未动作。

与监控取得联系，调取遥控事项报文，15 时 04 分左右仅有电容器Ⅱ组开关遥控操作，可以排除误遥控。

对 1 号主变 35kV 侧 301 开关柜进行检查，301 开关柜内 301 手车开关处于试验位置，上柜处于上锁状态，打开上柜发现内部端子排及二次线无明显改动痕迹（见图 6-3）。

对 35kV 300 开关备自投柜进行检查，300 开关上柜内在进行 35kV 备自投装置改造，该侧新的二次电缆已全部接入、旧电缆已拆除放入电缆沟内。

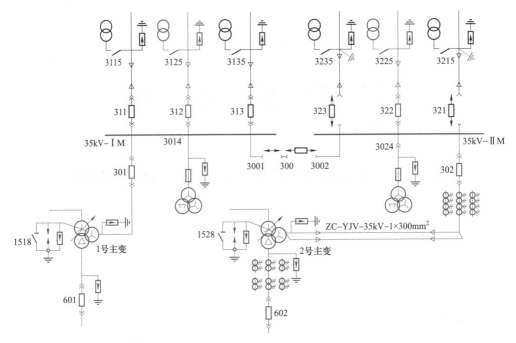

图 6-1　故障前运行方式

图 6-2　现场监控截取报文

图 6-3　35kV 300 开关柜内 35kV 备自投装置二次接线

经询问现场施工人员，301 开关跳闸时作业人员正在拆除旧电缆（见图 6-4），现场检查该旧电缆编号为 1BZF-101，电缆走向从 35kV 300 开关柜到 1 号主变保护屏。查阅相关图纸，发现该电缆为原 35kV 备自投装置跳 1 号主变 35kV 侧 301 开关二次电缆。

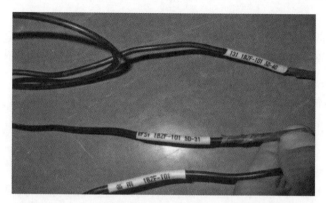

图 6-4　301 开关跳闸时作业人员正在拆除的旧电缆

对 1 号主变保护屏进行检查，1 号主变保护屏后右侧端子排上（见图 6-5），电缆编号为 1BZF-101 的旧电缆已拆除（经询问施工单位，该电缆为 301 开关跳闸后拆除）。

图 6-5　1 号主变保护屏 301 开关跳闸二次线端子排

3. 事故结论

施工单位在 35kV 备自投改造工作中，拆除旧电缆时未对已拆除的二次芯线进行逐芯包扎，跳闸二次芯线误碰导致 301 开关跳闸，是造成此次事件的直接原因。

施工单位误认为在之前执行安措时已对 35kV 备自投跳相关运行间隔开关的二次电缆进行了隔离，在拆除剩余旧电缆过程中麻痹大意，在未采用万用表交流电压、直流电压档逐芯测试是否带电的情况下，盲目带电先拆除提供接点一端的二次芯线。实际上执行安措时所拆除的电缆（编号 1BZT-101）为 1 号主变保护动作闭锁 35kV 备自投二次电缆，而 35kV 备自投装置跳 1 号主变 35kV 侧 301 开关二次电缆（编号 1BZF-101）在执行安措时并未被真正隔离，是造成本次事件的主要原因。

4. 规程要求

闽电调〔2013〕1097 号《技改和扩建工程现场二次作业风险预控典型指导手册》规定：4.2 "安全措施执行后，应使用万用表逐个测量屏上二次端子排，确无交直流电压后，按二次拆线表进行拆线。"

4.3 "拆除的每根电缆均要明确电缆两端的具体接线位置，拆除的芯线要逐芯绝缘包扎良好，拆线时应先拆对侧电缆，再拆本屏电缆，并认真核对两侧拆除电缆的电气号及芯线数量完全一致，并经回路对线确认电缆正确。"

5. 整改措施

（1）技改、大修工程，施工单位应严格执行组织、技术、安全三大措施，严格按照《国家电网公司电力安全工作规程》要求，认真做好现场勘察工作。

（2）强调二次安全措施票的编制及审核质量，须经过专业技术人员审核把关。

（3）在大修、技改工程加强全过程管控，按照《变电站改建工程二次安全管理关键步骤控制》的要求严格执行关键节点监护制度，监护人员需由专业技术人员担任。对现场施工作业人员进行继电保护反"三误"（即误碰、误动、误整定）宣贯，加强现场施工工艺的管控，确保不再发生"误碰"事件。

三、延伸知识

对于技改大修项目，应严格执行现场典型二次作业风险预控措施要点，应做好相应一、二次隔离措施，杜绝寄生回路或未拆除干净。

（1）执行二次安措时应按以下要求：

1）现场执行二次安措时，应认真做好现场防护措施和操作监护制度，采取一人操作、另一人监护的方式，避免误碰运行设备。二次安措执行工作的监护人应由技术水平较高且有经验的人担任，执行人、恢复人由工作班成员担任。外委工程的安措执行应在业主单位技术人员监督监护下进行。

2）现场工作所需的安全措施应在二次工作安全措施票中注明，在现场实施前再次与实际接线核对无误后，并严格按步骤逐项操作并做好记号标志，执行人、监护人核实后签字。

3）对可能造成运行设备跳闸或误启动的二次回路，不应采用断开与运行间隔相连压板的方法进行隔离，应在被检修装置的屏内拆除。若二次回路对侧运行保护设备有压板可以投退，则允许通过退出该回路对侧运行保护屏的压板来实现隔离。

4）执行二次回路安措拆除二次线时，应先解电源端，后解负载端，并逐芯用红色绝缘胶布包扎好。严禁用解屏内线来代替解除外部电缆芯线。

（2）拆除旧电缆二次线。

1）改造前，除按规定编制二次工作安全措施票外，还应编制二次回路拆线表。根据新旧图纸编列，明确电缆是否拆除或保留；表格应记录电缆用途、回路编号、接线端子号、两侧接线屏柜等信息，并与现场进行核对；图实不符的电缆应以现场为准，并记录在表格里。

2）安全措施执行后，应使用万用表逐个测量屏上二次端子排，确无交直流电压后，按二次拆线表进行拆线。

3）拆除的每根电缆均要明确电缆两端的具体接线位置，拆除的芯线要逐芯绝缘包扎良好，拆线时应先拆对侧电缆，再拆本屏电缆，并认真核对两侧拆除电缆的电气号及芯线数量的完全一致，并经回路对线确认电缆正确。拆除废旧二次控制电缆时，严禁采用中间剪断方法，防止误剪断运行中的二次控制电缆。

4）对于不能明确电缆走向的，应对电缆进行摸排，确认电缆对侧接线位置，保证两侧同时拆除。

第二节　电流回路两点接地引起的主变跳闸事故

一、案例简述

某日，某单位对 1 号主变 5012 开关 A 相电流互感器拆除，由于现场二次安全措施执行不到位造成 500kV 1 号主变跳闸事故。一次主接线示意图如图 6-6 所示。跳闸前的运行方式为 1 号主变在运行，5011 开关在运行，5012 开关冷备用。

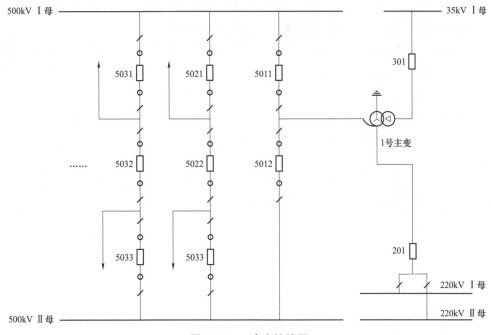

图 6-6　一次主接线图

二、案例分析

1. 保护动作情况

该日 18 时 11 分，1 号主变三侧开关跳闸（5011、201、301 开关跳闸，5012 开关故障前为冷备用）。保护动作情况见表 6-1。经分析故障录波数据：A 相电流为 0.32A，B、C 相无故障电流，初步判断 1 号主变保护 B 屏 5012 开关 A 相电流回路存在异常。

表 6-1 保 护 动 作 情 况

厂站	保护装置	保护动作情况
某变电站	1 号主变保护 A 套 PST1201A	18:11，后备保护启动，无故障电流
某变电站	1 号主变保护 B 套 PST1201B	18:11，112ms 分差保护出口，差动电流 0.32A；127ms 差动保护出口，差动电流 0.183A（大于差动保护定值 0.14A）
某变电站	1 号主变 5012 开关 RCS921C 断路器保护	18:11 保护启动，无故障电流
某变电站	1 号主变故障录波	18:11 启动，无故障电流

2. 事故原因

（1）在进行拆除工作时，5012 电流互感器二次电流回路在 5012 端子箱内的连接片未在端子排上断开。

（2）对 1 号主变 5012 开关 A 相电流互感器本体二次接线盒检查发现接线盒内电流电缆拆开后未逐芯进行绝缘包扎。

现场进行故障情景模拟试验，当 1 号主变 5012 开关电流互感器电流回路（1 号主变第二套保护用 CT）A 相电缆在电流互感器本体二次接线盒处接地时，1 号主变保护 B 屏感受到的差流大于差动启动电流 0.14A，差动保护正确动作。

由于 5011、5012 电流回路在 1 号主变保护 B 屏内一点接地，当第二套保护 A 相电缆在电流互感器本体二次接线盒处接地时形成两点接地。初步判断为 5012 开关至 1 号主变保护 B 屏的 A 相电流回路两点接地后因电位差影响产生环流，同时由于电流回路电缆屏蔽层未在 5012 开关端子箱内接地，产生的感应电流较大达到主变保护差动启动值，使 1 号主变保护 B 屏误动跳闸。5012 开关电流两点接地示意图如图 6-7 所示。

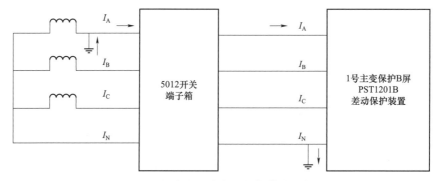

图 6-7 5012 开关电流两点接地示意图

126

3．事故结论

未将已拆除的 5012 开关 A 相电流互感器本体侧的二次线逐芯包扎绝缘，也未将 5012 端子箱内端子排上有关电流连片断开，导致现场工作人员在 5012 开关 A 相电流互感器二次接线盒处抽出相关电缆时，未包扎的电流二次电缆芯与电流互感器本体接线盒外壳等接地体接触，CT 二次回路两点接地后，因地电位差在 1 号主变保护电流回路产生的电流达到主变差动保护动作条件，导致 1 号主变差动保护动作跳闸。

4．规程要求

国家电网设备〔2018〕979 号《国家电网有限公司关于印发十八项电网重大反事故措施（修订版）》规定：

15.6.4.1　电流互感器或电压互感器的二次回路，均必须且只能有一个接地点。当两个及以上电流（电压）互感器二次回路间有直接电气联系时，其二次回路接地点设置应符合以下要求：① 便于运行中的检修维护。② 互感器或保护设备的故障、异常、停运、检修、更换等均不得造成运行中的互感器二次回路失去接地。

15.6.4.3　独立的、与其他互感器二次回路没有电气联系的电流互感器二次回路可在开关场一点接地，但应考虑将开关场不同点地电位引至同一保护柜时对二次回路绝缘的影响。

5．整改措施

（1）加强基建验收，开展专项隐患排查。完善首检式验收工作标准，加强二次电缆施工工艺和接地的验收把关。

（2）提升作业人员二次安全风险防控意识，确保现场二次安全措施执行到位。

三、延伸知识

电流互感器二次绕组接地是保证二次绕组及其所接回路上保护装置、测量仪表等设备和人员安全的重要措施。由于电流互感器一次绕组接在系统电压上，系统电压通过一、二次绕组间耦合电容引入到二次设备上，当人员与这些设备接触时，会造成触电危险，当二次回路直接接地就可以避免高电压引入。此外，接地点越接近电流互感器本体，受到一次感应电压的侵袭就越少，因此独立的、与其他互感器二次回路没有电的联系的电流互感器二次回路，应在开关场实现一点接地。

同一电流回路存在两个或多个接地点时，可能会出现：部分电流经大地分流；因地电位差的影响，回路中出现额外的电流；加剧互感器的负载，导致互感器误差增大甚至饱和。上述情况可能造成保护误动或拒动。因此电流互感器二次回路必须有并且只能有一点接地。

第三节　出口回路误碰造成母联开关跳闸案例

一、案例简述

某日 14 时 50 分 50 秒，某 220kV 变电站 220kV 母联 27M 开关无故障三相跳闸。

二、案例分析

1. 保护动作情况

该日，某 220kV 变电站内开展 2 号主变及三侧间隔二次设备首检，220kV 第 I 套母差及失灵保护装置例检工作。至 14 时 50 分 50 秒，调度监控显示"某变 220kV 母联 27M 开关分闸""某变 220kV 母联 27M 开关事故分闸""某变 220kV 母联 27M 开关失灵保护 RCS923A（软）跳闸位置开入动作"等信号。监控后台报文如图 6-8 所示。

告警内容		
2017年06月03日14时50分50秒	220kV母联27M开关第一组控制回路断线	动作
2017年06月03日14时50分50秒	220kV母联27M开关 事故分闸	
2017年06月03日14时50分50秒	220kV母联27M开关 分闸	
2017年06月03日14时50分50秒	220kV母联27M开关RCS923A母联出口跳闸动作	动作
2017年06月03日14时50分50秒	220kV母联27M开关第一组控制回路断线	复归
2017年06月03日14时50分50秒	220kV母联27M开关失灵保护RCS923A（软）跳闸位置开入	动作
2017年06月03日15时27分55秒	220kV母联27M开关RCS923A母联出口跳闸动作	复归
2017年06月03日16时06分47秒	220kV母联27M测控检同期软压板	动作
2017年06月03日16时06分47秒	220kV母联27M测控检无压软压板	复归
2017年06月03日16时08分14秒	220kV母联27M开关第一组控制回路断线	动作
2017年06月03日16时08分14秒	220kV母联27M开关第二组控制回路断线	动作
2017年06月03日16时08分14秒	220kV母联27M测控装置遥控动作	动作
2017年06月03日16时08分14秒	220kV母联27M开关合闸（遥控）	
2017年06月03日16时08分14秒	220kV母联27M开关第一组控制回路断线	复归
2017年06月03日16时08分14秒	220kV母联27M开关第二组控制回路断线	复归
2017年06月03日16时08分14秒	220kV母联27M测控装置遥控动作	复归
2017年06月03日16时08分14秒	220kV母联27M开关弹簧未储能	动作
2017年06月03日16时08分15秒	220kV母联27M开关失灵保护RCS923A（软）跳闸位置开入	复归
2017年06月03日16时08分30秒	220kV母联27M开关弹簧未储能	复归

图 6-8　监控后台报文（告警内容）

现场运维人员检查 220kV 母联 27M 保护屏上操作箱第 I 组跳闸出口灯亮、220kV 母联 27M 断路器处分位。

2. 事故原因

专业人员检查室内现场涉及 27M 开关跳闸的在运行保护装置，均无异常动作信号。包括检查启动 27M 开关 I 组 TJR 继电器的母差保护 I、Ⅱ 套，1、2 号主变保护，本屏内充电保护回路无寄生回路，端子接线可靠，端子排良好，无放电痕迹，直流绝缘监察装置和后台监控信号在事故发生期间无直流失地或异常等报警信号。

检查二次班组工作现场，发现现场"主变跳高压侧解除失灵复压闭锁"信号二次电缆的信号正电源(051A)、同屏同侧相邻的跳 220kV 母联 27M 断路器的出口二次回路线 J133R 红胶布处于解除状态，万用表切换档处导通挡位置。

在询问工作班工作情况后，认定开关跳闸原因为 220kV 母联 27M 断路器的出口二次回路线 J133R 与直流正电源短路造成跳闸。跳闸原因示意图如图 6-9 所示。

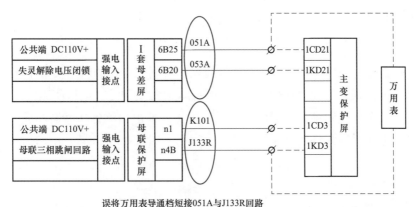

误将万用表导通档短接051A与J133R回路

图6-9 跳闸原因示意图

2号主变首检工作班组在工作开展过程中,想利用220kV第Ⅰ套母差及失灵保护处于退出运行的时间进行"主变跳高压侧解除失灵复压闭锁"的关联二次回路检查校验。解除"主变跳高压侧解除失灵复压闭锁"出口二次电缆的正电源051A红胶布后,本应再解除053A回路红胶布后进行核对,验证开入至220kV第Ⅰ套母差及失灵保护的正确性,结果其错误地解除了跳220kV母联27M断路器的出口二次回路线J133R红胶布,用万用表导通档将051A、J133R短接,最终导致母联27M断路器跳闸。

3.事故结论

本案例属于典型的继电保护"三误"中的"误碰"事件,现场工作人员擅自打开已执行二次安措回路的红色绝缘胶布,超出原二次工作安全措施票的保护范围进行试验工作,在未核对二次电缆及回路编号正确性的情况下就开始核对,同时错误的使用了万用表导通档,导致了此次事件的发生。

4.规程要求

Q/GDW 267—2009《继电保护和电网安全自动装置现场工作保安规定》规定:

5.4.3 断开二次回路的外部电缆后,应立即用红色绝缘胶布包扎好电缆芯线头。

5.4.4 红色绝缘胶布只作为执行继电保护安全措施票安全措施的标识,未征得工作负责人同意前不应拆除。对于非安全措施票内容的其他电缆头应用其他颜色绝缘胶布包扎。

5.整改措施

(1)加大现场工作班组的执行规程的要求力度。工作班执行规程不严肃、制度执行不到位,工作过程中擅自解除二次安措开展工作,造成后续工作存在较大作业隐患。需变动已执行的二次安措未履行重新签发执行二次工作安全措施票的手续,未对临时新增工作做好新增二次防范措施。

(2)梳理完善二次作业风险库。二次作业应重新梳理现场工作中其他可能造成运行间隔直接出口的工作,进行风险辨识,完善风险库并宣贯和考核到位。

三、延伸知识

1. 复合电压闭锁

由于母线是电力系统中的重要元件，母线保护跳闸后动作的断路器数量多，为防止母线保护出口继电器误动作或其他原因误动断路器，通常采用复合电压闭锁逻辑，当母线保护差动元件及复合电压闭锁元件同时动作时，保护才能出口跳各断路器。

（1）复合电压闭锁元件判据。判据为 $U_\varphi \leqslant U_{bs}$

$$3U_0 \geqslant U_{0bs}$$
$$U_2 \geqslant U_{2bs}$$

式中：U_φ 为相电压；$3U_0$ 为三倍零序电压（自产）；U_2 为负序相电压；U_{bs} 为相电压闭锁值；U_{0bs} 和 U_{2bs} 分别为零序、负序电压闭锁值。

以上三个判据任一个动作时，电压闭锁元件开放。在动作于故障母线跳闸时必须经相应的母线电压闭锁元件闭锁。

（2）闭锁方式：微机型母差保护复合电压闭锁采用软件逻辑闭锁的方式，对于出口继电器的振动及人员误碰出口回路，仍然会造成保护误动作。一般在母线保护中，母线差动保护、断路器失灵保护、母联死区保护、母联失灵保护都要经复压闭锁，但跳母联或分段断路器时不经复压闭锁。母联充电保护及过电流保护跳母联及分段时不经复压闭锁。500kV 的母线保护由于采用 3/2 接线方式，不用复合电压闭锁，因为即使母线保护误跳边断路器，各线路及变压器仍然可以正常运行。

2. 主变跳高压侧开关解除失灵复压闭锁

主变保护解除母线保护的失灵复压闭锁元件，主要原因为考虑到主变保护动作时，若高压侧开关失灵拒动，变压器内部阻抗引起高压侧残压过高，失灵保护因复压闭锁判据无法开放而不能动作，将无法跳开主变所在的母线，导致停电范围扩大。

第四节　智能变电站误分运行间隔开关案例

一、案例简述

某日，某变电站进行 220kV 某线路 263 间隔例检，在工作过程中，运行中的 220kV 线路 262 间隔无故障分闸。

二、案例分析

1. 保护动作情况

该日，220kV 线路 262 间隔开关合转分，保护装置无异常信号，后台除本间隔开关变位信号外无其他异常报文。

2. 事故原因

某日，二次班在进行 220kV 某线路 263 间隔首检过程中，因现场频降暴雨，KK 把手安装于现场开关汇控柜内，作业人员在试验过程中准备采用测控装置发遥控命令方式分合开关。在通过测控装置发送遥控命令后，某线路 263 开关并未动作（事后经查为某线 263 间隔汇控柜内"开关遥控压板"处退出位置），作业人员没有检查开关未能正确遥控的原因，即改用凯默调试仪模拟 220kV 某线 263 测控装置，经保护测控屏内某线 263 线路 A 网过程层交换机（见图 6-10）备用口进行遥控分合开关，连续分合两次后，发现某线 263 间隔保护装置开关位置依旧未变化，作业人员方才停止试验到 220kV 现场进行检查，发现运行线路 262 间隔开关已分合变位 2 次。测试仪与交换机连接方式见图 6-11。

图 6-10 过程层交换机　　　图 6-11 测试仪与交换机连接方式

因当日在与省调自动化值班台、省调保护信息主站、地调核对遥信，暂时解除 263 间隔智能终端 A 套置检修压板，同时凯默调试仪 GOOSE 设置中也配合取消了 GOOSE 发送品质位置检修，在重新加载凯默调试仪 GOOSE 模块时，错误勾选了某线 262 间隔的测控 GOOSE 发送模块，测试仪发出的报文不带品质位，导致在运行的 262 间隔智能终端收到有效的遥控分合命令，造成某线 262 开关误分合。

3. 事故结论

（1）现场作业人员责任心不强，在发现测控装置无法遥控开关后未对无法遥控的原因进行分析和处理，也未在当地后台进行遥控分合试验，而贸然采用凯默调试仪进行操作，导致运行中开关误分合。

（2）作业人员安全意识薄弱，工作人员知晓本间隔过程层交换机与运行间隔存在关联的物理光纤链接，仍采用凯默调试仪进行试验。

4. 规程要求

Q/GDW 11357—2014《智能变电站继电保护和电网安全自动装置现场工作保安规定》规定：

6.18 过程层设备试验时的要求如下：

a）对于被检验保护装置与其他保护装置共用合并单元和智能终端（如线路保护与母差等保护），在双重化配置时进行其中一个合并单元或智能终端性能试验消缺时应采取必要措施防止其他保护装置误动。

b）核实该合并单元光纤端口的使用和 SV 虚回路通道配置；核实该智能终端输入输出端口的使用。

c）一次间隔停电，间隔保护定检时，在退出间隔保护侧及母差保护侧间隔启动失灵、远跳联跳软压板，退出该合并单元所供的保护 SV 输入软压板，退出多间隔的母差、主变差动保护对应的间隔投入软压板后才能进行合并单元性能试验。对保护装置进行加量传动作业时，对使用常规互感器保护应在合并单元输入端进行加量传动试验；对电子式互感器应在保护侧断开 SV 网络的光纤接线，从保护装置 SV 输入端进行试验。

5. 整改措施

（1）规范试验方法及试验步骤，严格执行检验规程及二次安措各项要求，涉及智能变电站工作严禁采用调试仪进行开关、隔离开关分合遥控操作。

（2）加强责任意识，对异常现象及时分析处理完后方可继续开展下一步工作。

（3）加强现场工作班成员相互监护力度，明确调试仪加载 SV、GOOSE 模块时需由另一人检查无误后方可下装。

三、延伸知识

1. 智能变电站 220kV 线路保护接线情况

每回线路应配置 2 套包含有完整的主、后备保护功能的线路保护装置。合并单元、智能终端均应采用双套配置，保护采用安装在线路上的 ECVT 获得电流电压。用于检同期的母线电压由母线合并单元点对点通过间隔合并单元转接给各间隔保护装置。线路间隔内应采用保护装置与智能终端之间的点对点直接跳闸方式，保护应直接采样。跨间隔信息（启动母差失灵功能和母差保护动作远跳功能等）采用 GOOSE 网络传输方式。

220kV 线路间隔保护接线回路如图 6-12 所示。

2. 智能变电站二次系统功能回路技术规定

线路保护接收远跳、启动失灵开入、失灵跳相邻开关、主变失灵联跳、主变跳母联母分等跨间隔跳闸、联跳、启失灵等信息均采用 GOOSE 网络方式传输。线路远跳（远传）、母差失灵、变压器开关失灵联跳回路应在 GOOSE 发送和接收侧分别设置软压板。

在多间隔二次装置或系统中宜设置间隔"投入/退出"软压板，用于在对应设备或间隔进入检修态时隔离该检修设备的 SV、GOOSE、MMS 报文，避免试验数据、信号进入运行设备或系统，并在对应设备或间隔进入检修态时用于隔离该检修设备的 GOOSE 报文，避免出现状态不一致的保护告警信号。如：故障录波器应设置按间隔的"投入/退出"软压板，以确保单间隔停电检修时不会误启动故障录波装置。母差保护应设置单间隔"投入/退出"软压板，以确保单间隔停电检修时不会误报装置或回路异常信号。PMU、网络分析仪应设置按间隔的"投入/退出"软压板,以确保单间隔停电检修时不会误记录试验数据。500kV 线路保护、线路测控宜按断路器设置 GOOSE 输入软压板。

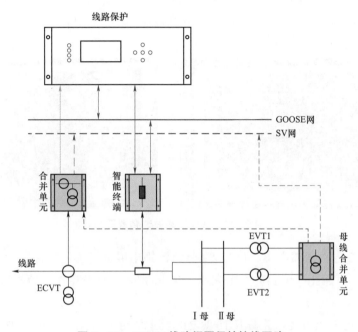

图 6-12　220kV 线路间隔保护接线回路

第五节　直流失地引起开关跳闸事故

一、案例简述

某日 220kV 某变电站内,基建施工单位正在进行 1 号主变扩建工程,1 号主变扩建施工地点为 110kV 及 220kV 设备区及主控继电保护室。15 时 24 分左右,220kV Ⅰ/Ⅱ母联 27M 开关跳闸。

二、案例分析

1. 保护动作情况

27M 开关 RCS-923 保护无动作信号灯,无当天故障报文;27M 开关 LFP-974ER 操作箱跳闸位置灯亮,无动作信号灯。

2. 事故原因

(1)保护及直流设备的事件报文检查情况如下。

1)220kV 故障录波装置记录了当天 15 时 24 分 050 秒的电气量及开关量波形。图形显示,当时 27M 电流、电压数据正常,开关量仅有 27M 开关 GIS 柜常开接点位置由 1 变

0，无任何保护动作接点开入。

2）2 号直流馈电屏的直流绝缘监测装置显示当天 15 时 24 分左右直流系统发生正极完全失地，失地情况在 90s 后才消失，故障报告：2013 - 10 - 27 15：25：50   M1：R＝000.0kΩ（＋），2013 - 10 - 27 15：27：26   M1：R＝099.9kΩ（0），见图 6 - 13。

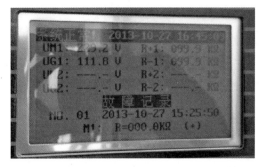 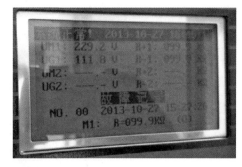

图 6 - 13   直流绝缘监测装置报文

3）220kV 2 号直流馈电屏、110kV 2 号直流馈电屏绝缘监测装置显示，从本月 24 日以来，多次发生直流正（或负）完全失地。24 日前未见该变电站直流系统报"直流系统失地"信号。

4）读取站内监控报文，并截取 15 时 21 分到 26 分的报文（27M 开关于 24 分跳闸），所有 197 条报文均与 1 号主变扩建工程有关。

据查，直流接地时施工单位在进行 1 号主变 110kV 侧开关机构信号核对和电机更换工作。

（2）检查 1 号主变扩建工程的二次回路。在继电保护室内检查时发现，在 1、2 号以及 110kV 2 号直流馈电屏上，基建施工队已将扩建间隔电源接入运行中的直流母线；在户外设备区检查时也发现，扩建间隔的直流电源均取自 110kV 及 220kV 直流配电箱（110kV 直流配电箱总电源已接入 110kV 直流馈线屏，220kV 直流配电箱总电源已接入 220kV 直流馈线屏），故先将 1 号主变扩建工程二次回路与站内直流系统完全可靠隔离后进行二次回路绝缘检查。

1）在继电保护室内各直流馈线屏上，分别断开已接入的与 1 号主变扩建工程相关的电源回路直流空开；在 110、220kV 直流配电箱内断开已接入的与 1 号主变扩建工程相关的电源回路直流空开。

2）使用万用表，分别在 27A、17A、171、172（扩建工程间隔）开关汇控柜内对二次回路进行对地直流电位测量，确认无直流电源后，对地进行交流电位测量。结果显示，所检查回路均无交直流电源。使用 1000V 手动式绝缘电阻表，对回路进行绝缘检查，检查结果正常。

（3）检查 27M 开关直流控制回路（27M 开关已向调度申请转冷备用）。用电子绝缘电阻表 1000V 档检查对 27M 保护跳闸回路进行绝缘检查，137 跳闸回路绝缘正常，237

跳闸回路绝缘不合格，237 跳闸回路对地绝缘电阻为 80kΩ。现场检查发现 27M 开关机构箱内第二组跳闸回路线圈串联电阻接线柱螺丝朝内，较贴近金属柜壁，柜壁处有放电痕迹（见图 6-14）；将该电阻接线柱调整角度后再进行绝缘测量，第二组跳闸回路绝缘恢复正常。

放电后痕迹

图 6-14　27M 开关第二组跳闸回路串联电阻接线柱螺丝及放电痕迹

在直流系统发生正母线失地时 27M 第二组跳闸线圈与串联电阻之间绝缘薄弱点对地绝缘被击穿与正失地点构成回路，造成 27M 第二组跳闸线圈误动作跳开 27M 开关，如图 6-15 所示。

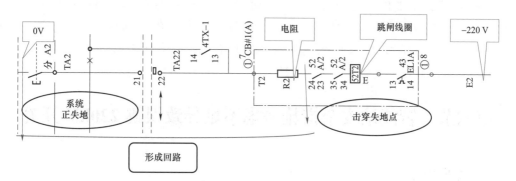

图 6-15　直流失地引起 27M 开关跳闸回路分析图

3. 事故结论

施工单位在 1 号主变扩建工程施工的 110kV 侧开关机构信号核对和电机更换工作时（配合厂家为新东北高压开关厂）造成直流正失地，且 27M 开关第二组跳闸线圈回路存在绝缘薄弱点，引起直流系统两点接地造成 27M 第二组跳闸线圈误动作跳开 27M 开关，是造成本次事件的直接原因。

4. 规程规定

Q/GDW 267—2009《继电保护和电网安全自动装置现场工作保安规定》规定：5.10 在进行试验接线前，应了解试验电源的容量和接线方式。被检验装置和试验仪器不应从运行设备上取试验电源，取试验电源要使用隔离开关或空气开关，隔离开关应有熔丝并带罩，防止总电源熔丝越级熔断。核实试验电源的电压值符合要求,试验接线应经第二人复查并告知相关作业人员后方可通电。被检验保护装置的直流电源宜取试验直流电源。

5. 整改措施

(1)基建扩建工程要严格执行二次接火管理规定,对于还未验收接火的扩建设备的电源必须进行有效的隔离措施,严禁接入运行中的设备。

(2)基建扩建工程,严格执行组织技术措施,对工作任务多的情况,实行分组工作。

(3)针对同型号开关立即进行排查,举一反三查找事故隐患。在今后新、改、扩建工程竣工验收和设备检修过程中,加强二次控制回路绝缘电阻以及开关机构箱内部安装工艺的检查。

(4)运行监控人员发现变电站直流系统发生失地时,应督促现场施工人员停止工作,查明失地原因后,并采取确实有效的整改措施后方可恢复工作。

三、延伸知识

直流接地处理步骤:根据运行方式、操作情况、气候影响进行判断可能接地的处所,采取拉路寻找、分段处理的方法,以先信号和照明部分后操作部分,先室外后室内部分为原则。在切断各专用直流回路时,切断时间不得超过 3s,不论回路接地与否均应合上。当发现某一专用直流回路有接地时,应及时找出接地点,尽快消除。

查找直流接地的注意事项如下:① 用仪表检查时,所用仪表的内阻不应低于2000Ω/V;② 当发生直流接地时,禁止在二次回路上工作;③ 处理时不得造成直流短路和另一点接地;④ 查找和处理必须有两人同时进行;⑤ 拉路前应采取必要措施,以防止直流失电可能引起保护及自动装置的误动。

第六节 智能站安全措施考虑不足导致误跳 220kV 开关

一、案例简述

某日,220kV 某变电站 220kV 265 间隔报第一组控制回路断线,经检查,判定为 265第一套智能终端内操作板损坏造成。二次班人员在进行操作板更换工作时,由于二次安措执行不到位,检验到遥控分闸回路时造成 265 开关误分闸,事故未造成负荷损失。

二、案例分析

1. 电网运行方式

事故发生前,220kV 265 间隔在运行中,第一套智能终端退出对其进行操作板更换工作。

2. 保护配置情况

220kV 265 间隔第一套及第二套智能终端配置情况表见表 6-2。

表 6-2   220kV 265 间隔第一套及第二套智能终端配置情况表

序号	调度命名	保护型号
1	220kV 265 间隔第一套智能终端	PRS-7789
2	220kV 265 间隔第二套智能终端	PRS-7789

3. 事故原因

（1）误分 265 开关的原因。经检查，发现遥控 265 合闸/分闸时，会启动 1-4ZJ1/1-4ZJ2 中间继电器，再由该中间继电器触点扩展启动两套智能终端的 SHJ/STJ 继电器，实现开关 手合/手分、遥合/遥分功能。具体回路图如图 6-16～图 6-18 所示。

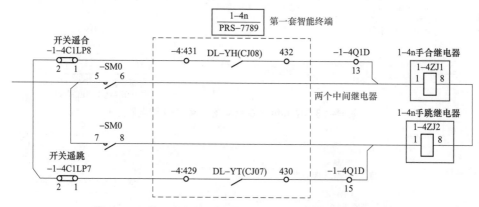

图 6-16   第一套智能终端启动手合、手跳中间继电器回路

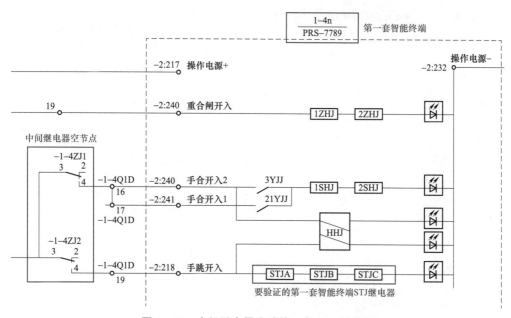

图 6-17   中间继电器启动第一套 STJ 继电器

因此，若要实现第一套智能终端出口的完全隔离，需要解除保护所有出口压板、第一套智能终端的三相分闸回路及第二套智能终端手跳开入回路，才能实现第一套智能终端的完全隔离。隔离措施如图 6-19 所示。

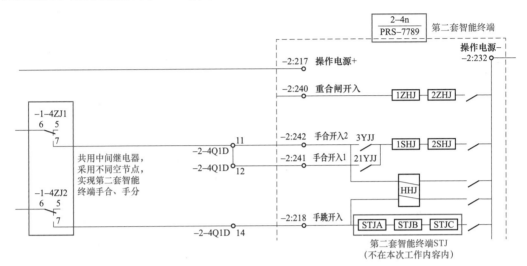

图 6-18　中间继电器启动第二套 STJ 继电器

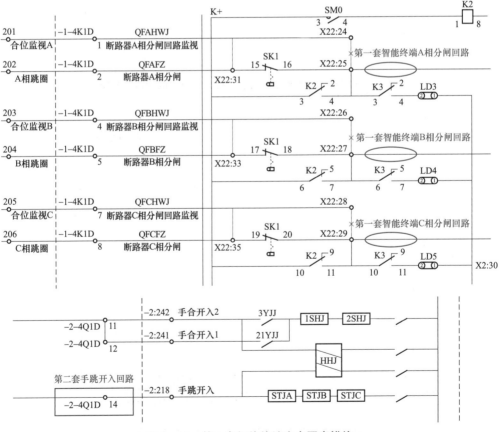

图 6-19　第一套智能终端完全隔离措施

　　但现场工作中二次安全措施中仅解除了第一套智能终端的出口回路,未解除启动第二套智能终端手跳开入回路,导致现场二次人员在验证第一套 STJ 继电器时启动了中间继电器,引起第二套智能终端 STJ 动作,开关误分闸。

　　(2)工作人员未发现该回路的原因。该变电站 265 间隔是单独一个项目建设的,其他均为该变电站基建工程项目建设的,即 265 间隔的图纸和其他 220kV 线路的图纸是不一样的。

　　但这两个项目立项时间相近,因此是一起建设的。所以二次人员并不清楚 265 图纸与其他间隔不一样,在编写二次安全措施票时,用的就是该变电站基建工程的 220kV 线路图纸。而基建工程 220kV 线路图纸并未设计此"通过中间继电器启动第二套智能终端 STJ"的回路(见图 6-20)。

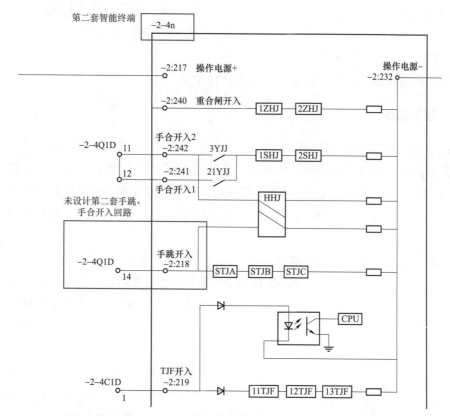

图 6-20　其他 220kV 线路间隔第二套智能终端手跳开入设计图

4. 事故结论

　　(1)现场工作负责人用错误的图纸编写二次安全措施票,未正确隔离"通过中间继电器启动第二套智能终端 STJ"的回路。

　　(2)安措票审核、签发流程管控不到位。

　　(3)工作安排不合理,该家族性缺陷处理工作需要更换出口板,但安全措施只是退出单套智能终端,风险较大,安全措施考虑不足。

5. 规程要求

Q/GDW 11357—2014《智能变电站继电保护和电网安全自动装置现场工作保安规定》5.6.h 规定：为避免确保图纸与现场实际存在不符，开工前工作负责人应组织工作班人员核对安全措施票内容和现场实际情况。

Q/GDW 441—2010《智能变电站继电保护技术规范》规定：

5.1　一般要求

a）220kV 及以上电压等级的继电保护及与之相关的设备、网络等应按照双重化原则进行配置，双重化配置的继电保护应遵循以下要求：

1）每套完整、独立的保护装置应能处理可能发生的所有类型的故障。两套保护之间不应有任何电气联系，当一套保护异常或退出时不应影响另一套保护的运行。

6. 整改措施

（1）一册图纸适用多个间隔时，应写明适用的间隔，避免用错图纸。

（2）规范二次安全措施票审核、签发流程。

（3）工作安排前应进行风险分析，提出防控措施。

三、延伸知识

智能变电站中双重化配置的智能终端，由于开关只有一个合闸线圈，只能将第二套智能终端的合闸出口并入合闸回路。如果第二套智能终端的 TWJ 跳位监视继电器没有并入合闸回路，就会在开关分位时无法得电，报出控制回路断线信号。常见的解决方法是由厂家修改第二套智能终端的配置让其控制回路断线时不点亮面板 LED 灯，同时不发送告警信号。

如厂家无法通过智能终端配置屏蔽控制回路断线，则要将第二套智能终端的 TWJ 继电器也并入合闸回路，这样可以不误报控制回路断线。但为了防止开关分位时误报事故总信号，还需要将遥控分、合闸回路接入第二套智能终端以确保其 KKJ 继电器能够正确变位。事故总信号应采用 TWJ 继电器（分相开关则三相 TWJ 继电器并联）及 KKJ 继电器串联报，分相开关事故总原理图如图 6-21 所示。

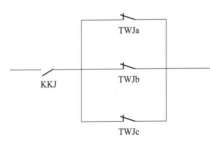

图 6-21　分相开关事故总原理图

事故总遥信防抖时间应设置为 50～100ms。因在手分开关时，KKJ 继电器先动作，一般在 30～40ms 内，断路器的 TWJ 继电器就可以动作，动断触点断开，因此应设置 50～100ms 防抖时间，避免在手分开关时误报事故总信号。

第七章 误 接 线 类

第一节 CT 极性接反导致主变保护误动案例

一、案例简述

某日，220kV 风电场变电站 3 号主变差动保护动作，跳开 22C 及 35C 开关，一次设备并未发现明显故障处。

1. 电网运行方式

该 220kV 风电厂故障前运行方式如图 7−1 所示。

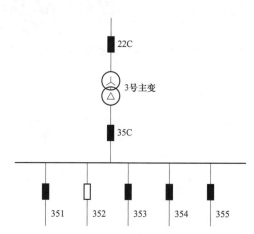

图 7−1 220kV 风电厂故障前运行方式

2. 保护配置情况

3 号主变保护的配置情况见表 7−1。

表 7−1 3 号主变保护配置情况

序号	调度命名	保护型号
1	3 号主变 A 套保护装置	RCS−978
2	3 号主变 B 套保护装置	RCS−978

二、案例分析

1. 保护动作情况

3 号主变差动保护（两套保护动作行为一致）保护动作情况见表 7-2。

表 7-2 3 号主变保护动作情况

时间	报文	动作相对时间	开关动作情况
18:09:26.536	差动保护动作	24ms	切除 22C，35C

3 号主变差动保护打印的录波如图 7-2、图 7-3 所示。

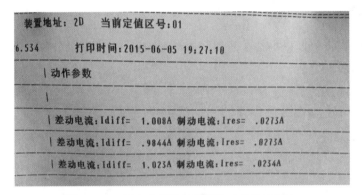

图 7-2 3 号主变保护打印报告（故障电流）

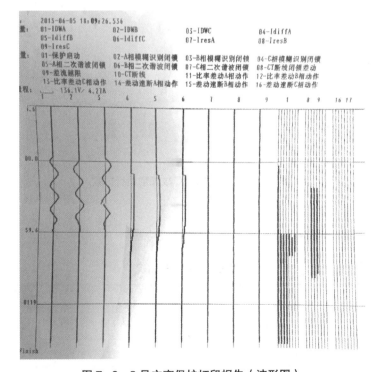

图 7-3 3 号主变保护打印报告（波形图）

2．事故原因

（1）3 号主变动作行为分析。从图 7-4 可见：

1）三相电流同时均衡变大，且无零序，判断为三相短路，因主变内部故障基本不可能同时发生三相短路故障，排除主变内部故障的可能性。

2）高压侧电压接近额定值，判断为非高压侧故障。

3）高压侧电流滞后电压 80° 左右，判断为正方向故障。

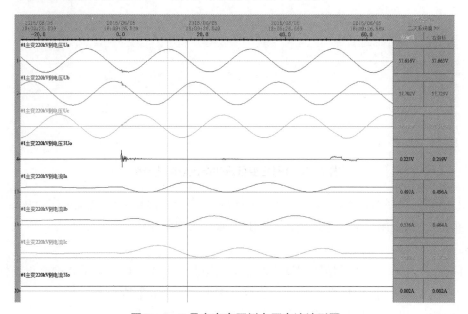

图 7-4　3 号主变高压侧电压电流波形图

从图 7-5 可见：

1）低压侧同样根据波形可以判断出，潮流流向主变，即从波形来看，主变差动保护正确动作。

2）但是前面已分别排除主变本体故障、主变高压侧 CT 到主变本体之间的故障，那么只剩下主变低压侧 CT 到主变本体之间故障的可能。

3）主变低压侧 CT 到主变本体之间，一次导线均用绝缘橡胶热缩，外观检查正常，不可能发生三相短路故障，进入 3 号主变低压侧开关柜内检查亦无明显烧焦痕迹。

4）因此怀疑为 CT 极性接反，这里有两个证据，一是故障电流并不大，换算到一次电流仅 4000A；二是计算主变高低压侧潮流，高压侧为 228MVA，低压侧为 242MVA，很可能这次故障为低压侧某处，该故障电流只是穿越过主变，因此主变高低压潮流相近。

5）检查主变低压侧 CT 极性，P1 靠主变侧，二次正极性接法，极性接反。

6）询问风电场人员，得知该风电场风机容量 1200kW，平日 3 号主变最大负荷算来差流也只有 0.132A，所以正常运行时不会报 CT 异常信号。

7）结合当时雷雨天气，判断为某线路出线被雷击造成三相短路，因 3 号主变低压侧 CT 极性接反，导致主变差动误动。

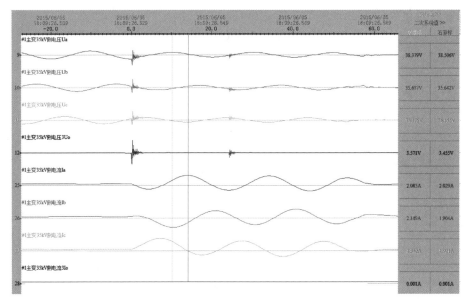

图 7-5　3 号主变低压侧电压电流波形图

（2）35kV 线路保护未动作原因分析。35kV 所有出线过电流一段延时均为 0.3s，在 3 号主变瞬时动作跳闸后故障电流消失，因此 35kV 保护未动作。

3. 事故结论

（1）调试人员在该变电站调试过程及启动送电时，未能认真测向量并检查正确性，未发现 3 号主变低压侧 CT 极性接反，是造成这次事故的主要原因。

（2）调度在编写启动送电方案中，未能考虑到送电时负荷过小，导致调试人员检查差流时，并未发现明显差流，是这次事故的次要原因。

4. 规程要求

国家电网设备〔2018〕979 号《国家电网有限公司关于印发十八项电网重大反事故措施（修订版）》中 15.4.3 规定：所有保护用电流回路在投入运行前，除应在负荷电流满足电流互感器精度和测量表计精度的条件下测定变比、极性以及电流和电压回路相位关系正确外，还必须测量各中性线的不平衡电流（或电压），以保证保护装置和二次回路接线的正确性。

5. 整改措施

（1）更改主变低压侧 CT 极性，检查本站其他主变是否存在类似问题。

（2）要求调试人员在送电核相过程中，负荷过小无法正确测量时应告知调度加大负荷以能更精确核相。

三、延伸知识

主变保护 CT 极性接法：通常，母线出线先断路器后 CT，而 CT 的 P1 侧一般靠母线侧，这是因为在 CT 的制造中，P2 侧绝缘设计的比 P1 侧要差，发生故障的概率较大，而 P2 侧是在线路或主变保护的保护范围，此时跳闸只会导致某一主变或某一线路失压，而

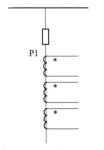

图 7-6 CT 安装方式

P1 侧是在母差保护的保护范围，如若跳闸影响范围太大，因此一般在 110kV 及以上，CT 的 P1 侧通常设计为靠母线侧。CT 安装方式如图 7-6 所示。

但在 10kV 或 35kV 开关柜内，由于受开关柜空间限制，且低电压等级提高设备绝缘成本较低，因此并不遵循 P1 靠母线侧的原则，特别在主变的低压侧开关柜内。

因此，主变保护 CT 极性连接方式一般是，三侧 CT 的 P1 均应远离主变，二次回路正极性接（即 s1 接 A、B、C，s2 接 AN、BN、CN），如果某侧的 P1 是靠近主变的，则二次回路应相应反极性接（即 s1 接 AN、BN、CN，s2 接 A、B、C）。

当然，以上所说的只是一种约定俗成的方式，假如 CT 三侧的 P1 均远离主变，二次回路全部反极性也可以，但一来会给后面维护人员造成困惑，二来主变后备保护中如配置有距离保护、过电流方向保护等带有方向的保护，则可能造成主变拒动或误动。

在智能变电站中，一些特殊的接线方式，如线变组接线方式、内桥接线方式、外桥接线方式，因主变保护和线路保护共用一组 CT，甚至共用一个 CT 绕组，此时线路保护要求 P1 朝主变侧（二次正接），而主变保护要求 P1 远离主变侧（二次正接），就会产生矛盾，此时优先利用保护装置内的设置，将 CT 极性反回来，如保护装置无此设置，则应把主变低压侧 CT 极性也反过来，保证正常时主变差流为 0。

第二节　线路 TV 极性接反引起的保护误动事故

一、案例简述

某日，某 110kV 甲变电站孤网运行，运维人员用 110kV 甲乙线 113 开关进行并网操作，在 113 开关进行准同期合闸时，113 保护手合加速动作跳闸。系统接线图如图 7-7 所示。

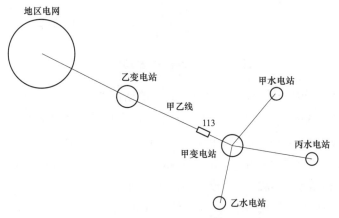

图 7-7　系统接线图

二、案例分析

1. 保护动作情况

保护动作情况见表7-3。

表7-3 保护动作情况

变电站	保护装置	保护动作情况
甲变电站	110kV甲乙线113线路 CSC-161A保护装置	18时43分19秒118毫秒，2ms保护启动，15ms手合阻抗加速出口

2. 事故原因分析

（1）故障波形分析。从保护装置打印的故障波形图分析，113开关合闸后，母线电压瞬间下降至接近0V，同时三相电流突增至18A左右（变比300/5，一次值1080A），故障波形与三相短路故障相同，满足手合加速保护动作条件，保护动作行为正确。从保护故障录波波形图上看，113开关合闸期间存在非同期合闸现象，由于三相电压接近0V，有可能是线路TV极性接反导致相差180°合闸。113线路保护动作报告如图7-8所示。

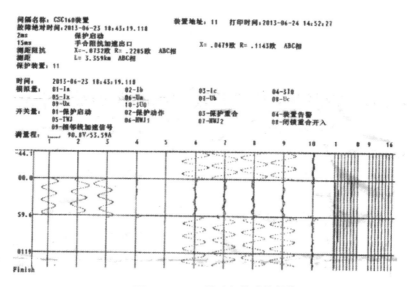

图7-8 113线路保护动作报告

（2）非同期合闸原因分析。检查当时测控装置的动作事项：检同期合闸成功，压差1.38V，频差0.17Hz，角差13.90°。用表计在测控装置屏后电压端子处进行同源核相测试：

1）幅值测试：A603（线路TV电压）对A630（母线PTA相电压）压差120V。

2）角度测试（以线路TV电压A603为超前相）：A603（线路TV电压）对A630（母线TVA相电压）相角差为182°，因该线路保护装置所用线路电压与测控装置的线路电压采用同一个TV二次绕组并联的方式，检查线路保护采样值，装置液晶显示：U_A 59V∠0°，U_B 60V∠-120°，U_C 60V∠120°，U_X 59V∠176°。可确认因该线路TV极性反接，导致非同期合闸。

对该线路电压二次回路进行检查，由就地 TV 电压端子箱至保护屏和测控装置的二次回路清晰无异常，标识完整，但对线后发现 A603 和 N600 实际接反了，由于两根线的线号也套反，没有对线的情况下看起来是正确的。在线路 TV 端子箱对调该电缆两根接线后，核相正确。

3. 事故结论

本次事故是由于 113 线路保护及综合自动化改造后线路 TV 极性接反，造成开关准同期合闸时在接近 180° 角差时合闸，造成类似三相短路的故障量，由于电源点提供的短路电流大于保护启动电流，造成保护手合阻抗动作。由于该线路比较特殊，长期处于停役状态，技改也是结合在该线路停役期间进行，技改结束后该线路没有安排送电，在未进行过相位测试的情况下，就用该开关进行准同期并网操作，发生了这起事故。

4. 规程要求

调继〔2017〕162 号《福建电网常规变电站继电保护及综自系统标准化验收作业指导书》规定：7.带负荷测试：为保证新设备有序、顺利、安全的接入系统运行，必须遵循新设备送电的相关原则，对保护设备等进行向量测试；验收人员应监督现场调试人员测试的全过程，测试过程需记录原始数据并分析数据的准确性，确认无误。

5. 整改措施

（1）立即安排该线路停电，对线路 TV 极性错误进行处理。整改完成后，立即安排送电，并进行电压及电流回路相位、相量测试，以保证二次接线正确。

（2）加强验收管理，继保专业人员验收时有条件的必须做一次通流通压试验，对所有改扩建间隔送电必须进行向量测试。

三、延伸知识

电压互感器配置原则：

（1）对于主接线为单母线、单母线分段、双母线等，在母线上安装三相式电压互感器；当其出线上有电源、需要重合闸检同期或无压，需要同期并列时，应在线路侧安装单相或两相电压互感器。

（2）对于 3/2 主接线，常常在线路或变压器侧安装三相电压互感器，而在母线上安装单相互感器以供同期并联和重合闸检无压、检同期使用。

（3）内桥接线的电压互感器可以安装在线路侧，也可以安装在母线上，一般不同时安装。安装地点的不同对保护功能有所影响。

（4）对 220kV 及以下的电压等级，电压互感器一般有两至三个次级，一组接为开口三角形，其他接为星形。在 500kV 系统中，为了继电保护的完全双重化，一般选用三个次级的电压互感器，其中两组接为星形，一组接为开口三角形。

（5）当计量回路有特殊需要时，可增加专供计量的电压互感器次级或安装计量专用的电压互感器组。

（6）在小接地电流系统，需要检查线路电压或同期时，应在线路侧装设两相式电压互感器或是装一台电压互感器接相间电压。

第三节 CT 相别接线错误引起的母线保护误动作

一、案例简述

某日，220kV 某变电站 1 号主变扩建工程启动送电过程中，在利用 220kV 母联开关对 220kV Ⅰ 段母线、1 号主变本体及高压侧开关冲击过程中，220kV 母线保护误动作，跳开母联开关。

1. 电网运行方式

该变电站为双母线接线，220kV 各间隔为 GIS。在启动送电前先将 220kV 全部负荷转移至 220kV Ⅱ 段母线，利用原有 220kV 母联 29M 开关，冲击 220kV Ⅰ 段母线、1 号主变本体及高压侧 29A 开关设备。系统一次接线如图 7-9 所示。

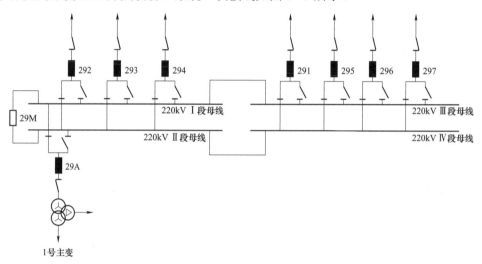

图 7-9 系统的一次接线简图

2. 保护配置情况

该变电站 220kV 母线保护配置情况见表 7-4。

表 7-4　　　　　　　　　　　220kV 母线保护配置表

厂站	调度命名	保护型号	CT 变比
某变电站	220kV 母线 Ⅰ 套保护装置	RCS-915	1200/1
某变电站	220kV 母线 Ⅱ 套保护装置	RCS-915	1200/1

二、案例分析

1. 保护动作情况

该变电站 220kV 母线保护动作情况见表 7-5。

表 7-5 220kV 母线保护动作情况

厂站	保护装置	保护动作情况
某变电站	220kV 母线 I 套 RCS-915 保护装置	10ms I 母差动保护动作
某变电站	220kV 母线 II 套 RCS-915 保护装置	10ms I 母差动保护动作

2. 事故原因

（1）保护整定情况。220kV I、II套母线保护装置、220kV 母联间隔保护装置、1 号主变保护装置均正常投入。

（2）保护装置及回路检查分析。事故发生后，相关专业人员对 220kV 母联间隔、1 号主变本体、1 号主变高压侧间隔及 220kV I 段母线一次设备进行了检查，没有发现故障点，无异常现象。

随后保护人员查阅了站内故障录波器的波形图，图 7-10 为 220kV 母联间隔的电流波形，图 7-11 为 1 号主变高压侧间隔电流波形。

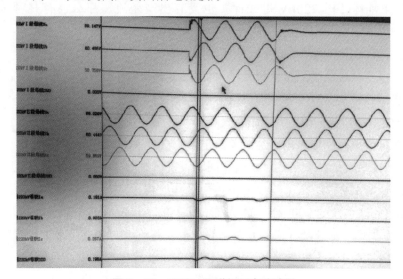

图 7-10 220kV 母联间隔电流波形

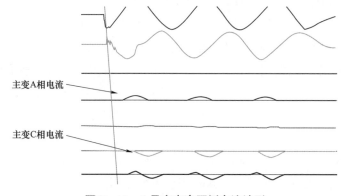

图 7-11 1 号主变高压侧电流波形

从录波图可以看出，在开关合闸时 220kV Ⅰ 母母线电压并没有波动，220kV 母联与 1 号主变高压侧间隔 CT 二次侧 A、C 两相均有电流，但电流的幅值不大（按 1 号主变高压侧间隔 CT 变比 1200/1、220kV 母联 CT 变比 2500/1 来算），约为 500A，同时从两者的电流波形可以看到，两个波形均偏于时间轴的一侧，且波形间存在较大的间断角，这些都是变压器励磁涌流的特征，由这两项情况分析，220kV 母联开关间隔一次设备及 1 号主变本体应没有故障点，可以判断这次跳闸不是由于故障引起的。

（3）事故原因分析。继电保护技术人员对比图 7-10 与图 7-11 的波形，可以看出 220kV 母联间隔和 1 号主变高压侧间隔的波形相位关系几乎是一正一反，相互抵消，结合前面计算出他们的电流大约都为 500A。因 29M 的 CT 极性端靠 Ⅰ 母侧，这样的电流应是正确的接线方式产生，如果两个间隔 CT 都按这种方式接入母差电流回路是不可能造成母差动作的。

由于 220kV 母联间隔是运行过的间隔，它的 CT 接线是经过带负荷测相量试验的考验的，在正常运行时 220kV 母线保护也没有出现差流，那么只有几种可能造成母差动作：

1）1 号主变高压侧间隔 CT 变比接错、产生差流。

2）1 号主变高压侧间隔接入母差的电流量因各种原因（开路、短路、虚接等）没有进入母差逻辑判断。

3）1 号主变高压侧间隔 CT 接线方式有误，产生差流。

4）母差定值重新整定时出错造成差流出现。

继电保护技术人员在重新核对定值和间隔设置后排除了第 4 点可能性，回过头来看母差的差流是怎么形成的，在母差故障报告中动作时母差差流为 0.398A，按母差基准变 2500/1 折算到一次电流为 900～1000A 左右，母差的动作定值为 3.5A。如果是 CT 变比接错的情况，就算变比的错误达到最大变比的一半，差流大约也就是最大电流的 50%，不可能达到 900A，第 1 点可以排除。同样看第 2 点，就算 1 号主变高压侧间隔的电流完全没有接入母差，差流也不可能超过最大的线路电流，也就是 500A 左右，折算到二次大约是 0.2，远没有达到母差的动作门槛，所以也可以排除了。

这样可以判断是由于 1 号主变高压侧间隔 CT 接线方式的问题导致母差跳闸，由于两套 220kV 母线是使用 1 号主变高压侧间隔 CT 不同的两个绕组，两套母差保护又是同时动作，那么这个接线方式的错误应是共性的。CT 共性的接线方式问题不是线圈极性接反，就是相序接倒。

从故障信息系统子站上调取的 220kV 母线保护的故障报告证实了这种判断，如图 7-12 所示。

图 7-12 中 1 号主变高压侧间隔和 220kV 母联间隔的 CT 电流幅值大致相同，但相位明显有差异，不是线圈极性接反时的两者相位完全相同，大约差了 120°，所以应是相别接反的现象。

　　经厂家与施工单位现场排查，确定为 GIS 引出至汇控柜之间的厂家配线错误，1 号主变高压侧 GIS 开关的母线侧 CT（用于母差保护、计量）本体 A、C 相二次配线错误，实际 A 相错接为 C 相，实际 C 相错接为 A 相，如图 7-13、图 7-14 所示，所以在主变启动时形成异常差流，造成 220kV 母差保护动作。

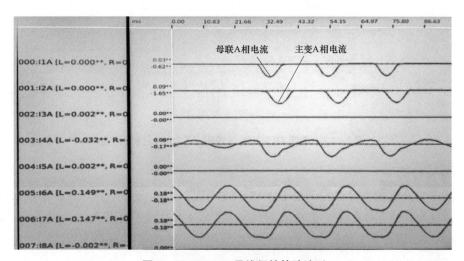

图 7-12　220kV 母线保护故障波形

(a)　　　　　　　　　　　　　　　(b)

图 7-13　主变 GIS 开关母线侧 CT 接线图

（a）A 相 CT 接线；（b）C 相 CT 接线

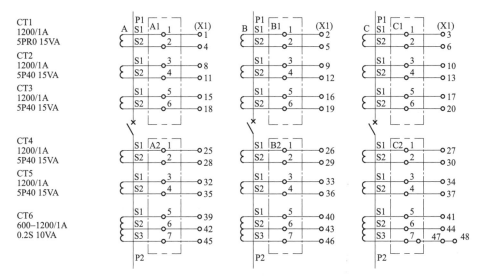

图 7-14 主变 GIS 开关母线侧 CT 二次接线设计图

3. 事故结论

本次事故发生的主要原因是由于 GIS 厂家配线人员责任心不强，未严格执行质量控制流程，现场配线工作结束后未认真核对图纸，将 1 号主变高压侧 GIS 开关的母线侧 CT（用于母差保护、计量）本体 A、C 相二次配线接反，造成 220kV 母差保护在冲击主变及母线设备时，出现异常差流，母差保护跳闸。

本次事故发生的次要原因安装调试人员和验收人员没有认真核对图纸，也没有通过采取适当的试验项目（一次通流试验）来验证二次配线的正确性，未严格执行验收规程，及时发现 1 号主变高压侧 GIS 开关的母线侧 CT 接线错误。

4. 规程要求

国家电网设备〔2018〕979 号《国家电网有限公司关于印发十八项电网重大反事故措施（修订版）》规定：15.4.3 所有保护用电流回路在投入运行前，除应在负荷电流满足电流互感器精度和测量表计精度的条件下测定变比、极性以及电流和电压回路相位关系正确外，还必须测量各中性线的不平衡电流（或电压），以保证保护装置和二次回路接线的正确性。

5. 整改措施

（1）将 1 号主变高压侧 GIS 开关的母线侧 CT 按正确的相别接入 220kV 母线保护，重新送电后经带负荷测相量正确后 1 号主变投入运行。

（2）要求物资部门督促 GIS 厂家严格执行质量控制措施，确保产品质量。

（3）对 GIS 等需现场大量配线的组合电器，要求厂家需派质检员现场驻点质检，施工单位对厂家内部主要接线开展核对工作，电压、电流、跳闸、信号等回路从设备的最源头查起，确保接线正确。

（4）加强设备二次回路的验收试验，对于今后重新安装或重新接线的 CT 要求经过一次通流试验的考验，以核对实际的 CT 变比及极性的正确性。发现隐患及时予以消除，保障设备安全。

三、延伸知识

DL/T 995—2016《继电保护和电网安全自动装置检验规程》相关规定：

5.3.1　电流、电压互感器的校验

5.3.1.1　新安装电流、电压互感器及其回路的验收检验。

检查电流、电压互感器的铭牌参数是否完整，出厂合格证及试验资料是否齐全。如缺乏上述数据时，应由有关制造厂或基建、生产单位的试验部门提供下列试验资料：

1）所有绕组的极性。

2）所有绕组及其抽头的变化。

3）电压互感器在各使用容量下的准确级。

4）电流互感器各绕组的准确级（级别）、容量及内部安装位置。

5）二次绕组的直流电阻（各抽头）。

6）电流互感器各绕组的伏安特性。

5.3.1.2　电流、电压互感器安装竣工后，继电保护检验人员应进行下列检查：

1）电流、电压互感器的变比、容量、准确级必须符合设计要求。

2）测试互感器各绕组间的极性关系，核对铭牌上的极性标识是否正确。检查互感器次绕组的连接方式及其极性关系是否与设计符合，相别标识是否正确。

3）有条件时，自电流互感器的一次分相通过电流，检查工作抽头的变比及回路是否正确（发变组保护所使用的外附互感器、变压器套管互感器的极性与变比检验可在发电机做短路试验时进行）。

4）自电流互感器的二次端子箱处向负载端通入交流电流，测定回路的压降，计算电流回路每相与中性线及相间的阻抗（二次回路负担）。按保护的具体工作条件和制造厂家提供的出厂资料，来验算所测得的阻抗值是否符合互感器 10% 误差的要求。

第四节　临时接线未拆除干净造成开关误跳闸案例

一、案例简述

某月 1～10 日对甲变电站甲乙Ⅱ线 282 间隔进行综合自动化改造、线路 CVT 端子箱更换、三相 CT 更换等改造工作，11 日上午甲变电站甲乙Ⅱ线接Ⅲ母运行并进行相关 CT、TV 二次相量测试工作，相量测试结果正确。根据调度令 13 时 54 分对 220kV 甲乙Ⅱ线 282 间隔由接Ⅲ段母线改接至Ⅱ段母线运行的倒闸操作，当操作至"合上甲乙Ⅱ线 2822 隔离开关"时，282 开关跳闸。

1. 电网运行方式

该变电站甲乙Ⅱ线线路正常运行，282 间隔隔离开关在倒母过程中，隔离开关双跨分别接在 220kVⅢ段母线和Ⅱ段母线上。主接线图如图 7-15 所示。

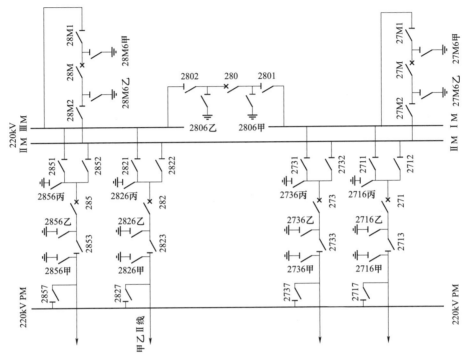

图 7-15　变电站主接线图

2. 保护配置情况

保护配置情况见表 7-6。

表 7-6　　　　　　　　　　　　保 护 配 置 情 况

厂站	调度命名	保护型号	CT 变比
甲变电站	甲乙Ⅱ线 902 保护装置	RCS-902	2000/1
甲变电站	甲乙Ⅱ线 FOX41 收发信机	FOX-41	—
甲变电站	甲乙Ⅱ线 CZX-22R 分相操作箱	CZX-22R	—
甲变电站	甲乙Ⅱ线 931 保护装置	RCS-931	2000/1

二、案例分析

1. 保护动作情况

保护动作情况见表 7-7。

表7-7 保 护 动 作 情 况

厂站	保护装置	保护动作情况
甲变电站	甲乙Ⅱ线902保护装置	无动作
甲变电站	甲乙Ⅱ线FOX41收发信机	发令1、发令2、发令3动作
甲变电站	甲乙Ⅱ线CZX-22R分相操作箱	CT、TB、TC动作
甲变电站	甲乙Ⅱ线931保护装置	无动作

2. 事故原因

（1）保护整定情况。检查保护甲变电站定值正确，非全相动作时间整定为2.5s。

（2）现场检查和试验情况。检查甲变电站甲乙Ⅱ线282间隔一次设备没有发现异常。查二次设备发现：甲乙Ⅱ线间隔保护屏上，CZX-22R分相操作箱第一组CT、TB、TC灯亮，FOX41装置发令1、发令2、发令3灯亮，902、931保护均无动作信号灯亮。

随后组织技术专家开展故障分析及查找。一是查本次综合自动化改造所涉及的装置，确定设备外观正常；二是查直流系统的运行情况，确定直流系统正常，无直流失地，排除了交直流互串的情况；三是查开关操作箱内部逻辑及继电器动作值，确定各项内部逻辑及继电器动作值正常；四是检查保护装置及相关回路，重点对本次综合自动化改造及隔离开关完善化大修所涉及的隔离开关操作等回路，确定操作相关回路正常、绝缘完好。

随后技术人员核对902保护屏上二次端子及回路，发现4D88端子上搭接了一个连接到4D190的短接线。经与技改工作负责人确认，该短接线为试验过程中接的临时接线，试验结束后未及时取下，安装人员绑扎后导致两个端子搭接，产生寄生回路。

（3）事故原因分析。根据调查情况分析，事故原因为：现场遗留的短接线一头从4D88（TJQ1）侧端子插入，另一头由于在绑扎过程被压到4D190端子，搭接到4D190（63），引起在282间隔倒排过程（从Ⅱ母倒向Ⅲ母的双跨过程）发生开关无故障跳闸，如图7-16所示。

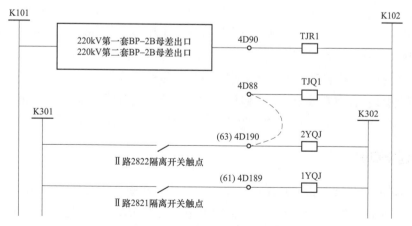

图7-16 操作箱相关回路图

如图 7-16 所示，当合上 2822 隔离开关时，在 2822 隔离开关切换回路 4D190（63）端子与 TJQ1 三跳继电器 4D88 端子间因试验短接线未拆除产生的寄生回路将第一组三跳回路接通，TJQ1 三跳继电器动作跳开 282 开关。跳开后，因寄生回路未排除，TJQ1 一直动作，导致 220kV 系统两套 BP-2B 母差保护开入、902C 其他保护动作停信开入一直动作未返回。

3. 事故结论

此次事故由于试验过程中的临时接线未拆除干净，在 2822 隔离开关切换回路（编号 63）4D190 端子与 TJQ1 三跳继电器 4D88 端子间产生寄生回路。当进行倒母操作合上 2822 时，由于寄生回路，导致 282 开关操作箱 CZX22R 的 TJQ1 继电器动作，跳开 282 开关。并启动两套 220kV 母差保护的失灵开入并启动远方跳闸。

4. 问题分析

（1）现场工作人员未严格执行标准化作业流程，没有及时拆除调试用的临时短接线，安装人员在整理新电缆时，临时短接线的另一头压到 4D190 端子，形成 4D88 至 4D190 端子的短接寄生回路，是造成开关跳闸的直接原因。

（2）标准化验收执行不到位，没有严格按照设备投产验收管理有关规定，对甲乙Ⅱ路综合自动化改造项目进行全面的验收，未能及时发现遗留的短接线。

（3）在事件发生后，急于查找故障原因，放任外协施工队伍人员进行排查，没有严格按照《国家电网有限公司安全事故调查规程》要求，对现场进行全面的保护，造成调查取证不够全面，原因分析不能及时到位。

5. 规程要求

国家电网设备〔2018〕979 号《国家电网有限公司关于印发十八项电网重大反事故措施（修订版）》规定：15.6.1 严格执行有关规程、规定及反事故措施，防止二次寄生回路的形成。

6. 整改措施

（1）加强外来施工作业人员管理。严格审查外包队伍工作负责人的专业技术、技能水平，严格审核施工方案及安全措施，严格执行外包工作实行双负责人的规定，强化外来作业人员全过程监督管控，杜绝无票工作或在失去监督的情况下工作。

（2）加强设备验收管理。切实落实施工单位三级验收及旁站检查机制，严格执行标准化验收管理制度；合理安排技改、大修停电时间，给验收流程以充足的时间，保证验收全面到位；严格质量追究制，保持安全生产质量管理的高压态势。

三、延伸知识

二次回路的寄生回路指的是保护回路中不应该存在的多余回路，容易引起继电保护误动或拒动，这种回路往往无法单纯用正常的整组试验方法发现，还是要靠工作人员严格按继电保护原理对回路进行检查方能发现。

寄生回路往往不能被电气运维人员及时发现，时常是在改线结束后的运行中，或进行定期检验、运行方式变更、二次切换试验时，才从现象上得以发现。由于所寄生的回路不同，引发的故障也就不同，有的寄生回路串电现象只在保护元件动作状态短暂的时间里出现，保护元件状态复归，现象随同消失，是一种隐蔽性的二次缺陷。由于寄生回路和图纸不符，现场故障迹象收集不齐时，查找起来既费时又不方便，而如果不及时查处消除，它能造成保护装置和二次设备误动、拒动（回路被短接）、光声信号回路错误发信及多种不正常工作现象，导致运维人员在事故时发生误判断和误处理，甚至扩大事故。

第五节　寄生回路导致的开关误分事故

一、案例简述

某日 14 时 38 分，某 220kV 变电站 221 开关因寄生回路造成正电与手跳出口短接导致开关跳闸，事故未造成负荷损失。16 时 50 分，221 开关恢复运行。

保护测控配置情况见表 7-8。

表 7-8   保护测控配置情况

序号	调度命名	保护型号	版本号	校验码
1	221 间隔保护 A	PCS-931SA-G-D	V6.01	65132A39
2	221 间隔保护 B	NSR-303A-G-D	V2.01	AAB597F8
3	221 间隔测控装置	RCS-9705C	R7.10.3	—

二、案例分析

1. 保护动作情况

开关跳闸时两套线路保护装置 NSR303、PCS931 均正常运行无跳闸出口信号，操作箱跳闸信号灯正常未点亮，后台监控机出现"闭锁重合闸"的告警信号。

2. 事故原因

（1）221 间隔开关跳闸原因分析。经检查发现，221 间隔测控屏内端子排 1YK1、1YK7 接有两根编号为 1EH-133 的电缆，一根电缆芯线为黄色，另一根为黑色，如图 7-17 所示。其中芯线为黄色的电缆为退役电缆，但未拆除，电气编号为 1 和 33 的两根芯线仍接于端子排上。顺着该电缆摸排发现，电缆另一端被剪断放置在电缆层。

事故发生当天下午，其他班组作业人员，在电缆层进行其他作业时，误踩到剪断的电缆头，导致电气编号为 1 和 33 的芯线通过电缆铁铠短接，导致开关手跳回路导通，造成 211 开关三相跳闸，如图 7-18 所示。

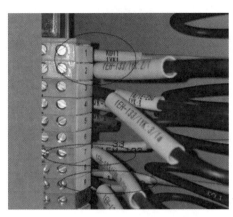
图 7-17 221 测控屏遥控回路相关端子排

图 7-18 旧的 1EH-133 被剪断的电缆头

（2）寄生电缆追溯情况。一年前，该间隔两套线路保护进行过改造。根据设计图纸，1EH-133 电缆应更换新为电缆。

改造过程中，施工人员原本已经将测控屏内旧的 1EH-133 电缆拆除暂时放置于电缆层内，但是由于接线人员不熟悉图纸，又将拆除的 1EH-133 电缆及新的 1EH-133 电缆均穿上测控屏并接入端子排上。

验收过程中，验收人员未核对测控屏的端子排图，因此没有发现此寄生回路，为此次事故埋下隐患。

改造工程结束，电缆清退时，施工人员发现电缆一端在电缆层，另外一端在测控屏内未拆除，未经确认便自行将电缆剪断。

3. 事故结论

（1）施工单位未能正确地拆除退役的二次电缆，且采用电缆中间剪断的方式，施工工艺不规范。

（2）施工单位未能编制废旧电缆核查表，导致施工过程中，产生了寄生回路，施工方案编制不完整。

（3）验收人员未开展测控屏端子排图纸的核对工作，验收不规范。

4. 规程要求

（1）闽电调〔2013〕1097 号《国网福建电力关于下发技改和扩建工程现场二次作业风险预控典型指导手册的通知》规定："第 1 条：改造前，除按规定编制二次工作安全措施票外，还应编制二次回路拆线表。根据新旧图纸编列，明确电缆是否拆除或保留；表格应记录电缆用途、回路编号、接线端子号、两侧接线屏柜等信息，并与现场进行核对；图实不符的电缆应以现场为准，并记录在表格里；第 4 条：拆除旧电缆二次线，要求认真核对两侧拆除电缆的电气号及芯线数量的完全一致，并经回路对线确认电缆正确。拆除废旧二次控制电缆时，严禁采用中间剪断方法，防止误剪断运行中二次控制电缆。"

（2）调继〔2017〕162 号《福建电网常规变电站继电保护及综自系统标准化验收作业指导书的通知》"第 1.3.5 条：图实相符核对工作，已落实完成图实相符核对工作（对照施工图及设计变更通知单，核对屏柜接线是否与设计要求一致）"。

5. 整改措施

（1）要求验收人员对近期的工程严格开展图纸核对工作，正确使用废旧电缆核查表办理退役电缆清退工作。

（2）加强闽电调〔2013〕1097 号《国网福建电力关于下发技改和扩建工程现场二次作业风险预控典型指导手册的通知》、调继〔2017〕162 号《福建电网常规变电站继电保护及综自系统标准化验收作业指导书的通知》相关规范的学习宣贯。

三、延伸知识

电缆退役注意事项：

（1）清退电缆时不得随意从中间剪断电缆。

（2）由于电缆太长必须从中间剪断时，应确认所剪的电缆为退役电缆，并不得使用断线钳一次性剪断，应使用斜口钳，一根根芯线剪短，避免造成各电缆芯线之间的短接。

（3）实在无法退役的电缆，如该电缆压在保护屏内最内侧电缆中，且该保护屏未退出运行，则应在电缆两头芯线套上套头及电缆牌，标明"已退役"。

第六节　合并单元配置错误导致保护误动

一、案例简述

某日，110kV 甲变电站进行 3 号主变扩建工程送电工作，11 时 36 分 26 秒 375 毫秒用 110kV 母分 140 开关对 3 号主变进行空充时，110kV 电源进线甲乙Ⅱ线两侧纵联差动保护动作后重合不成功，甲变电站全站失压。

系统接线如图 7-19 所示，事故前运行方式：

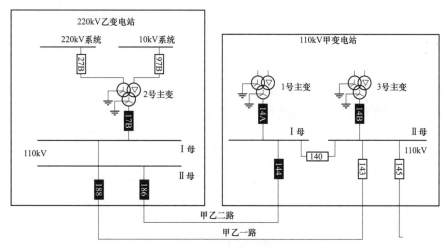

图 7-19　系统接线图

110kV I 母上甲乙二路 144 间隔、1 号主变 110kV 侧 14A 间隔在运行；II 母上 143 间隔、145 间隔在冷备用，3 号主变 110kV 侧 14B 间隔在运行；母分 140 在热备用。

事故发生时调度正在操作 110kV 母分 140 开关由热备用转充电运行对 3 号主变进行空充。

甲变电站甲乙二路保护配置情况见表 7-9。

表 7-9
保 护 配 置 情 况

厂站	调度命名	保护型号	CT 变比
甲变电站	甲乙二路 144 线路保护	PCS-943A	1200/5
甲变电站	甲乙二路 144 间隔合智一体装置	CSD-603AG	1200/5
乙变电站	甲乙二路 186 线路保护	PCS-943A	800/1

二、案例分析

1. 保护动作情况

保护动作情况见表 7-10。

表 7-10
保 护 动 作 情 况 表

变电站	保护装置	启动时间	动作报文
110kV 甲变电站	110kV 甲乙二路 144 线路 PCS-943 保护	2020-04-12 11 时 36 分 26 秒 377 毫秒	0ms 保护启动 61ms 纵联差动保护动作 3710ms 重合闸动作 3933ms 纵联差动保护动作 最大差流 2.02A
220kV 乙变电站	110kV 甲乙二路 186 线路 PCS-943 保护	2020-04-12 11 时 36 分 26 秒 375 毫秒	0ms 保护启动 61ms 纵联差动保护动作 1632ms 重合闸动作 3937ms 纵联差动保护动作 最大差流 0.6A

2. 事故原因

(1) 定值检查情况。220kV 乙变电站 110kV 甲乙二路 186 保护差动电流定值 0.2A（故障最大差流 0.6A），与最新定值单一致。110kV 甲变电站 110kV 甲乙二路 144 保护差动电流定值 0.67A（故障最大差流 2.02A），与最新定值单一致。

(2) 保护动作行为分析。从甲变电站的甲乙二路故障录波（见图 7-20）中可以看出，保护启动时三相电流突变增大，且都偏向时间轴一侧，带有明显的二次谐波特征，符合空充变压器励磁涌流的波形特征。保护启动前后三相电压均正常没有明显变化，可以判定此时系统没有故障发生，保护采样电流是空充 3 号主变产生的励磁涌流。三相电流中二次谐波分量分别为 16.25%、69.37%、40.10%（见图 7-21），均超过 3 号主变保护的二次谐波闭锁差动定值 15%，3 号主变保护二次谐波闭锁差动，正确不动作。

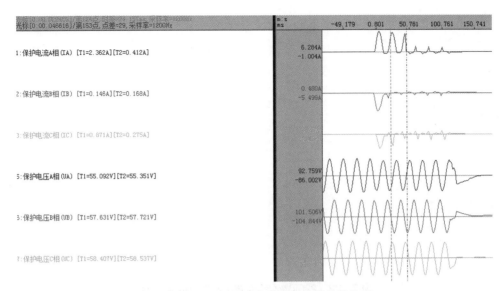

图 7-20　110kV 甲变电站甲乙二路故障波形

　　保护启动 2 周波后，甲变电站侧三相电流陆续出现严重的波形缺损，只有在电流过零点附近有波形（见图 7-20），应是 CT 严重饱和所致。乙变电站侧三相电流在整个故障过程中都保持稳定，一直是励磁涌流特征（见图 7-22）。从电流、电压波形可看出此时线路上没有发生故障，由于甲乙二路甲变电站侧 CT 严重饱和，保护电流严重畸变，导致保护三相差流达到动作值，差动保护误动作，跳开两侧开关。重合闸动作后，经过约 200ms 甲侧 B 相电流饱和，导致两侧 B 相出现差流，纵联差动保护再次动作，重合不成功。

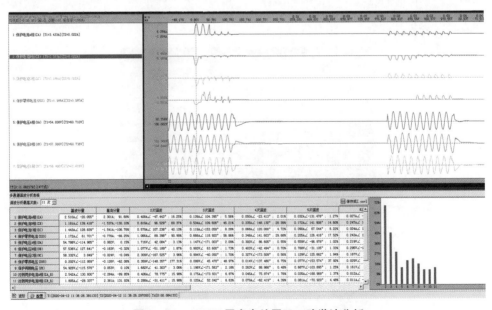

图 7-21　110kV 甲变电站甲乙二路谐波分析

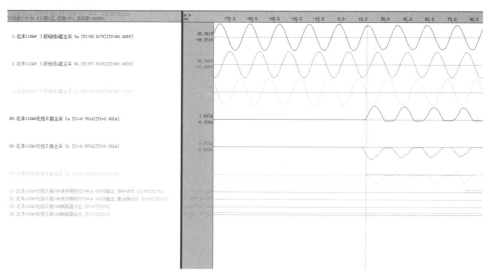

图 7-22 220kV 乙变电站甲乙二路故障波形

（3）110kV 甲乙二路 144 间隔电流饱和原因分析。事故发生后，根据故障录波进行分析，初步判断是该间隔保护、测量 CT 回路接反导致 CT 饱和。对甲乙二路电流回路进行了检查，在 GIS 汇控柜内保护电流 411 回路内部线接到合并单元 X5 板，测量电流 421 回路内部线接到合并单元 X7 板（见图 7-23）。对该间隔进行二次通流试验，往 411 回路通额定电流时保护装置采样正确而测控装置无采样，往 421 回路通额定电流时测控装置采样正确而保护装置无采样，试验结果说明现场接线与合并单元内部配置一致。但是在通入 5 倍额定电流时，保护装置采样值明显偏小出现饱和现象，而测控装置采样正确，因此可判定二次接线及合并单元内部保护和测控电流配置都反了，导致负负得正，在正常运行时采样均正常。

图 7-23 甲乙二路 GIS 汇控柜内电流回路端子图

合并单元厂家检查确认该型号合并单元 X5 板和 X7 板件内部的小 CT 准确级不同，X5 板只能接测量电流，而 X7 板只能接保护电流（见图 7-24），小 CT 采样和装置数字量输出的映射关系靠内部私有文件 mu_xlA_M1.cfg 来配置。从装置内调取该配置文件后发现 X5 板的电流映射给 SV 数据集中的保护电流，X7 板的电流映射给 SV 数据集中的测量电流，见图 7-25。这种接线和配置下，正常运行时保护装置和测控装置采样都正确。但有故障或大电流时，合并单元 X5 板的小 CT 会饱和，导致保护装置采样电流变小。

图 7-24　正确的电流回路配置情况示意图　　　图 7-25　现场电流回路配置情况示意图

3. 事故结论

甲变电站操作 110kV 母分 140 由热备用转运行对 3 号主变全压冲击时，产生励磁涌流使电流出现全偏移，由于甲乙二路 144 的合并单元内部配置错误，导致保护电流采样回路接在测量用的小 CT 上，在全偏移电流下出现严重饱和，线路两侧电流不一致产生差流造成该线路两侧差动保护误动作。

查甲乙二路验收记录，在施工调试阶段二次通流时发现保护采样和测控采样相反，调试人员认为是二次回路接反，因此只修改二次线，最终导致回路接线和配置文件都反。由于该合并单元测量小 CT 要加到 $2.6I_n$ 的电流才会饱和，验收和例检时按照检验规程要求，对于电流二次额定值为 5A 的合并单元采样试验最大只加到 $2I_n$，因此不会出现饱和现象，导致该隐患一直没有被发现。

4. 规程要求

国家电网设备〔2018〕979 号《国家电网有限公司关于印发十八项电网重大反事故措施（修订版）》规定：15.1.10 线路各侧或主设备差动保护各侧的电流互感器的相关特性宜一致，避免在遇到较大短路电流时因各侧电流互感器的暂态特性不一致导致保护不正确动作。15.4.6 加强微机保护装置、合并单元、智能终端、直流保护装置、安全自动装置软件版本管理，对智能变电站还需加强 ICD、SCD、CID、CCD 文件的管控，未经主管部门认可的软件版本和 ICD、SCD、CID、CCD 文件不得投入运行。保护软件及现场二次回路的变更须经相关保护管理部门同意，并及时修订相关的图纸资料。

5. 整改措施

（1）对甲乙二路 144 间隔合并单元内部配置和电流回路接线按如图 7-24 所示进行修改，二次通流试验正确后恢复运行。

（2）对甲变电站同期投运的所有同厂家的合并单元进行排查，厂家现场进行整改。

（3）针对合并单元采样试验补充试验项目，对于测量组电流采样需测试饱和时的采样值并填写在报告中，避免再次出现本次事故中的情况。

三、延伸知识

1. 智能变电站配置流程

变电站系统集成商根据厂家提供的 ICD 文件及设计单位提供的设计图纸，制作全站 SCD 配置文件；装置厂商根据 SCD 文件，用专用配置工具生成 CID 和 CCD 文件，下装到相应装置中。如图 7−26 所示。

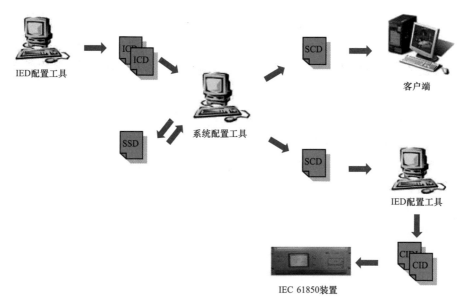

图 7−26　智能变电站配置示意图

2. 智能变电站各类文件说明

（1）ICD 文件为 IED 能力描述文件。由装置厂商提供给系统集成商，该文件描述 IED 提供的基本数据模型及服务。

（2）SCD 文件为全站系统配置文件，应全站唯一。该文件描述所有 IED 的实例配置和通信参数、IED 之间的通信配置以及变电站一次系统结构，由系统集成商根据 ICD 完成。

（3）CID 为 IED 实例配置文件，每个装置有一个，由装置厂商根据 SCD 文件中本 IED 相关配置生成。

（4）CCD 文件为回路实例配置文件。包含装置的 GOOSE、SV 发布/订阅信息，CCD 仅从 SCD 文件中导出。

第七节　误接线造成直流母线电压不平衡案例

一、案例简述

某变电站报直流系统电压不平衡缺陷，现场直流电压一母正对地+86V，负对地-144V，二母正对地+144V，负对地-86V。经拉路法排查后发现，分别断开110kV甲线138间隔信号回路空开、110kV乙线136间隔信号回路空开、110kV丙线135间隔控制电源空开时，两段直流母线电压都能够恢复正常。

二、案例分析

1. 故障检查

（1）136、138间隔信号回路检查情况分析。在138和136间隔测控遥信回路中排查回路故障时发现138测控至姿态传感器接收装置箱的信号公共端801（该间隔遥信电源取自直流一母）以及136测控至同一地点的Z812（136间隔姿态传感器装置故障信号，该间隔遥信电源取自直流二母）任一根解除后两段母线直流电压都恢复正常。在110kV开关场处的姿态传感器接收装置箱内部，136间隔与138间隔信号回路公共端接反。"136间隔姿态传感器装置故障"信号动作，直流一母的正极和直流二母负极通过136测控装置的遥信开入光耦导通，导致两段直流母线出现对称性的不平衡。直流回路故障示意图如图7-27所示，姿态传感器回路故障点如图7-28所示。

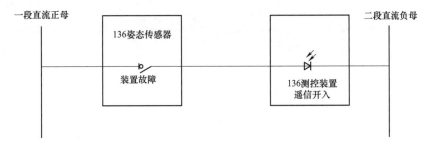

图7-27　直流回路故障示意图

（2）135间隔回路检查情况分析。将136、138间隔的信号回路改正后，两端直流母线都已恢复正常，但是由于拉路排查时135控制电源断开后直流母线电压能恢复，保护人员怀疑此处还存在回路故障。因此再次尝试断开135控制电源，此时直流母线变为一母正对地144V，负对地-86V，二母正对地86V，负对地-144V。经过回路检查发现135测控电源（取自直流二母）正极经过135保护装置的遥信开出回路接到遥信电源（取自直流一母）负极，在控制回路断线情况下构成两段母线互串。修改该回路后进行测试，在控制电源断开后直流电压保持正常。135保护信号原理如图7-29所示，135故障点端子排如图7-30所示。

图 7-28　姿态传感器回路故障点

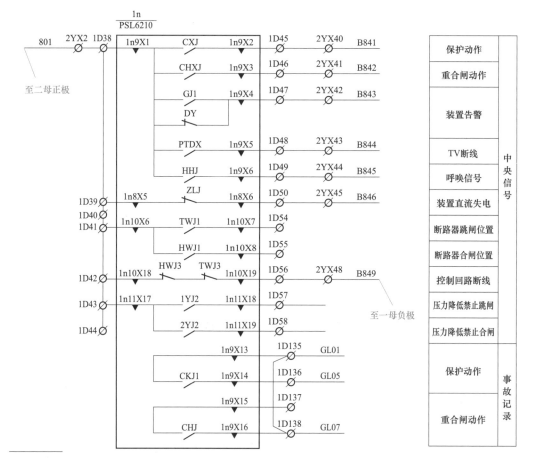

图 7-29　135 保护信号原理图

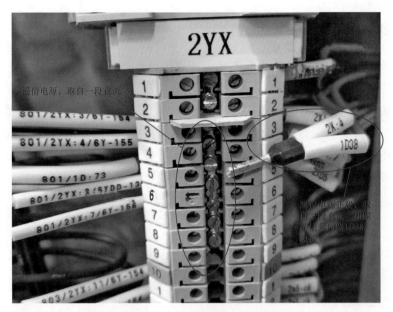

图 7-30 135 故障点端子排图

2. 故障结论

本次故障是由于辅控系统施工时安装人员误接线,导致 138 和 136 的姿态传感器信号公共端接反,而这两个间隔遥信电源取自不同直流母线,在 136 姿态传感器装置故障后出现两段直流母线互串。

135 间隔扩建时采用保护和测控装置同屏安装方式,厂家配线时误接线将测控电源和遥信电源互串,由于这两个电源取自不同直流母线,保护装置遥信开出动作时会导致两段直流母线互串。

在用拉路法排查断开 135 间隔控制电源时,直流母线电压能够恢复,是由于同时出现两个互串点,直流一母正和二母负互串,一母负和二母正互串,整个系统达到新的平衡。

3. 规程要求

国家电网设备〔2018〕979 号《国家电网有限公司关于印发十八项电网重大反事故措施(修订版)》规定:5.3.3.2 两套配置的直流电源系统正常运行时,应分列运行。当直流电源系统存在接地故障情况时,禁止两套直流电源系统并列运行。

4. 整改措施

(1)排查同批次辅控系统是否存在误接线情况并改正。

(2)排查其他保护、测控装置同屏柜安装的间隔是否存在测控装置电源、遥信电源回路互串情况并改正。

(3)改扩建工程验收及定检时,加强图实核对工作,不仅要保证图实一致,还要核对图纸的正确性。

三、延伸知识

直流系统两段母线互串导致电压不平衡的原因分析:

138 间隔信号回路 Z812（该间隔遥信电源取自直流二母）在 110kV 开关场处的姿态传感器接收装置箱内部和直流一母的正极导通,相当于一段直流正母线通过测控装置内的一个光耦和二段直流负母线导通。姿态传感器回路故障示意图如图 7-31 所示。

直流系统正常运行时正、负母线分别经过一个平衡桥电阻 R_s 接地,该电阻阻值约 10MΩ,姿态传感器的回路故障相当于在一段正母线经过一个光耦电阻 R_c 短接到二段负母线, 该电阻阻值约 30MΩ。此时直流系统接线如图 7-32 所示。

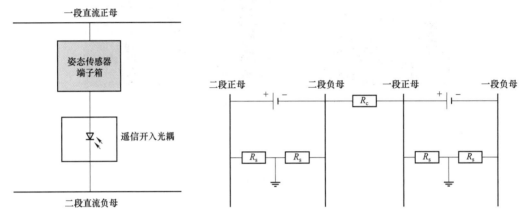

图 7-31　姿态传感器回路故障示意图　　　　图 7-32　直流系统不平衡原理图

该电路经等效变换后得图 7-33,该图中:

$$R_1 = R_c \cdot R_s / (R_c + 2R_s) = 6\text{M}\Omega$$

因此可算出两端直流母线电压:

$$U_{1+} = 2 \times 230 \times R_1 / (2R_1 + 2R_s) = 460 \times 6 / 32 = 86.25\text{V}$$

$$U_{1-} = -2 \times 230 \times R_s / (2R_1 + 2R_s) = 460 \times 10 / 32 = -143.75\text{V}$$

$$U_{2+} = 2 \times 230 \times R_s / (2R_1 + 2R_s) = 460 \times 10 / 32 = 143.75\text{V}$$

$$U_{2-} = -2 \times 230 \times R_1 / (2R_1 + 2R_s) = 460 \times 6 / 32 = -86.25\text{V}$$

该结果与现场缺陷现象一致。

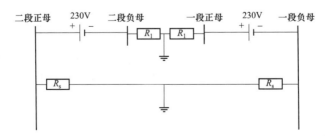

图 7-33　直流系统不平衡等效原理图

135 间隔回路缺陷如图 7-34 所示，当控回断线时，一段负母线经过 R_c 短接到二段正母线从而出现直流母线不平衡，同样将这个电路等效变换后可以算出母线电压，即

$$U_{1+} = 2 \times 230 \times R_s / (2R_1 + 2R_s) = 460 \times 10 / 32 = 143.75\text{V}$$
$$U_{1-} = -2 \times 230 \times R_1 / (2R_1 + 2R_s) = 460 \times 6 / 32 = -86.25\text{V}$$
$$U_{2+} = 2 \times 230 \times R_1 / (2R_1 + 2R_s) = 460 \times 6 / 32 = 86.25\text{V}$$
$$U_{2-} = -2 \times 230 \times R_s / (2R_1 + 2R_s) = 460 \times 10 / 32 = -143.75\text{V}$$

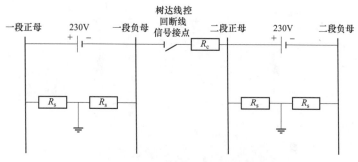

图 7-34　135 间隔缺陷等效原理图

第八节　电流回路误接线导致区外故障保护误动作

一、案例简述

某日，35kV 某变电站 1 号主变第二套保护纵差保护动作，跳开 35kV 甲线 391 开关，35kV 母分 390 开关，1 号主变低压侧 99A 开关，同时 1 号主变差动保护出口跳 35kV 甲线 391 开关后，甲线保护装置启动重合闸合上 391 开关。

1. 电网运行方式

35kV 某变电站为 35kV 内桥接线方式，35kV 甲线 391 开关、35kV 母分 390 开关、35kV 乙线 392 开关处于合环运行，1、2 号主变分列运行带 10kV Ⅰ、Ⅱ 段母线负载运行，10kV Ⅰ 段母线带 10kV 丙线 912 运行。变电站主接线图如图 7-35 所示。

2. 保护配置情况

1 号主变保护的配置情况见表 7-11。

表 7-11　　　　　　　　　　1 号主变保护配置情况

厂站	调度命名	保护型号	CT 变比
某变电站	1 号主变 A 套保护装置	SAT-36T1	—
某变电站	1 号主变 B 套保护装置	SAT-36T1	—
某变电站	35kV 甲线 391 保护装置	CSC-211	—

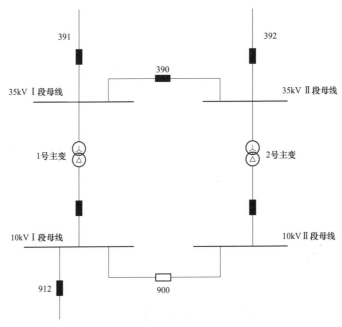

图 7-35 变电站主接线图

二、案例分析

1. 保护动作情况

（1）1号主变保护装置动作情况。经现场检查，1号主变第一套保护装置保护启动，第二套保护装置纵差保护动作，具体保护动作情况如图 7-36 所示。

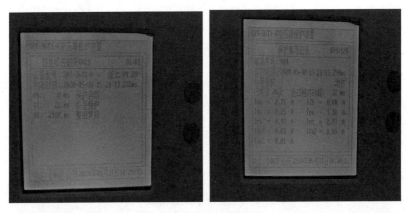

序号	名称	量值（A）
1	差动保护动作电流 I_{da}	2.71
2	差动保护制动电流 I_{ra}	1.38

图 7-36 保护动作情况和装置记录

（2）定值检查。1 号主变差动保护定值为 $0.5I_N$，根据计算差流达到动作值，保护装置正确动作。

2. 事故原因

（1）1 号主变第二套保护装置差动动作原因分析。调取 1 号主变两套保护故障录波，如图 7-37、图 7-38 所示。通过故障录波波形分析，1 号主变第二套保护未采样到低压侧 A 相电流，导致保护装置差流值大于整定值，差动动作。

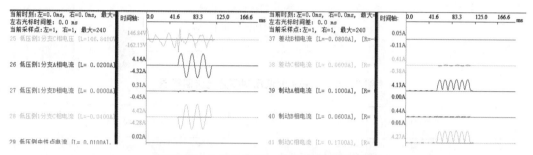

图 7-37　1 号主变第一套保护故障录波信息

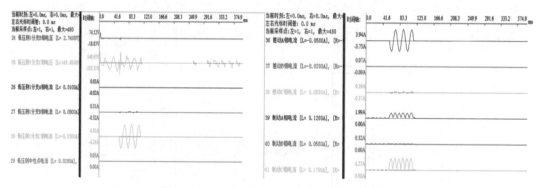

图 7-38　1 号主变第二套保护故障录波信息

（2）二次回路排查。

对低压侧 1 分支 CT 进行一次通流试验，第一套保护低压侧 1 分支 A 相电流正常采集；第二套保护低压侧 1 分支 A 相电流采样为零（1 号主变低压侧开关 CT 变比 1000/5，一次通流 20A）。

对 1 号主变低压侧 99A 开关电流回路进行检查，测量组 4231 电流回路应串接备自投装置，如图 7-39 所示。

现场检查发现，1 号主变 10kV 开关柜端子排 1D8（A4221）、1D15（A4231）与 1D21（A4232）短接，如图 7-40 所示，由此处至 1 号主变保护测控屏接 A 相电缆接线悬空（4211 组电流为 1 号主变第一套保护装置低压侧差动采样，4221 组电流为 1 号主变第二套保护装置低压侧差动采样），造成第二套保护装置 A 相保护电流以及 10kV 备自投上 1 号主变 A 相电流未采样。

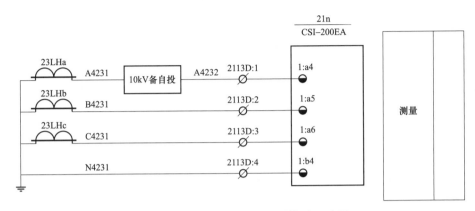

图 7-39 1号主变低压侧测量电流回路图

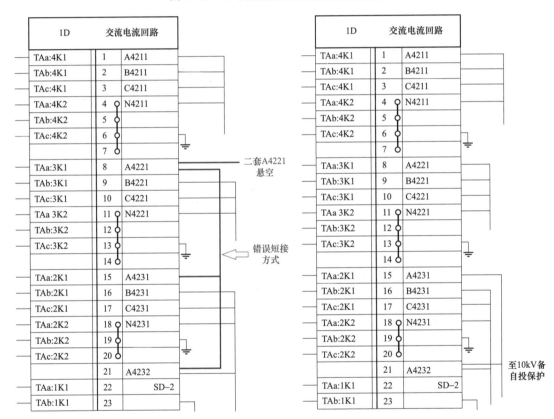

图 7-40 1号主变低压侧开关柜端子排接线图（左：错误；右：正确接线）

　　因某变电站 10kV Ⅰ 段母线仅有三条馈线，且馈线小水电较多，基本上 10kV 负荷母线平衡，1号主变低压侧负荷基本在 200kW 左右，一次电流日均为 7A 左右（二次值 0.035A）。因此保护装置显示差流值基本上少于 0.02A，运维巡视人员在抄取差流值时也认为在正常范围内。事故发生当天，同一时间点 35kV 甲线、10kV 丙线同时发生瞬时故障，形成 35、10kV 环网，流过 1号主变的穿越电流很大，第二套保护由于接线错误，保护装置采集到的差动电流达到动作值，差动保护动作。

（3）35kV 甲线 391 开关偷跳重合闸分析。1 号主变差动保护动作跳开 35kV 甲线 391 开关后，391 线路保护判断为开关偷跳，保护启动重合闸。

根据事件信息可判断，1 号主变保护跳 35kV 甲线 391 开关回路并接至线路保护跳闸回路中，导致保护逻辑判定开关偷跳重合闸。正确的接线方式是将主变跳闸回路接到线路保护永跳回路去闭锁重合闸动作。

3. 事故结论

施工人员未认真理解二次施工图纸，对施工图存在的疑问未认真研究，未与现场保护人员沟通，仅凭经验判断进行二次接线工作，使得串接至备自投电流回路错误短接主变低压侧差动电流回路中，导致主变低压侧差动回路开路，在主变区外故障时，由于穿越性电流大于差动动作值，主变差动保护误动。同时由于本站为内桥接线方式，主变差动跳高压侧开关未接入永跳回路，导致保护误判开关偷跳，启动重合闸。

4. 整改措施

（1）加强基建、技改及验收过程管控。加强标准化作业指导书的编写审核，严格按照标准化作业指导书开展验收及检修工作，在工作流程上重点对关键节点如二次通流、整组试验、带负荷测相量等进行把关。

（2）加强在送电过程中二次回路改、接线工作，要求施工人员现场画草图，经部门专业审核签字确认后，予以实施，并对相应保护装置重新开展一遍带负荷测试工作。

（3）扎实开展二次专项排查工作，重点开展保护带负荷测相量、二次图纸现场图实核对，保护压板现场检查，蓄电池带载测试等工作，夯实二次专业基础管理。

三、延伸知识

针对一次接线为内桥接线方式的变电站，应掌握进线间隔、桥开关间隔与主变保护之间的联系，包含主变保护差动组电流中进线电流、桥电流极性选择，主变保护联跳进线开关、桥开关二次回路。主变保护跳进线开关应接至永跳出口中，而不能接入保护跳闸，避免保护启动重合闸，将线路重合于故障上，再一次冲击电网。

内桥接线方式的变压器保护、非电量保护动作跳桥断路器，同时还应闭锁桥备自投。

第九节 非全相接线错误导致开关误动作

一、案例简述

某日，天气多云，某 220kV 变电站 2 号直流屏出现直流正接地报警信号，继保人员进站检查，在拆除失地电缆正端时，运行中的 220kV 某线 233 开关本体第 I 组非全相保护误动跳闸。

二、案例分析

1. 保护动作情况

12时01分47秒929毫秒，220kV某线233开关本体非全相保护I动作。

2. 事故原因分析

（1）直流接地原因：该变电站2号直流屏出现正电源接地信号，现场检查发现220kV保护小室220kV故障录波屏有接地现象。检查220kV故障录波屏，发现220kV备用235间隔开入回路电缆芯线已带电（电缆编号为3EGL-155），该电缆的户外部分用透明胶布简单包扎，内部有积水（见图7-41）。拆除220kV故障录波屏处3EGL-155电缆G01、G03、G05、G07回路后，直流II段母线接地报警信号消失，检查该电缆各芯线对地绝缘电阻均为零。

图7-41 二次回路接地点

（2）233开关跳闸原因：经现场检查，233开关非全相端子箱内第一组非全相动作，K34继电器掉牌并且信号灯亮。检查非全相回路，发现第一组非全相继电器并联电阻R9正端接至第二组非全相K37继电器的A1；第二组非全相继电器并联电阻R11的正端接至第一组非全相K38继电器的A1（见图7-42～图7-44）。

图7-42 233开关非全相端子箱内接线

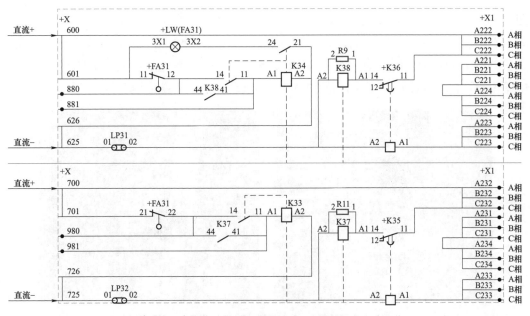

图 7-43　非全相回路正确接线

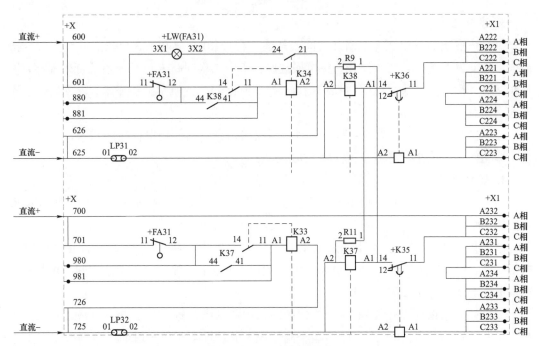

图 7-44　现场错误接线

　　由于实际接线错误，导致非全相保护出口继电器 K37+R9、K38+R11 并接于Ⅰ、Ⅱ段直流负母线之间。当Ⅱ段直流正母线接地时，Ⅱ段直流负母线对地电压为−200V，Ⅰ段直流负母线对地电压为−134V，Ⅰ、Ⅱ段负母线间压差为 66V，即 K38+R11 承受 66V 电压，不满足动作条件，继电器不动作。

　　在查到直流失地点后，拆除了 220kV 故障录波屏处 3EGL−155 电缆 G01 回路（见

图 7-45），形成Ⅱ段母线负极接地（G03、G05、G07 还接在录波屏上），Ⅰ段直流负母线对地电压为-134V，Ⅱ段直流负母线对地电压在 0 至-20V 之间波动，Ⅰ、Ⅱ段负母线间压差在 114～134V 间波动，即 K38+R11 承受 114～134V 电压，由于 K38 继电器动作电压偏小（串接 R11 电阻后实测值 121V），满足动作条件，继电器动作。

图 7-45　220kV 故障录波屏（红胶布包扎隔离处为 235 间隔接地的二次线）

3. 事故结论

（1）该变电站备用 235 线路开关间隔基建工程于 2012 年 9 月 3 日建成并经验收合格接火，但在 2013 年 6 月 28 日开关整体搬迁时，相应二次回路未与运行系统有效隔离，仅对断路器二次航空插头采取临时保护措施，导致断路器二次航空插头充水，造成站内直流失地。

（2）233 间隔进行非全相回路改造时，两组出口继电器并接电阻接线错误，同时出口继电器动作电压偏小，导致直流负接地时误动。

4. 规程要求

闽电调〔2019〕419 号《国网福建电力关于〈国家电网有限公司十八项电网重大反事故措施（修订版）〉继电保护专业实施意见（2019）》的通知要求：

（1）十八项反措原文：断路器交接试验及例行试验中，应对机构二次回路中的防跳继电器、非全相继电器进行传动。防跳继电器动作时间应小于辅助开关切换时间，并保证在模拟手合于故障时不发生跳跃现象。

（2）补充意见：① 断路器非全相保护回路中跳闸出口触点与正电源回路之间应串接断路器动断辅助触点。② 应在断路器合闸情况下验证非全相单一时间继电器或出口继电器误出口时不误跳断路器。③ 为防止防跳继电器自保持而无法复归，断路器合闸监视回路应串接防跳继电器动断触点和断路器辅助动断触点。

《福建省网 220 千伏及以上开关三相不一致保护装设及应用规定》对开关三相不一致保护做出以下规定：

（1）新投产的分相操作开关要求其带有两组三相不一致保护功能，分别采用两组操作电源、回路独立。

（2）220kV 分相操作机构的主变、母联和母分开关本体三相不一致保护动作时间取 0.5s，线路开关本体三相不一致保护动作时间取 2.5s；500kV 3/2 接线方式中，除线变串主变侧的边开关不一致时间取 0.5s 外，其他边开关、中开关不一致保护动作时间取 2.5s。

（3）三相机械联动的开关本体不装设三相不一致保护，220kV 线路保护不装设非全相保护。对于旁路开关或母联兼旁路开关，为方便运维人员旁代主变、线路时的切换操作，保留保护装置侧装设的非全相保护。

（4）已运行分相操动机构的主变、母联和母分开关、线路开关中如无开关本体三相不一致保护，各单位应结合设备停役安排装设开关三相不一致保护；已运行的开关本体三相不一致保护要求各单位结合设备停役进行检查，不满足要求的继电器应予以更换。

（5）开关本体三相不一致保护继电器的主要要求：

1）所配继电器应采用成熟产品，并随断路器本体现场安装，满足开关运行现场高热、高湿、振动、粉尘、电磁干扰工况要求而不误动，采用弹操机构的开关不一致保护的安装不能与开关共用一个支架。

2）中间继电器动作电压满足 55%～70%U_n 的要求。

3）时间继电器应避免采用刻度连续可调且在震动时易发生偏移，可采用数字式刻度式的继电器或具有定值自锁功能的常规继电器，以确保振动时时间继电器不发生偏移现象。

4）开关不一致保护动作后具备信号自保持功能，动作信号上传监控后台。

（6）断路器三相位置不一致保护由各单位的保护专业人员负责管理。

5. 整改措施

（1）拆除备用间隔所有已接火二次回路，确保与运行系统有效隔离。

（2）严格落实基建及技改工程一、二次设备同步拆除的要求。

三、延伸知识

断路器一相跳开，而其他两相仍在合闸位置，我们称之为非全相运行，是一种非正常的运行方式。当系统发生非全相异常运行时，会产生零序分量和负序分量，它们会对发电机、电动机造成危害，对通信系统产生干扰，同时也影响系统保护装置的正确动作，所以电力系统不允许长时间非全相运行。为此在分相操作的断路器安装有非全相保护，当系统出现非全相达到一定时间就地跳开其他两相。

非全相保护也称为三相不一致保护，实现三相不一致保护有两种方式。一种是由断路器自身实现，一种是由保护装置实现。目前断路器三相不一致保护通常由断路器自身实现，回路标准示意图如图 7-46 所示。

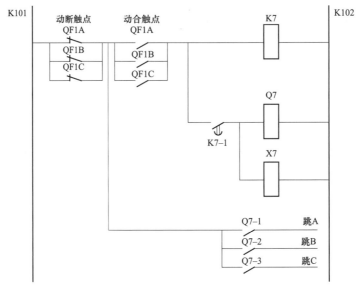

图 7-46　断路器三相不一致保护回路标准示意图

K7—三相不一致时间继电器；Q7—三相不一致出口继电器；X7—三相不一致信号继电器

第十节　母线电压二次回路错误造成备自投装置拒动

一、案例简述

某日 14 时 08 分，220kV 乙变电站 110kV 进线一 111 开关距离 I 段保护动作，开关跳闸，重合不成功。对侧 110kV 甲变电站 110kV I 段母线失压，110kV 备自投装置未动作，10kV 备自投装置动作成功，未损失负荷。故障前运行方式如图 7-47 所示。

二、案例分析

1. 保护动作情况分析

220kV 乙变电站 110kV 进线一 111 开关距离 I 段保护动作（A 相接地，测距 1.9km），重合动作，距离加速段动作。

110kV 甲变电站 110kV 备自投未动作。

读取站内监控报文，并截取 14 点 08 分到 44 分期间报文，仅有"10kV 母分 600 备自投装置动作"及"110kV 备自投装置 TV2 断线"报文，无其他保护动作相关记录。

对 110kV 备自投装置进行检查，110kV 备自投装置异常告警信号灯亮，110kV 备自投装置的告警事项见表 7-12。

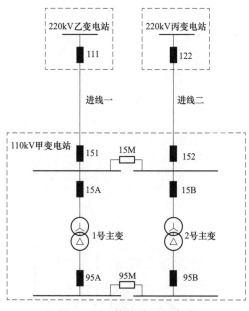

图 7-47　故障前运行方式

表 7-12　　　　　　　　　　保 护 告 警 信 息 表

厂站	保护装置	装置型号	保护告警情况
甲变电站	110kV 备自投装置	WBT-851	14 时 09 分 01 秒 932 毫秒，TV2 断线
			14 时 43 分 06 秒 398 毫秒，装置被闭锁
			14 时 43 分 06 秒 410 毫秒，备自投放电

2. 事故原因分析

1）定值检查。对 110kV 备自投装置定值进行一致性检查，定值整定正确。

2）逻辑检查。对 110kV 备自投装置执行相关跳闸、采样回路等二次安全措施隔离后，进行装置逻辑检查，110kV Ⅰ、Ⅱ段母线电压采样合格，保护装置均能够正确跳、合闸，并能自适应不同的运行方式。试验结果表明，备自投装置逻辑正确。

3）二次回路检查。对 110kV 备自投装置的 Ⅰ、Ⅱ段母线电压和 110kV 母线电压并列装置的输出电压进行测量，从两侧电压数据差异分析，发现 110kV 备自投装置的 Ⅰ、Ⅱ段母线电压与 110kV 母线电压并列装置输出电压存在交叉情况。

因此，对母线电压二次回路进行现场核查，110kV 备自投装置电压回路端子排布置如图 7-48 所示，110kV Ⅰ段母线电压（A630、B630、C630）在前，110kV Ⅱ段母线电压（A640、B640、C640）在后。

12D 110kV备自投				
12nA15	A431	1	3LHa	
12nA16	N431	2	3LHa	
12nA17	A431	3	3LHa	
12nA18	N431	4	3LHa	
12nA19	A431′	5		
12nA21	B431′	6		
12nA23	C431′	7		
12nA20	N431′	8		
12nA22		9		
12nA24		10		
		11		
12nA01	A630	12	10D14	
		13		
12nA02	B630	14	10D16	
		15		
12nA03	C630	16	10D18	
		17		
12nA04	A640	18	3D9	
		19		
12nA06	B640	20	3D11	
		21		
12hA05	C640	22	3D13	
		23		
		24		

图 7-48 110kV 备自投装置电压回路端子排布置图

查阅相关二次回路图纸，如图 7-49、图 7-50 所示，110kV 备自投装置的母线电压走向：Ⅰ 段母线电压取自 110kV 母线电压并列装置，110kV Ⅱ 段母线电压则由 2 号主变公用测控装置转接。根据万用表测量两侧电压的差异，对 Ⅰ、Ⅱ 段母线电压进行拆线核对，在 110kV 母线电压并列装置处拆除至 110kV 备自投装置的 Ⅰ 段母线电压回路 10D14（12D12）、10D16（12D14）、10D18（12D16），在 110kV 备自投装置监视 Ⅰ 段母线电压变化情况，发现 Ⅰ 段母线电压未发生变化，但是 Ⅱ 段母线电压变为零。采用同样的方法判断，110kV 备自投装置的 Ⅰ 段母线电压实际接了 2 号主变公用测控装置的 Ⅱ 段母线电压。排查结果表明，110kV 备自投装置的 Ⅰ、Ⅱ 段母线电压二次电缆接反。

综上所述，110kV 备自投装置 110kV Ⅰ 段母线电压接至 2 号主变综合测控装置端子排的 3D9、3D11、3D13（实为 110kV Ⅱ 段母线电压），110kV Ⅱ 段母线电压接至 110kV 母线电压并列装置端子排 10D14、10D16、10D18（实为 110kV Ⅰ 段母线电压）。由此可以判断，当日 220kV 乙变电站 110kV 进线一距离 Ⅰ 段保护动作，开关跳闸，重合不成功，引起对侧 110kV 甲变电站 110kV Ⅰ 段母线失压，由于接线错误，导致 110kV 备自投装置判断为 Ⅱ 段母线失压，报 TV2 断线，因进线二线路有流闭锁达到定值，导致 110kV 备自投装置无法动作。

10n18, 10n77	A640	1	3D9	
2D20		2	2YMa	
		2a	1D10	
10n19, 10n78	B640	3	3D11	
2D22		4	2YMb	
		4a	1D12	
10n20.10n79	C640	5	3D13	
2D24		6	2YMc	
		6a	1D14	
1021, 10n80	L640	7	3D17	
2026		8	2YML	
		8a	1D16	
10n28, 10n87	Sa640	9	2SaYM	
		10		
		10a		
	N600	11	10D21	
2D28a		12	3D15	
1D19		12a		
		12b		
10n7, 10n55	A630	13	1YMa	
2D20		14	12D12, 8D17	
		14a	1D10	
10n8, 10n56	B630	15	1YMb	
2D22		16	12D14, 8D19	
		16a	1D12	
10n9, 10n57	C630	17a	1YMc	
2D24		18	12D16, 8D21	
		18a	1D14	

3D	2号主变综合测控装置			
	主变高压侧测量			
4LHa	1	A441	3nH01	*
4LHb	2	B441	3nH03	*
4LHc	3	C441	3nH05	*
	4			*
4LHa	5	N441	3nH02	*
	6		3nH04	*
	7		3nH06	*
	8			*
12D18, 10D1	9	A640	13ZZK1	▽
	10			▽
12D20, 10D3	11	B640	13ZZK3	▽
	12			▽
12D22, 10D5	13	C640	13ZZK5	▽
	14			▽
10D12	15	N600	3nI04	▽
	16		3nI18	▽
10D7	17	L640	3nI17	▽
	18			▽

图7-49 110kV 母线电压并列装置 10D 端子排图　　图7-50 2号主变综合测控装置端子排布置

3. 事故结论

200kV 乙变电站 110kV 进线一距离Ⅰ段保护动作，开关跳闸，重合不成功。对侧 110kV 甲变电站 110kVⅠ段母线失压，因 110kV 备自投装置Ⅰ、Ⅱ段母线电压接反，导致 110kV 备自投装置拒动。

110kV 备自投装置未动作，10kVⅠ段母线失压，10kV 备自投装置正确动作，跳开 1 号主变 10kV 侧 95A 开关，合上 10kV 侧 95M 开关。

4. 经验教训

（1）110kV 甲变电站 110kV 备自投装置随整站基建投运，施工单位未严格按照图纸施工，未进行二次电缆芯线核对，未进行二次电压通压试验，并且未认真进行图实核对，导致 110kV 备自投装置Ⅰ、Ⅱ段母线电压接反。违反 GB/T 50976—2014《继电保护及二次回路安装及验收规范》5.1.2 条款："应对二次回路所有接线，包括屏柜内部各部件与端子排之间的连接线的正确性和电缆、电缆芯及屏内导线编号的正确性进行检查，并检查电缆清册记录的正确性。"

（2）基建投运时送电过程中的相量测试报告缺失，缺少在带负荷过程中对电压二次回路进行验证的关键环节。违反 GB/T 50976—2014《继电保护及二次回路安装及验收规范》8.2.1 条款："对于新安装的装置，应采用一次电流及工作电压进行带负荷试验。"8.2.2 条款："送电后，应测量交流二次电压、二次电流的幅值及相位关系，与当时系统潮流的大小及方向应一致，确保电压、电流极性和变比正确。"

5. 整改措施

（1）加强基建及改扩建工程的安装、调试、验收监督，严格执行关于相量测试的相关规定。

（2）对其他变电站的备自投装置的交流电压回路进行排查，确保接线正确，杜绝类似事件的发生。

三、延伸知识

110kV 变电站的 110kV 进线备自投装置配置：

变电站有两路（及以上）外来电源供电，但正常仅一回供电时应设置进线备自投装置；正常两路（及以上）外来电源分别供不同的变压器且桥（或分段）开关热备用时应设置桥（或分段）备自投装置。若上述两种运行方式均可能采用时，备自投装置应同时具有进线备自投、桥（或分段）备自投功能，并可根据系统运行方式自动切换至相应的备自投方式，具有自适应功能，内桥式接线方式如图 7-51 所示。

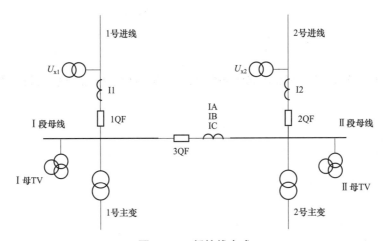

图 7-51　桥接线方式

（1）进线备自投方式 1。1 号进线运行，2 号进线热备用，即 1QF、3QF 在合位，2QF 在分位。当 1 号进线失电时，2 号进线应能自动投入。

1）充电条件：① Ⅰ母、Ⅱ母均有电压；② 2 号进线有电压（U_{x2}）；③ 1QF、3QF 在合位，2QF 在分位。同时满足上述条件后，经延时完成充电，允许备自投。

2）放电条件：① 2 号进线无电压（U_{x2}）；② 2QF 合上；③ 手分（或遥控分）1QF 或 3QF；④ 1、2 号主变差动保护动作；⑤ 1、2 号主变高压侧后备保护动作；⑥ 其他外部闭锁信号。只要满足上述任一条件，备自投装置放电，不允许备自投。

3）动作过程：当充电完成后，Ⅰ、Ⅱ母均无电压，U_{x2} 有电压，I_1 无电流，延时跳开 1QF，确认 1QF 跳开后，合 2QF。在动作过程中，一旦工作电源的电压恢复或备用电源的电压消失，备自投装置的动作行为应立即终止。

（2）进线备自投方式 2。2 号进线运行，1 号进线热备用，即 2QF、3QF 在合位，1QF 在分位。当 2 号进线失电时，1 号进线应能自动投入。

1）充电条件：① Ⅰ、Ⅱ母均有电压；② 1 号进线有电压（U_{x1}）；③ 2QF、3QF 在合位，1QF 在分位。同时满足上述条件后，经延时完成充电，允许备自投。

2）放电条件：① 1 号进线无压（U_{x1}）；② 1QF 合上；③ 手分（或遥控分）2QF 或 3QF；④ 1、2 号主变差动保护动作；⑤ 1、2 号主变高压侧后备保护动作；⑥ 其他外部闭锁信号。只要满足上述任一条件，备自投装置放电，不允许备自投。

3）动作过程：当充电完成后，Ⅰ、Ⅱ母均无电压，U_{x1} 有电压，I_2 无电流，延时跳开 2QF，确认 2QF 跳开后，合 1QF。在动作过程中，一旦工作电源的电压恢复或备用电源的电压消失，备自投装置的动作行为应立即终止。

第十一节　CT 极性接反及出口压板未投引起的事故

一、案例简述

某日，值班人员发现 110kV 变电站 10kV 某线 912 线路负荷告警，由于该用户是铸钢企业，生产期间负荷不稳定，经常瞬间过负荷现象，故值班人员未引起重视。21 时 15 分，10kV 某线 912 线路再次过负荷告警，由于 912 线路长期过负荷运行，导致设备绝缘老化，过热着火引起三相短路，1 号主变高压侧开关及 2 号主变低压侧开关动作跳闸。一次主接线示意图如图 7-52 所示。跳闸前的运行方式为 110kV Ⅰ、Ⅱ 段母线通过 1300 隔离开关并列运行，1 号主变与 2 号主变均在运行；10kV Ⅰ、Ⅱ 段母线并列运行，10kV Ⅰ 段母线带 8 条馈线（含 10kV 某线 912）在运行，10kV Ⅱ 段母线带 6 条馈线在运行。

二、案例分析

1. 保护动作情况

（1）21 时 02 分，10kV 某线 912 过负荷告警，由于该用户为铸钢企业负荷变化较大，至主变保护动作期间共发出 5 条告警信号，由于故障点在 CT 靠母线侧，馈线保护无法检测到短路电流，所以 10kV 某线 912 保护未动作，10kV 某线 912 保护未动行为正常。

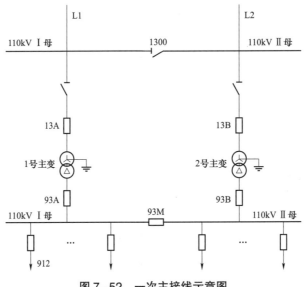

图 7-52　一次主接线示意图

（2）21 时 18 分 38 秒 998 毫秒，10kV 某线 912 开关柜下触头（在 CT 靠母线侧）过热引起三相短路，2 号主变低后备保护动作，相别 ABC，动作电流 17.15A（一次电流 8575A），0.6s 跳 10kV 母联 93M 开关，由于保护连接片未投入，母联开关未动作，0.3s 后，2 号主变低压侧开关 93B 跳闸，2 号主变与故障点完全隔离；在此期间，1 号主变低后备保护已启动，故障录波已检测到故障波形，低后备跳母联后跳本侧时带方向，方向指向系统（非主变侧），但由于低后备保护 CT 极性接反，所以保护拒动。

（3）21 时 18 分 39 秒 428 毫秒，10kV 某线 912 开关柜故障点仍在 1 号主变后备保护区内，故障未隔离，1 号主变高后备保护动作，相别 ABC，动作电流 14.64A（一次电流 878.4A），1 号主变高压侧开关 13A 跳闸，1 号主变与故障点完全隔离。

2. 事故原因

直接原因是 10kV 某线 912 开关长期在满负荷运行，造成绝缘老化击穿导致相间短路故障。事故范围扩大的原因是由于 1、2 号主变后备保护跳 10kV 母联开关压板未投，及 1 号主变低压侧后备保护 CT 极性接反，造成停电范围扩大，引起 10kV Ⅱ 段母线失压，1 号主变越级跳闸高压侧。

3. 事故结论

（1）由于电网设备长期重载运行，导致 10kV 某线 912 由于是冲击性的负荷，经常瞬间出现电流近 590A，故障前（21 时 02 分）该线路出现过负荷报警信号（过负荷电流整定值为 576A），设备长期重载运行，导致设备绝缘老化，过热引起着火。

（2）调度、变电运维人员业务水平低，责任心不强，当发现过负荷报警没有采取有效的限负荷措施，导致设备超载运行；运行交接班和运行巡视流于形式，未能按照运行规程对所辖设备认真检查，核对设备及保护的运行状况，未能及时发现 1、2 号主变后备保护跳 10kV 母联开关压板没有投入，导致停电范围扩大。

（3）基建施工验收过程未能按规程要求认真开展二次回路检查工作与带负荷测向量工作，没能及时发现 CT 极性接反问题，导致了 1 号主变低后备保护拒动、高后备保护动作，造成停电范围的扩大。

4. 规程要求

（1）DL/T 587—2016《继电保护和安全自动装置运行管理规程》规定：5 运行管理。

5.1 新投运的保护装置，未经向量检查，不视为有效的保护装置；

5.6 保护装置现场运行规程至少应包括如下内容：

a）对投运的各保护装置进行监视及操作的通用条款。如，保护装置软、硬压板的操作规定；保护装置在不同运行方式下的投退规定；投退保护、切换定值区、复归保护信号等的操作流程。

b）以被保护的一次设备为单位，编写保护装置配置、组屏方式、需要现场运维人员监视及操作的设备情况等。

c）一次设备操作过程中各保护装置、回路的操作规定。

（2）国家电网设备〔2018〕979 号《国家电网有限公司关于印发十八项电网重大反事故措施（修订版）》规定：15 防止继电保护事故。

15.4 运行管理应注意的问题：

15.4.3 所有保护用电流回路在投入运行前，除应在负荷电流满足电流互感器精度和测量表计精度的条件下测定变比、极性以及电流和电压回路相位关系正确外，还必须测量各中性线的不平衡电流（或电压），以保证保护装置和二次回路接线的正确性。

5. 整改措施

（1）深入开展保护排查，对保护装置、保护 CT 接线、保护压板等进行认真排查，落实排查责任。

（2）强化对主设备的监控，严禁设备超载过载运行。加强对设备的红外线测温和特巡，及时发现和消除设备缺陷，杜绝发生电网、设备事故。

（3）加强对运维人员的岗位培训，提高人员素质。组织运维人员开展岗位培训，主要针对岗位所需要掌握的知识等进行培训。

三、延伸知识

1. CT 的极性

（1）CT 的减极性原则：一次电流 I_1 由 "*" 端（P1）流入电流感器为它的假定正方向，二次电流 I_2 则以由 "*" 端（S1）流出电流感器为它的假定正方向。如图 7-53 所示，P1 和 S1 为同极性端，用 "*" 表示。

（2）对于 CT 的极性，电力系统的习惯，是以母线侧为正（即电流流出母线为正）。这个对线路出线好理解，对主变低压侧进

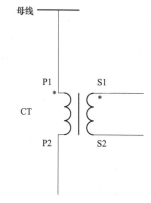

图 7-53 CT 减极性示意图

线，同样以低压侧母线为正，那么电流的正方向就是指向变压器，这跟主变差动保护强调的 CT 极性都指向变压器是一致的。对主变低压侧进线可能会觉得跟习惯正好相反，"明明是电流流进母线，正方向却要指向变压器"，特别是很多开关柜厂家，其主变低压侧进线 CT 极性很多时候都是接反的。其实，电流的正方向就是一个预先的假定，跟电流实际的流向是没有关系的，但在现场施工过程中常常因各自人员判别 CT 极性方法和习惯各不相同，容易产生理解的偏差。

从工程上简单的说就是：如果一次电流按照这个指向的方向流动，反映到二次的保护装置输入电流也是正方向。这就说明 CT 极性接对了。以上为例，指向变压器，对高压侧而言就是如果一次电流从高压侧母线流进主变，那么流进保护装置的电流也应该是正方向的；对主变低压侧，如果一次电流从低压侧母线流进主变，流进保护装置的电流也应该是正方向。实际正常情况，一次电流是从主变流进低压母线的，同正方向相反，那么平时装置的输入电流也应该是负的。

2. 复合电压闭锁过电流保护

（1）复合电压闭锁过电流保护存在的问题。近年来，变压器由于中、低压侧，特别是低压侧母线故障时断路器未能断弧或拒动，而高压侧保护对此又没有足够的灵敏度，遂导致变压器损坏的事故在国内屡见不鲜。例如，1999 年山西某 220kV 变电站就因主变 10kV 母线侧隔离开关发生短路故障时，10kV 开关未能断弧而造成主变烧毁。其原因就是主变 220kV 侧的相间后备保护：复合电压闭锁过电流保护的复合电压未选用 10kV 侧，而 110、220kV 侧的电压闭锁元件对 10kV 侧短路的灵敏度不够，造成高、中压侧后备保护没能动作，10kV 侧短路故障无法消除，而使事故进一步扩大。由此可见，除加强变压器的主保护外，还应对相间后备保护存在的问题进行分析，并采取措施加以改善。

1）电压闭锁元件灵敏度不足。当过电流保护不符合灵敏度要求时，常采用复合电压闭锁过电流保护方式，而在低压侧母线或出口三相故障时，高、中压侧电压很高，不足以启动低电压元件。解决高、中压侧电压元件灵敏度不足的方法一般采用三侧电压闭锁并联的方式，低压侧可只采用本侧电压。这种方式要注意电流灵敏度提高后，在低压侧故障切除时可能会因自启动电流过大而造成误动。

2）电流元件的灵敏度不足。一些 110kV 双绕组主变的低压侧未装设过电流保护，要靠高压侧过电流保护作为低压侧母线、线路故障的后备保护，而电源侧线路保护对主变低压侧故障又无足够的灵敏度。这样，当高压侧后备保护拒动或断路器拒动时，低压侧的故障就没有第二重保护。所以，110kV 双绕组主变的低压侧也应装设过电流保护作为本侧母线和相邻线路的后备。为防止低压侧断路器拒动，过电流保护应做成两个时间段，第一时限跳低压侧（或母联），第二时限跳各侧，以弥补高压侧后备保护电流灵敏度不足的问题。

对于 220kV 大容量主变而言，由于低压侧加装了限流电抗器，使低压母线的短路电流大幅度下降，遂造成高压侧过电流保护的电流元件对低压母线的短路故障灵敏度不足。如果两台变压器中压侧并联运行，则灵敏度就更差。所以，运行方式的合理安排、保护的合理配置对系统安全稳定运行，防止大面积停电，均有非常重要的意义。

（2）复合电压闭锁过电流保护方向元件现场方向判别问题。以 RCS-978 保护为例，其方向元件采用正序电压，并带有记忆，近处三相短路时方向元件无死区。接线方式为零度接线方式。接入装置的 CT 极性，正极性端应在母线侧。装置后备保护分别设有控制字"过电流方向指向"来控制过电流保护各段的方向指向。当"过电流方向指向"控制字为"1"时，表示方向指向变压器，灵敏角为 45°；当"过电流方向指向"控制字为"0"时，方向指向系统，灵敏角为 225°。方向元件的动作特性如图 7-54 所示，阴影区为动作区。同时装置分别设有控制字"过电流经方向闭锁"来控制过电流保护各段是否经方向闭锁。当"过电流经方向闭锁"控制字为"1"时，表示本段过电流保护经过方向闭锁。

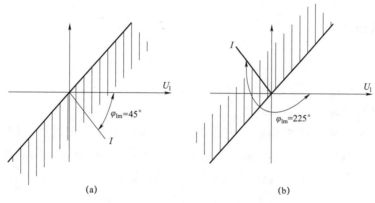

图 7-54　相间方向元件动作特性

（a）方向指向变压器；（b）方向指向系统

该方向的判别在现场应用中应特别注意，经常发生方向指向错误的现象。相间保护方向指向，前提是在 CT 的正极性端在母线侧情况下，否则以上说明将与实际情况不符。

第八章 误 整 定 类

第一节 系统参数设置错误引起主变差动误动作事故

一、案例简述

某日，某 110kV 智能变电站 1 号主变保护在基建工程启动过程中纵差保护动作、纵差变化量差动保护动作，跳 1 号主变三侧开关。

1. 电网运行方式

事件发生前，某 110kV 智能变电站 1 号主变及三侧开关在运行，110kV Ⅰ、Ⅱ 段母线在运行，110kV 母分 100 间隔、110kV 162 间隔、110kV 163 间隔在运行，35kV Ⅰ 段母线、35kV 361 间隔在运行，10kV Ⅰ 段母线、变电站系统一次接线简图如图 8-1 所示。

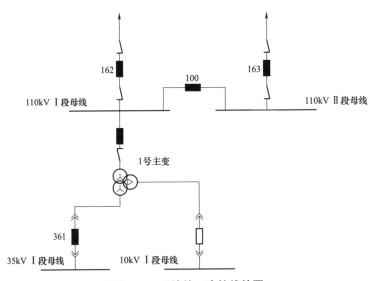

图 8-1 系统的一次接线简图

2. 保护配置情况

1 号主变保护配置情况见表 8-1。

表 8-1   1 号主变保护配置表

厂站	调度命名	保护型号	CT 变比
某变电站	1 号主变 A 套保护装置	CSC - 326T1 - DA - G	600/5
某变电站	1 号主变 B 套保护装置	CSC - 326T1 - DA - G	600/5

二、案例分析

1. 保护动作情况

该日 15 时 02 分 48 秒 397 毫秒，某 110kV 智能变电站 1 号主变 A、B 套纵差保护动作、纵差变化量差动保护动作，跳 1 号主变三侧开关。故障时 1 号主变仍处于基建工程启动过程，未造成负荷损失。保护动作情况见表 8-2。

表 8-2   1 号主变保护动作信息表

厂站	保护装置	保护动作情况
某变电站	1 号主变 A 套保护装置 CSC - 326T1 - DA - G	0ms 保护启动； 23ms 纵差保护 A 相动作； 24ms 纵差变化量 A 相动作
某变电站	1 号主变 B 套保护装置 CSC - 326T1 - DA - G	0ms 保护启动； 23ms 纵差保护 A 相动作； 24ms 纵差变化量 A 相动作

2. 事故原因

（1）保护整定情况。1 号主变 A、B 套保护正常投入。

（2）保护装置及回路检查分析。事故发生后，专业技术人员对 1 号主变及三侧开关 CT 进行外观检查，未发现异常，试验人员对故障范围内所有的一次设备进行全面诊断试验：包括主变绕组直流电阻测试、介损电容量测试、绕组绝缘测试、套管介损测试、绕组变形测试、油气试验、CT 一次通流测试、35kV Ⅰ 段母线连接电缆绝缘及耐压试验等，试验数据合格，排除了 1 号主变至三侧开关 CT 范围内的一次设备故障。

继电保护技术人员现场调阅 1 号主变保护装置、综合自动化系统后台故障信息及站内网络分析仪故障录波，发现故障时段，差动保护显示的故障电流二次值 1.508A（归算到 110kV 侧一次值为 180.96A），A、B、C 三相均存在故障电流，装置差动保护动作定值为 $0.5I_N$（归算到 110kV 侧一次值为 82.67A，二次值为 0.688A），差动电流已达到保护动作值。

查阅保护装置故障录波的电压波形如图 8-2 所示，可以看出故障时 110kV 母线电压具有 A 相接地故障的特征。

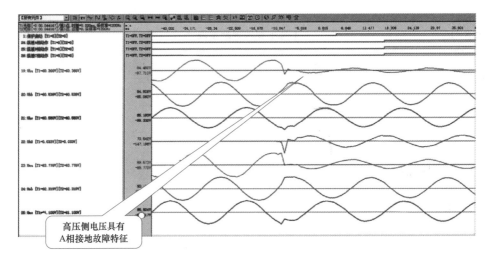

高压侧电压具有A相接地故障特征

图 8-2　1 号主变保护三侧电压波形图

查阅保护装置故障录波的电流波形如图 8-3、图 8-4 所示，可以看出高压侧电流 I_{ha} 与中压侧 I_{ma} 电流相位相差约 180°，故障电流从 1 号主变 35kV 侧流向 1 号主变 110kV 侧（由于 10kV 侧在空载状态，未提供故障电流），A、B、C 三相差流相位相同，应是高压侧零序电流没有补偿造成的，结合故障同时刻 110kV 系统中有一条线路 A 相接地故障跳闸的情况，可以判断故障电流流向对于 1 号主变来说属于穿越性区外故障，差动电流值为两侧电流差，未经相位补偿，造成 A、B、C 三相均存在差流，1 号主变差动保护误动。

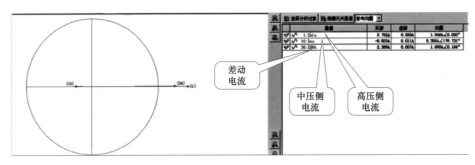

差动电流

中压侧电流　　高压侧电流

图 8-3　1 号主变保护各侧电流向量分析图

（3）事故原因分析。根据前文所述，可以判断这次 1 号主变差动保护误动作是由于保护在高压侧发生区外接地故障时，没有正确对各相电流中的零序电流进行补偿，造成 A、B、C 三相均存在差流。

继电保护技术人员随即对主变保护进行了检查，在高中压侧二次侧分别通入单相电流，在高压侧通入二次电流时，保护装置只显示有单相的差流，在中压侧通入单相电流时，保护装置显示出现了两相差流。

CSC-326 保护装置变压器各侧 CT 二次电流相位由软件自动校正，采用在 Y 侧进行相位校正，例如对于 YNd11 的接线，其校正方法如下：

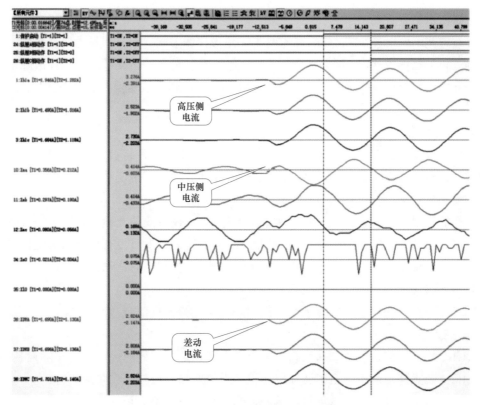

图 8-4　1 号主变保护电流向量波形图

$$i_A = (i_a - i_b) / \sqrt{3}$$
$$i_B = (i_b - i_c) / \sqrt{3}$$
$$i_C = (i_c - i_a) / \sqrt{3}$$

　　星形侧如果接线方式正确的话，根据校正公式应出现两相差流，上述实验证实了保护高压侧没有进行电流补偿，在对保护定值和参数的检查过程中，发现主变保护定值中系统参数的"高压侧接线方式"整定为"1"，如图 8-5 所示。

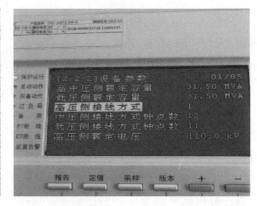

图 8-5　1 号主变保设备参数定值

依据保护装置说明书上的介绍，"高压侧接线方式"控制字置"0"时，代表高压侧为星形接线方式，如果置"1"，代表高压侧为三角形接线方式。因此1号主变高压侧一直被设置为三角形接线方式，在区外故障发生时，保护不能对高压侧流过的穿越性故障电流中的零序分量进行补偿，从而产生了异常的三相差流，达到了差动保护的动作条件，误出口跳开1号主变三侧。

3. 事故结论

事件主要原因：定值计算人员对主变出具错误的定值单，将1号主变 YN/Y12/D11 接线方式误整定为 D/D12/Y11 接线方式，造成区外故障时，主变高、中压侧未经相位补偿，差动保护误动。

事件的次要原因：变电站内未见装置调试定值单，设备安装及验收人员无法参照调试定值单调试，在调试结束后收到了正式定制单，但安装调试人员没有认真核对定值中系统参数，未能发现主变保护装置中"高压侧接线方式"控制字的特殊情况并反馈。

4. 规程要求

GB/T 50976—2014《继电保护及二次回路安装及验收规范》规定：

8.1　投运前的检查

8.1.1　检查保护装置及二次回路应无异常，现场运行规程的内容应与实际设备相符。

8.1.2　装置整定值应与定值通知单相符，定值通知单应与现场实际相符。

8.1.3　试验记录应无漏试项目，试验数据、结论应完整、正确。

5. 整改措施

（1）定值计算人员立即调整了1号主变保护定值，重新整定后，二次人员模拟区外故障时的保护动作逻辑正确后，1号主变恢复正常供电。

（2）立即排查其他变电站同类型的智能保护装置定值整定情况，发现问题立即整改，防止区外故障时保护误动。

（3）保护、综合自动化、直流定值计算人员须严格按照装置说明书及现场的调试情况出具正确的定值单。

（4）基建及技改工程须出具涉及保护、综合自动化、直流设备的调试定值单，由安装人员、验收人员现场对照调试定值单开展设备调试，重点验证特殊逻辑或特殊控制字，存在问题及时反馈，保证定值的正确性。

三、延伸知识

在微机型保护装置中，通过计算软件对变压器纵差保护某侧电流的相位补偿方式已被广泛采用于 Yd 接线的变压器，当用计算机软件对某侧电流相位补偿时，差动 CT 的二次接线均采用星形接线方式。

1. 用软件在高压侧进行相位补偿

用计算机软件对变压器高压侧差动 CT 二次电流计算两相电流之间相量差的方式进行相位补偿，是采用计算差动 CT 二次两相电流差的方式。分析表明，这种移相方式与采用改变 CT 接线进行移相的方式是完全等效的。这是因为取 Y 接线 CT 二次两相电流之差与将 Y 接线 CT 改成 d 接线后取一相的输出电流是等效的。

应当注意的是：用软件实现相位补偿时，究竟取哪两相 CT 二次电流之差，应由变压器的联结组别决定。

当变压器的联结组别为 YNd11 时，在 Y 形侧流入 A、B、C 三个差动元件的计算电流，应分别取 $\dot{I}_a - \dot{I}_b$，$\dot{I}_b - \dot{I}_c$，$\dot{I}_c - \dot{I}_a$（$\dot{I}_a$、$\dot{I}_b$、$\dot{I}_c$ 分别为差动 CT 二次三相电流）。

当变压器的联结组别为 YNd1 时，在 Y 形侧三个差动元件的计算电流应分别为 $\dot{I}_a - \dot{I}_c$，$\dot{I}_b - \dot{I}_a$，$\dot{I}_c - \dot{I}_b$；当变压器联结组别为 YNd5 时，则三个计算电流分别为 $\dot{I}_b - \dot{I}_a$，$\dot{I}_c - \dot{I}_b$，$\dot{I}_a - \dot{I}_c$。

2. 用软件在低压侧进行相位补偿

就两侧差动 CT 的接线方式而言，用软件在低压侧的相位补偿方式与用软件在高压侧的相位补偿方式相同，差动 CT 的接线均为 Yy。

在变压器低压侧，差动 CT 二次各相电流相位补偿的角度，也由变压器的联结组别决定。当变压器联结组别为 YNd1 时，则相当于将低压侧差动 CT 二次三相电流依次向滞后方向移动 30°；当变压器联结组别为 YNd1 时，则相当于将低压侧差动 CT 二次三相电流分别向超前方向移动 30°；而当变压器联结组别为 YNd5 时，则相当于将低压侧差动 CT 二次三相电流向超前方向移动 150°。

3. 消除零序电流进入差动元件的措施

对于 YNd 接线的变压器，当高压侧线路上发生接地故障时（对纵差保护而言是区外故障），有零序电流流过高压侧，而由于低压侧绕组为 d 连接，在变压器的低压侧无零序电流输出。这样，若不采取相应的措施，在变压器高压侧系统中发生接地故障时，纵差保护可能误动而切除变压器。

当变压器高压侧发生接地故障时，为使变压器纵差保护不误动，应对装置采取措施而使零序电流不进入差动元件。对于差动 CT 接成 Dy 及用软件在高压侧移相的变压器纵差保护，由于从高压侧通入各相差动元件的电流分别为两相电流之差，已将零序电流滤去，故没必要再采取其他滤去零序电流的措施。

对于用软件在低压侧进行移相的变压器纵差保护，在高压侧流入各相差动元件的电流应将零序电流滤去。应当指出，对于接线为 YNy 的变压器（主要指发电厂的起动备用变压器），在其纵差保护装置中，应采用滤去高压侧零序电流的措施，以防止高压侧系统中接地短路时差动保护误动。

第二节　备自投定值失配引起主变误动作事故

一、案例简述

某日，某 110kV 变电站运行中母线 TV 失压造成 10kV 母联备自投保护误动作，跳开

1 号主变 10kV 侧开关。

1. 电网运行方式

变电站一次系统接线图如图 8-6 所示。故障发生时，1、2 号主变处于运行状态，10kV Ⅰ、Ⅱ段母线分列运行，10kV 母联断路器 5012 热备用。1 号主变 10kV 侧负荷约为 89A（1.42MW，0.51Mvar）。

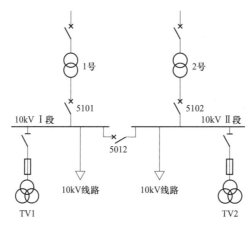

图 8-6 系统的一次接线简图

2. 保护配置情况

10kV 备自投保护配置情况见表 8-3。

表 8-3　　　　　　　　　　　　保护配置情况

厂站	调度命名	保护型号	CT 变比	生产厂家
某变电站	10kV 备自投保护装置	NSA-3152A	3000/1	国电南自

二、案例分析

1. 保护动作情况

依据监控后台告警记录，主变跳闸及 10kV 备自投保护动作过程如下：18 时 49 分 30 秒，10kV Ⅰ段母线失压；18 时 49 分 32 秒，10kV 备自投动作出口跳开 1 号主变 10kV 侧断路器 5101，合上母联断路器 5012。

2. 事故原因

（1）保护整定情况。10kV 备自投保护装置正常投入。

（2）保护装置及回路检查分析。事故发生后，专业技术人员对现场相关一、二次设备进行了检查，发现Ⅰ段母线电压互感器 TV1 高压侧熔断器三相都已熔断，其他一次设备没有异常。现场检查 1 号主变各保护装置、测控装置，均没有任何动作、启动、操作异常记录；10kV 备自投装置显示动作，相应动作报告完整、正确。另外，检查 1 号主变相关保护跳闸回路，没有发现异常现象。

将当天后台全部动作告警记录打印出来进行分析，结合现场情况，可初步判定：1号主变 10kV 侧断路器 5101、10kV 备自投二次装置和回路无异常；10kV 备自投动作出口，跳开 1 号主变 10kV 侧断路器 5101，合上母联断路器 5012。该故障过程没有造成 10kV Ⅰ、Ⅱ段母线失压，仅仅是在跳开主变 10kV 侧断路器 5101 到合上母联断路器 5012 短时失电，没有对用户供电造成影响。

（3）事故原因分析。根据变电站运行方式以及 10kV 备自投保护装置动作判据，此次动作前提应为备自投所保护的Ⅰ段母线满足无电压及进线（1 号主变 10kV 侧）满足无电流两个条件。具体分析如下：

1）根据备自投保护装置定值整定单，母线无压启动定值为 30V。依据后台全部动作告警记录，在 18 时 19 分 54 秒至 18 时 49 分 30 秒期间，10kV Ⅰ段母线系统发生多次瞬间接地现象（消弧装置反复动作、复归、发信），经受多次冲击后，导致 TV1 高压侧熔断器三相熔断，10kV Ⅰ段母线所连设备二次电压失压，10kV 备自投装置检测到 10kV Ⅰ段母线电压低于 30V，满足备自投母线无电压启动条件。

2）依据备自投保护装置说明书，备自投保护进线无电流定值为 $0.03I_N$，厂家实际设定为 $0.04I_N$，1 号主变 10kV 侧 5101 断路器电流互感器变比 3000/1，反映到一次侧应为 120A。当时 1 号主变 10kV 侧运行负荷一次电流为 89A，小于整定值，满足进线无流条件。

因此，在满足了 10kV Ⅰ段母线无电压及进线无电流两个基本判据后，备自投保护装置即时启动，延时 2s 后（自投时间，可整定）跳 1 号主变 10kV 侧断路器 5101，合母联断路器 5012，完成自投功能。10kV Ⅰ段母线恢复带电，但 TV1 高压侧熔断器已熔断，所连设备二次电压依然失压，经过延时后，分别发出告警。由此可见，10kV 备自投保护装置本次启动出口跳开 1 号变压器 10kV 侧断路器 5101，属于特殊运行条件下的保护动作行为。

对于电压互感器高压侧熔断器熔断现象，要求 10kV 备自投保护装置应有相关的闭锁措施。10kV 备自投保护装置为 NSA-3152A 型，其自带的电压互感器断线闭锁备自投的条件为正序电压小于 30V、电流大于无电流定值。考虑到 1 号主变 10kV 侧断路器 5101 电流互感器变比为 3000/1，因此在母线电压互感器高压熔断器三相熔断的情况下，要求进线一次电流应要大于 120A 才能闭锁备自投保护。由于本站内 10kV Ⅰ段母线的出线较少，所带负荷较轻，故一次电流值小于 120A，不满足备自投电压互感器断线闭锁条件，造成备自投动作闭锁失效。

3. 事故结论

本次事故的主要原因是由于在母线电压互感器高压侧熔断器熔断的情况下，由于二次失压母线负载过轻，不满足备自投无电流闭锁条件，造成备自投误动作跳开主变低压侧开关。

4. 规程要求

国家电网设备〔2018〕979 号《国家电网有限公司关于印发十八项电网重大反事故措施（修订版）》规定：15.1.3 继电保护组屏设计应充分考虑运行和检修时的安全性，确保能够采取有效的防继电保护"三误"（误碰、误整定、误接线）措施。当双重化配置的两套保护装置不能实施确保运行和检修安全的技术措施时，应安装在各自保护柜内。

5. 整改措施

通过以上对该起 10kV 母联备自投动作情况的分析，在备自投装置未引入其他电压互感器断线闭锁条件的情况下，为确保变电站正常运行，可采取如下措施：

（1）对于新投运的变电站，在某段母线暂未加载负荷时，变电站宜采用 10kV 母线并列的运行方式来提高主变侧的负荷电流值。10kV 备自投采取进线自投的方式运行，避免极端情况下备自投电压互感器断线无电流闭锁条件失效。

（2）对于进线无电流定值，备自投保护装置说明书上注明为进线 $0.03I_N$、母联 $0.06I_N$，但厂家实际设定值均为 $0.04I_N$。考虑到采样误差，无电流定值不应取得太小。因此，厂家有必要进一步提升备自投保护装置采样精度，提高进线无电流闭锁可靠性，确保动作判据相关定值的准确性，避免特定运行负荷下，引起保护装置误动作启动出口，导致设备跳闸。

三、延伸知识

备用电源自投的原则：工作电源确实断开后，备用电源才允许投入。

工作电源失压后，无论其进线断路器是否断开，即使已测定其进线电流为零，还是要先跳开该断路器，并确认已跳开后，才能投入备用电源。这是为了防止备用电源投入到故障元件上。

（1）备用电源自投切除工作电源断路器必须经延时。经延时切除工作电源进线断路器时，为了躲过工作母线引出线故障造成的母线电压下降，备自投动作延时应大于最长的外部故障切除时间。但是在有的情况下，可以不经延时接跳开进线断路器，以加速合上备用电源。例如工作母线进线侧的断路器跳开，且进线无重合闸功能时，当手动合上备用电源时也要求不经延时直接跳开工作电源进线断路器。

（2）手动跳开工作电源时，备自投装置不应动作。工作电源进线断路器的合后继电器 KKJ 的动合触点接入备自投装置的开入量回路。在就地或遥控断开进线断路器时，该 KKJ 动合触点断开，备自投装置自动退出。

（3）应具有闭锁备自投装置的功能。每套备用电源自投装置均应设置有闭锁备用电源自投的逻辑回路，以防止备用电投到故障的元件上，造成事故扩大的严重后果。变压器故障时由其保护跳开断路器造成所在母线失压，这时备用电源不应合闸投入故障变压器，应当由变压器保护动作后输出的开关量去闭锁备自投装置动作。

（4）备用电源不满足有电压条件，备用电源自投装置不应动作。

（5）工作母线失电压时还必须检查工作电源无电流，才能启动备自投，以防止 TV 二次三相断线造成误投。

（6）备用电源自投装置只允许动作一次。微机型备用电源自投装置可以通过逻辑判断来实现只动作一次的要求，但为了便于理解，在阐述备用电源自投装置逻辑程序时广泛采用电容器"充放电"来模拟这种功能，备用电源自投装置满足启动的逻辑条件，应理解为

"充电"条件满足；延时启动的时间应理解为"充电"时间，"充电"时间到后就完成了全部准备工作；当备用电源自投装置动作后或者任何一个闭锁及退出备用电源自投条件存在时，立即瞬时完成"放电"。"放电"就是模拟闭锁备用电源自投装置，放电后就不会发生备用电源自投装置第二次动作。这种"充放电"逻辑与微机自动重合闸的逻辑程序相类似。

第三节 主变矩阵错误引起的开关柜烧毁事故

一、案例简述

某日 7 时 50 分 20 秒 479 毫秒，某 220kV 变电站 1 号主变低后备保护动作，跳开 1 号主变 10kV 侧 61A 开关，10kV Ⅰ/Ⅱ 段母分备自投动作合上 610 开关，10kV Ⅲ/Ⅳ 段母分备自投动作跳开 2 号主变 61H 开关、合上 10kV Ⅲ/Ⅳ 段母分 620 开关，2 号主变低后备保护动作跳开 10kV Ⅰ/Ⅱ 段母分 610 开关，10kV Ⅰ 段母线失压。同时安全消防系统出现消防总报警，通过视频监控发现 10kV 开关室有烟雾，10kV 电容器组Ⅲ开关柜冒烟（电容器组Ⅲ处检修），运维人员立即组织现场检查，发现电容器组Ⅲ及其相邻开关柜已经严重烧毁。故障造成该变电站 6 条 10kV 线路、186 个台区停电；损失负荷 0.46 万 kW，停电用户数为 1.1963 万户。

1. 电网运行方式

事故前 10kV 系统运行方式如图 8-7 所示。

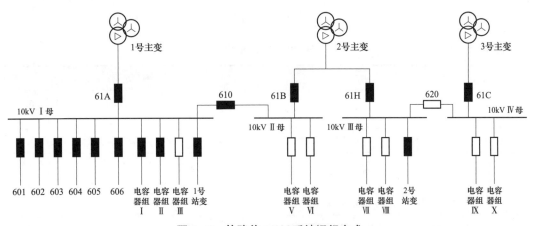

图 8-7 故障前 10kV 系统运行方式

该变电站 10kV 系统共四段母线，其中 Ⅰ/Ⅱ 段母线分段 610 开关在热备用，Ⅱ、Ⅲ 段母线之间没有母分开关，通过 2 号主变低分支 61B、61H 开关连接，Ⅲ/Ⅳ 段母分 620 开关处热备用。

10kV Ⅰ 段母线带 1 号主变 61A、10kV 601、602、603、604、605、606 开关，电容器组Ⅰ、Ⅱ，1 号站用变压器运行，电容器组Ⅲ处检修状态。

10kVⅡ段母线带2号主变61B开关运行，电容器组Ⅴ、电容器组Ⅵ处热备用。

10kVⅢ段母线带2号主变61H开关、2号站用变压器运行，电容器组Ⅶ、电容器组Ⅷ处热备用。

10kVⅣ段母线带3号主变61C开关运行，电容器组Ⅸ、电容器组Ⅹ处热备用。

2. 保护配置情况

某220kV变电站内相关设备保护装置配置情况见表8-4。

表8-4　　　　　　　　　保护配置情况

厂站	调度命名	保护型号
甲变电站	1号主变保护A	PST-1200
甲变电站	1号主变保护B	PST-1200
甲变电站	2号主变保护A	WBH-801A
甲变电站	2号主变保护B	WBH-801A
甲变电站	10kV Ⅰ/Ⅱ段母分备自投	CSC-246
甲变电站	10kV Ⅲ/Ⅳ段母分备自投	CSC-246

二、案例分析

1. 保护动作情况

故障时220kV变电站内相关设备保护动作情况见表8-5。

表8-5　　　　　　　　　保护动作情况

动作时间	保护装置	保护动作行为
7时50分20秒178毫秒	1号主变保护A/B	低后备复压过电流出口跳Ⅰ/Ⅱ母分610开关（610开关已在分位）
7时50分20秒479毫秒	1号主变保护A/B	低后备复压过电流出口跳1号主变低压侧61A开关
7时50分21秒586毫秒	10kV Ⅰ/Ⅱ段母分备自投	备自投动作跳1号主变低压侧61A开关（61A开关已在分位）
7时50分23秒583毫秒	10kV Ⅰ/Ⅱ段母分备自投	备自投动作合Ⅰ/Ⅱ母分610开关
7时50分24秒654毫秒	10kV Ⅲ/Ⅳ段母分备自投	备自投动作跳2号主变低压侧二分支61H开关
7时50分24秒934毫秒	2号主变保护A/B	低后备1分支过电流Ⅰ段t_1跳Ⅰ/Ⅱ母分610开关
7时50分26秒712毫秒	10kV Ⅲ/Ⅳ段母分备自投	备自投动作合Ⅲ/Ⅳ段母分620开

2. 事故原因分析

（1）原因调查。事件发生后，抢修人员迅速赶赴变电站，对相关设备及回路进行检查。现场检查发现10kV电容器组Ⅲ开关柜母线仓内上、下静触头盒均已烧毁，如图8-8所示。

经检修班与开关柜厂家现场检查与分析，故障原因为电容器组Ⅲ开关柜触头盒绝缘下降后，触头盒内部的分支母排静触头对隔离挡板放电、击穿、产生拉弧，导致静触头及隔离挡板烧融，因长时间燃烧最终导致开关柜被严重烧毁。

图8-8　电容器组Ⅲ开关柜烧毁情况

（2）保护行为分析。

1）1号主变保护动作行为。由主变装置报文、波形、后台信号及10kV电容器组Ⅲ柜烧毁情况可得出：故障始发于10kV电容器组Ⅲ柜母线桥的绝缘垫故障受损引起三相短路，短路电流达到一次值29 400A（变比6000/1），远大于1号主变低后备复压过电流动作一次值4200A，同时三相电压基本降至0（变比10kV/100V），复压开放，经1.2s复压过电流出口跳母分610开关（610原本就在分位），经1.5s复压过电流出口跳1号主变低压侧61A开关，隔离了故障。

2）10kVⅠ/Ⅱ段母分610备自投动作行为：1号主变低后备保护动作本应闭锁备自投，但由于1号主变保护定值中闭锁备自投出口矩阵未投入，导致保护动作后未闭锁备自投610，同时61A开关跳开后Ⅰ段母线故障因被切除而无电压无电流，满足备自投动作条件（610开关保护整定在母联备自投方式），导致10kVⅠ/Ⅱ段母分610备自投保护误动，跳61A开关（已在分位），合母分610开关，电容器组Ⅲ故障点因610开关合上，导致由2号主变通过61B开关向故障点提供了短路电流。

3）10kVⅢ/Ⅳ段母分620备自投动作行为：因母分610开关、2号主变61B、61H开关同时在合位，导致10kVⅠ、Ⅱ、Ⅲ段母线并列运行。因电容器组Ⅲ开关柜内三相短路故障导致母线电压降为0kV，同时由于10kVⅢ段母线上只有一台站用变压器在运行，经过61H开关的故障电流很小，满足10kVⅢ段母线无电压、61H开关无电流的备自投动作条件，备自投620保护动作，跳开61H开关，合上620开关。保护动作行为正确。

4）2号主变保护动作行为：因电容器组Ⅲ故障一直存在，达到过电流Ⅰ段动作值，2号主变低压侧过电流Ⅰ段t_1动作，跳开母分610开关，隔离故障，保护动作行为正确。

3. 事故结论

本次事故主要原因是开关柜内绝缘件质量问题,柜内母线室触头盒绝缘下降后对隔离挡板放电、击穿,产生拉弧是导致设备故障的起因。

同时因为 1 号主变保护闭锁备自投的出口矩阵没有投入,导致 1 号主变低后备保护切除故障后没能闭锁备自投保护,由 10kV Ⅰ/Ⅱ段母分 610 备自投误动作将 610 开关合闸于故障,扩大了事故范围,最终烧毁开关柜。

4. 整改措施

(1)组织对该站 10kV 开关柜设备再次开展开关柜暂态电压局部放电检测、分析,检查在运的其余柜体是否存在异常放电情况。

(2)针对此次故障,运检部组织编制二次专业工作危险点,梳理重要工作环节存在的漏洞,编制完成本单位新建、改扩建继电保护工程设计审查要点、现场验收注意事项。特别注意在备自投验收、定检中,做好相关联回路的定值、二次接线正确性的校核工作,做好备自投逻辑试验。

(3)调控中心将全面梳理校核继电保护定值。重新下达该站 1 号主变保护定值;安排全区保护定值校核,重点校核电网跨区重要断面和网架薄弱环节定值的配合、主变闭锁备自投等;后续结合新设备投运按规范要求细致整定,落实双人校核要求,确保定值无误。

三、延伸知识

备自投保护逻辑方案:适用于母联或桥开关备自投,母联备自投一次主接线图如图 8-9 所示。

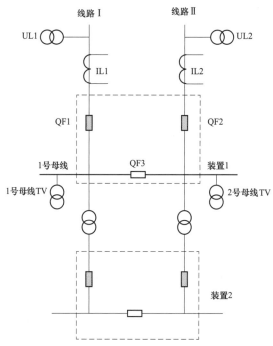

图 8-9 母联备自投一次主接线图

备自投逻辑：

正常运行时，Ⅰ、Ⅱ母均有电压，QF1、QF2 在合位，QF3 在分位。

Ⅰ母失压，延时 T1 跳开 QF1；检测Ⅱ母有电压延时 T3 合 QF3 保证正常供电。

Ⅱ母失压，延时 T2 跳开 QF2；检测Ⅰ母有电压延时 T3 合 QF3 保证正常供电。

为防止 TV 断线时备自投误动，取线路电流作为母线失压的闭锁判据。

方案中还考虑了两轮过负荷联切、两段复压闭锁过电流保护、零电流保护及手合加速保护，这些保护功能独立于备自投逻辑，可通过相应的软压板投退。

以上备自投动作过程分解为下列动作逻辑：

动作逻辑 1：以Ⅰ母失电压、线路Ⅰ无电流、Ⅱ母有电压作为启动条件，QF1 分闸位置、QF3 合闸位置作为闭锁条件，以 T1 延时跳开 QF1 开关。

动作逻辑 2：以 QF1 分闸位置、Ⅰ母失电压、Ⅱ母有电压作为启动条件，QF3 合闸位置作为闭锁条件，以 T3 延时合上 QF3 开关。

动作逻辑 3：以Ⅱ母失电压、Ⅱ线路无电流、Ⅰ母有电压作为启动条件，QF2 分闸位置、QF3 合闸位置作为闭锁条件，以 T2 延时跳开 QF2 开关。

动作逻辑 4：以 QF2 分闸位置、Ⅱ母失电压、Ⅰ母有电压作为启动条件，QF3 合闸位置作为闭锁条件，以 T3 延时合上 QF3 开关。

第四节　定值整定错误引起主变高后备保护误动作事故

一、案例简述

某日，35kV 某变电站 35kV 某甲线 311 保护 RCS9611C 事故总线、1 号主变高后备保护 RCS9681C 过电流Ⅱ段动作，35kV 某甲线 311 开关及 1 号主变低压侧 91A 开关跳闸，全站失电压。

1. 故障前运行方式

35kV 某变电站为单主变、双进线方式的变电站，跳闸前，由 35kV 某甲线 311 带 35kVⅠ、Ⅱ段母线及 1 号主变运行，35kV 某乙线 312 开关在热备用状态。一次主接线示意图如图 8-10 所示。

2. 保护配置情况

35kV 某变电站 1 号主变保护配置见表 8-6。

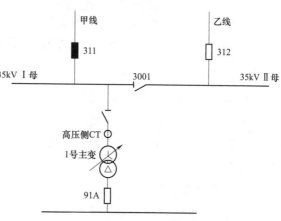

图 8-10　故障前一次主接线示意图

表 8-6   1 号主变保护配置表

厂站	调度命名	保护型号
35kV 某变电站	1 号主变差动保护装置	RCS－9671C
35kV 某变电站	1 号主变高后备保护装置	RCS－9681C
35kV 某变电站	1 号主变低后备保护装置	RCS－9681C

二、案例分析

1. 保护动作情况

现场检查 1 号主变高后备保护装置，装置跳闸灯亮，动作报文为："18:24:20.108 复压过电流Ⅱ段动作，故障电流 3.87A，相别 ABC"，如图 8-11 所示。1 号主变差动保护、低后备保护装置均未启动。1 号主变高后备保护电流取至 1 号主变 35kV 侧 CT（独立一组高压侧 CT，非套管 CT），差动保护电流取至 35kV 某甲线 311 开关 CT、35kV 某乙线 312 开关 CT 及 1 号主变 10kV 侧 91A 开关 CT。

图 8-11 1 号主变高后备保护装置动作报文

核对保护装置定值整定情况，与在运定值单一致。1 号主变高后备保护装置 CT 变比为 300/5，复压闭锁过电流Ⅱ段定值为 3.9A（一次值 234A），时限 1.7s，复压闭锁及方向闭锁未投入，其余保护项目未投入。检查监控后台报文："18:13:14.257，1 号主变高后备保护整组启动。18:24:20.108，1 号主变高后备保护复压过电流Ⅱ段动作，1 号主变各侧开关跳开。"

2. 事故原因分析

调取 1 号主变高后备保护装置故障录波文件（见图 8-12）进行分析，录波电压及电流波形均三相平整完好，未发现明显突变或畸变。

18 时 13 分 14 秒 257 毫秒启动后，高压侧三相电流值稳定在 3.68A（一次值 220.8A）至 3.7A（一次值 222A），超过启动值 [0.9×过电流Ⅱ段定值 3.9=3.51（A）]，保护装置持续启动。因装置录波时间有限（仅 15s），录波文件最后时刻为 18 时 13 分 29 秒 197 毫秒，三相电流为 3.687A（一次值 220.8A）。

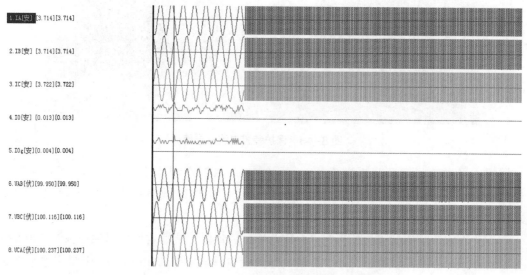

图 8-12　1 号主变高后备保护装置故障录波

根据装置动作报文及现有波形推断，可能是 18 时 13 分 29 秒 197 毫秒之后，负荷增长，高压侧三相电流值上升，达到过电流Ⅱ段定值，并持续 1.7s 后，过电流Ⅱ段动作。

核对调度主站系统，18 时 10 分之后，1 号主变高压侧电流持续在 144～150A 左右，与故障录波显示的 220.8A 不一致，但与 35kV 某甲线 311 开关电流值一致，故怀疑 1 号主变高后备保护装置 CT 变比设置错误。核对 1 号主变差动保护、1 号主变高后备保护、1 号主变高压侧测控及 35kV 某甲线 311 测控装置电流采样数据，见表 8-7，1 号主变差动保护装置和 1 号主变高后备保护装置的电流采样如图 8-13 所示。

表 8-7　　　　　　　　　　各 装 置 电 流 采 样 值

装置	1 号主变差动保护	1 号主变高后备保护	1 号主变高压侧测控	35kV 某甲线 311 测控
电流采样值（A）	1.58	2.37	2.37	1.59
装置内 CT 变比设置	300/5	300/5	200/5	300/5
换算后一次值（A）	94.8	142.2	94.8	95.4
电流来源	35kV 某甲线 311 开关 CT	1 号主变高压侧 CT	1 号主变高压侧 CT	35kV 某甲线 311 开关 CT

由表 8-7 数据可知，1 号主变高后备保护装置 CT 变比错误设置成 300/5，实际应为 200/5。

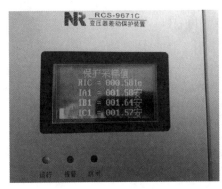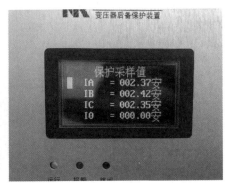

图 8-13　保护装置电流采样值

因 1 号主变日常负荷不大（主变高压侧电流 2020 年平均值 61.35A），未出现保护误动作，而事故发生当日部分负荷转由该变电站供电，故负荷电流增大导致保护误动作。

因此，本次跳闸的直接原因为：1 号主变高后备保护装置定值单错误地按照 300/5 进行整定计算，导致定值数值缩小 1.5 倍，当负荷电流增大到约 156A 时，1 号主变高后备保护装置动作。

3. 事故结论

查看 1 号主变高后备保护装置在运的定值单，发现定值单有变更，变更原因为 35kV 某甲线 311 开关、35kV 某乙线 312 开关 CT 更换，同时下达更改的定值单还有 1 号主变差动保护。整定计算人员在计算定值时，未对设备异动单、停电申请单进行核对，错误地认为 1 号主变高后备保护装置电流互感器变比也改为 300/5，从而造成定值单变比与现场不一致，造成了当负荷电流增大时，1 号主变高后备保护装置误动作。

4. 规程要求

闽电调规〔2018〕21 号《国网福建省电力有限公司继电保护整定计算及定值管理规定》中要求相关专业部门在规定时间内提交整定计算所需的资料，调控中心根据提交的资料，核对设备异动单、停电申请单等进行整定计算，并经其他具备资质的人员校核审核无误，方可下达。

5. 整改措施

（1）组织变电运维中心及各公司开展所辖变电站专项排查，主要检查记录主变差动保护、高后备保护的电流采样值及定值单 CT 变比，通过电流值及 CT 变比的对比，判断定值单 CT 变比是否正确。

（2）加强继电保护专业技术监督管理工作，组织变电运维中心及各公司编制年度定值单核对工作计划表，按照计划表开展年度定值单核对工作，对发现的定值单不一致问题，及时反馈整定人员进行确认处理。

第五节　装置参数设置不合理造成下级备自投异常动作

一、案例简述

某日，某 110kV 变电站进线线路 2 发生永久性接地故障，110kV Ⅱ 段母线失压造成 110kV 与 10kV 备自投同时动作，10kV 备自投属于误动作。

1. 电网运行方式

系统一次接线简图如图 8-14 所示。

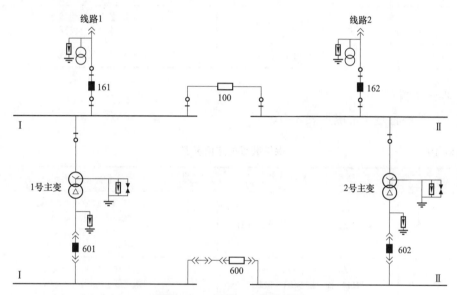

图 8-14　系统一次接线简图

2. 保护配置情况

110kV 变电站内相关设备保护装置配置表见表 8-8。

表 8-8 保护装置配置表

厂站	调度命名	保护型号
甲变电站	110kV 备自投	WBT-822C
甲变电站	10kV 备自投	WBT-822C
乙变电站	110kV 甲乙二线保护装置	PSL-621C

二、案例分析

1. 保护动作情况

该日 18 时 52 分 42 秒,某 110kV 变电站进线线路 2 发生永久性接地故障,导致 110kV

Ⅱ段母线交流电压下降，满足备自投保护动作条件。站内 110kV 与 10kV 备自投同时动作，10kV 备自投经 6.5s（定值 6.5s）跳 2 号主变 10kV 侧开关后停止动作，10kV Ⅱ段母线失压。110kV 备自投经 6.6s（定值为 5s）跳开 110kV 进线开关、合 110kV 内桥开关，恢复 110kV Ⅱ段母线供电，保护动作情况见表 8-9。

表 8-9 保护装置动作情况表

变电站	保护装置	保护动作情况
乙变电站	110kV 甲乙二线保护装置 PSL-621C	32ms 接地距离 I 段动作 C 相 1578ms 重合闸动作 1689ms 零序加速动作
甲变电站	110kV 备自投 WBT-822C	6.6s 备自投跳进线 2 7.1s 备自投分段开关
甲变电站	10kV 备自投 WBT-822C	6.5s 备自投跳进线 2

2. 事故原因

（1）保护装置整定情况见表 8-10。

表 8-10 保护装置整定情况表

变电站	保护装置	保护整定情况
乙变电站	110kV 甲乙二线保护装置 PSL-621C	接地距离 I 段阻抗：0.17Ω 接地距离 I 段时间：0s 重合闸时间：1.5s 零序加速段时间：0.1s
甲变电站	110kV 备自投 WBT-822C	跳进线一延时 T_{t1}：5.0s 跳进线二延时 T_{t2}：5.0s 合分段延时 T_{h3}：0.5s
甲变电站	10kV 备自投 WBT-822C	跳进线一延时：6.5s 跳进线二延时：6.5s 合分段延时：0.3s

（2）现场检查。检查 110kV 备自投保护装置发现，其"跳闸延时计时"参数置"0"。其表达意义为"跳闸延时计时未到前一旦不满足动作条件，跳闸计时元件停止计时并清零，待再次满足动作条件后时间继电器重新由零开始计时"。而 10kV 备自投置"1"。其表达意义为"备自投启动后，跳闸延时计时未到前若由于工作电源电压不满足无电压条件等原因导致启动逻辑短时（小于 10s）返回时，跳闸计时元件停止计时但时间不清零，待再次满足动作条件后在上次所计时间值的基础上继续计时；若启动逻辑长时间（大于或等于 10s）返回则跳闸计时元件的值清零。"可见，上下级参数设置不合理造成 110kV 备自投、10kV 备自投动作的计时起点不一致，导致 10kV 备自投先于 110kV 备自投动作。

（3）原因分析。110kV 备自投"跳闸连续计时"参数设置不合理导致上下级动作失配。

依据备自投整定原则，下一级备自投动作跳开主供线路断路器的时间≥上一级备自投跳合闸时间+ΔT，上一级系统故障引起失电压面较大，可能启动下一级的多套备自投装置，如果下一级动作快于上一级，容易造成负荷的频繁转移。备自投定值整定情况：110kV 备自投动作时间整定为 5s，10kV 备自投动作时间整定为 6.5s，满足上下级配合要求，可排除定值整定问题。

进线线路 2 发生永久性接地故障时，线路保护装置三相跳闸、重合闸动作、加速跳闸的过程中，110kV 备自投由于其"跳闸延时计时"参数置"0"，其计时是从加速跳闸时开始计时，而 10kV 备自投的计时从进线线路 2 发生故障时开始计时，导致 10kV 备自投计时时间先于 110kV 备自投计时间达到定值整定，因此本次 10kV 备自投先于 110kV 备自投 100ms 动作是不合理的。

可见，上下级参数设置不合理导致了此次动作失配现象。为防止再次出现此类情况，110kV 备自投"跳闸连续计时"参数置"1"。

（4）10kV 备自投拒动原因分析。10kV 备自投跳闸接线错误导致备自投拒动。此次110kVⅡ段母线失电压时 10kV 母分备自投启动，经 6.5s 跳 2 号主变 10kV 侧 602 开关后停止动作。经现场检查备自投跳进线 2 号主变 10kV 侧 602 开关接到手跳 STJ 回路，跳闸的同时闭锁备自投，逻辑设计错误，应改接至保护跳闸 TJ 回路。

3. 事故结论

此次事件由 10、110kV 备自投"跳闸连续计时"整定不一致引起的，10、110kV 备自投动作时间计时起点不一致，造成 10kV 备自投装置动作先于 110kV 备自投装置 100ms。10kV 备自投跳闸拒动，只完成前面的动作逻辑过程，是由于把保护跳闸触点接至手跳继电器，从而在跳闸的同时闭锁备自投开入，造成备自投拒动。

4. 经验教训

（1）厂家提供的 WBT-821C 与 WBT-822 型装置出厂设置不一致，是导致本次 110kV备自投动作时间异常的主要原因。

（2）厂家提供的纸质技术资料中未提及备自投装置系统参数相关定义，设备现场调试时技术服务人员也没有进行相关注意事项的告知，调试人员未能发现其对备自投动作逻辑的影响，未进行正确整定；整定人员也无法从资料中得知相关情况，未能出具具体参数整定说明。

（3）设计单位出具的施工图纸有误，图审及现场验收时未能发生图纸设计错误。

（4）10kV 备自投保护装置改造为单装置改造，期间主变正常运行中，不具备整组传动试验的条件，调试单位核对传动回路只能验证至跳闸电缆，调试单位未能发现跳闸回路的异常。

5. 整改措施

（1）保护装置的装置参数应作为定值单的装置参数整定项，且提供装置参数整定说明，说明书中应详细说明相关装置参数的定义及对动作逻辑的影响。对同厂家的保护装置进行排查，检查上下级备自投装置参数整定的一致性。

（2）对备自投装置的二次回路进行专项排查，检查备自投装置跳进线的回路设计是否接入操作箱手跳回路。对于接入手跳回路的备自投装置二次回路进行整改，采用接入保护跳闸及闭锁进线线路重合闸的方式。

三、延伸知识

1. 进线备自投跳闸回路设计

进线备自投的跳闸回路一般可通过保护跳闸或手跳两种方式实现，但两种方式都有各自需要注意的问题。

采用保护跳闸方式在设计中必须要考虑闭锁重合闸问题，因为采用保护跳开工作线路开关后，保护装置会误认为开关偷跳而启动重合闸将原已被分开的线路开关又重新合上，导致无法隔离有故障的原工作线路，备自投也因此无法正常工作，因此必须用另一副跳闸输出触点去闭锁该线路保护的重合闸。

采用手跳方式就可以不用考虑闭锁重合闸的问题，因为手动跳闸、遥控跳闸的操作回路已经考虑闭锁重合闸了。在人为手分工作线路开关时，为了避免备自投合备用线路开关，往往接入保护合后继电器触点，并加入"手分闭锁备自投"回路，但这将会造成备自投通过手跳回路跳开工作线路后，"手分闭锁备自投"回路又闭锁备自投，导致无法合备用线路。

2. 备自投装置的动作时间整定问题

对于单独备自投装置时间的整定要求：低电压元件动作后延时跳开工作电源，其动作时间宜大于本级线路电源侧后备保护动作时间与线路重合闸时间之和。当系统中存在多级备自投时，应考虑各级备自投间的关系。原则上高电压等级、高可靠性、影响面大的备自投先动作，低电压等级、低可靠性、影响面小的备自投按躲过上级备自投整定。

第六节 重合闸充电时间不匹配造成重合闸多次动作

一、案例简述

某 220kV 变电站为辖区枢纽变电站，站内 220kV 电铁线为高铁提供稳定电源，该线路保护采用电铁专用 RCS902AQ 和 PSL602GQ 保护，重合闸采用三重方式。某日，220kV 电铁线路 B 相发生永久性接地故障。该线路双套保护动作三相跳闸出口，断路器重合于永久性故障，后加速保护动作三跳。2 时 27 分 10 秒 PSL602GQ 保护重合闸动作合于永久性故障，保护动作永跳。2 时 27 分 25 秒 PSL602GQ 重合闸再次动作，开关三相合闸。

二、案例分析

1. 保护动作情况

保护动作时序见表 8-11，RCS902AQ 保护整个动作过程正确，存在的问题是 PSL602GQ 保护连续发生三次重合闸动作，时刻 2 开关重合于故障保护加速跳闸，时刻 3 再次重合，此时线路无故障，开关重合成功。时刻 2 和时刻 3 重合闸应属异常动作。

表 8-11 保护动作时序表

启动时间	时刻 1	时刻 2	时刻 3
	2 时 26 分 55 秒 432 毫秒	2 时 27 分 11 秒 482 毫秒	2 时 27 分 25 秒 047 毫秒
RCS902AQ 动作时序	0ms 保护启动	0ms 保护启动	/
	15ms 零序过电流 Ⅱ 段动作	23ms 距离加速动作	/
	1060ms 重合闸动作	/	/
	2138ms 零序 Ⅱ 段动作	/	/
启动时间	2 时 26 分 55 秒 428 毫秒	2 时 27 分 10 秒 021 毫秒	2 时 27 分 25 秒 047 毫秒
PSL602GQ 动作时序	0ms 保护启动	0ms 综重重合闸启动	0ms 综重重合闸启动
	21ms 零序 Ⅱ 段动作	1390ms 综重重合闸出口	16ms 启动 CPU 启动
	32ms 综重重合闸启动	1473ms 综重重合闸复归	1331ms 综重重合闸出口
	1063ms 综重重合闸出口	1478ms 零序 Ⅱ 段动作	1493ms 综重重合闸复归
	1230ms 综重重合闸复归	1496ms 距离重合加速动作	1700ms 启动 CPU 复归
	2156ms 零序 Ⅱ 段动作	6765ms 保护整组复归	/
	7417ms 保护整组复归	/	/

2. 事故原因

（1）PSL602GQ 保护动作波形分析。在时刻 1 线路发生 B 相故障后保护动作、重合、加速动作跳开三相开关，操作箱三相跳位 TWJ 开入量均为"0"，保护为正确动作；时刻 2、时刻 3 的 PSL602GQ 保护动作波形如图 8-15 所示，可以看出开关跳闸之后过了 14s 左右，开关 TWJ 三相位置才分别开入保护装置，此时重合闸已充电完成，三相位置开入的同时保护重合闸动作，重合闸为异常动作。因此，重合闸异常动作的原因为开关跳闸之后至重合闸动作的这 14s 时间段内，TWJ 开入量一直保持在"0"状态，使重合闸装置无法正确判断开关实际位置。

（2）保护重合闸逻辑分析。重合闸需满足"充电满"条件才能够再次重合，把现场设备的实际状态与 PSL602GQ 保护重合闸的充电条件进行逐项比较，见表 8-12，比较结果表明重合闸满足充电条件，保护经过定值设定的 12s 延时后重合闸"充电满"，此时从第二点波形分析知道 TWJ 三相位置分别开入保护装置，重合闸满足"位置不对应启动重合闸"逻辑。

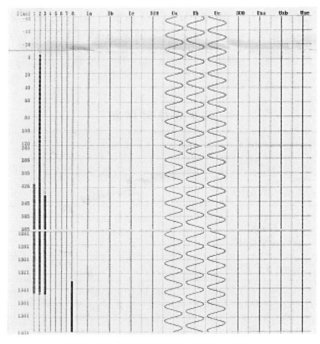

图 8-15 PSL602GQ 保护动作波形

表 8-12 　　　　　　　　　　　　重合闸"充电满"条件分析表

序号	PSL602GQ 保护重合闸"充电满"条件	现场设备的实际状态	是否满足条件
1	断路器在合闸位置，断路器跳闸位置继电器 TWJ 不动作	开关三相跳闸后，TWJ 未开入保护装置，TWJ 不动作，保护判断断路器在"合闸"位置	满足
2	"充电"未满时，有跳闸位置继电器 TWJ 动作或有保护启动重合闸信号开入立即"放电"	现场 TWJ 未动作，保护重合闸未启动	满足
3	有跳位开入后 200ms 内重合闸仍未启动，则"放电"	保护跳位取操作箱 TWJ 作为判据，没有跳位开入	满足
4	重合闸启动前压力不足，经延时 400ms 后"放电"	断路器为弹簧操作机构，没有压力低闭锁重合闸开入	满足
5	重合闸设置在停用方式则"放电"	电铁线重合闸设置在三重位置	满足
6	单重方式，如果三相跳闸位置均动作或收到三跳命令或本保护装置三跳，则重合闸"放电"	电铁线重合闸设置在三重位置	满足
7	收到外部闭锁重合闸信号时立即"放电"	为收到外部闭锁重合闸开入信号	满足
8	合闸脉冲发出时，同时"放电"	保护重合闸启动回路未动作，未发送重合闸脉冲	满足

续表

序号	PSL602GQ 保护重合闸"充电满"条件	现场设备的实际状态	是否满足条件
9	如果现场双重化的两套保护装置中的重合闸同时投入运行，此时为了避免两套装置的重合闸出现不允许的两次重合闸情况，每套装置的重合闸在发现另一套重合闸已将断路器合上后，立即放电并闭锁本装置的重合闸	现场双重化的两套保护装置的重合闸均投入运行，另一套 RCS902AQ 保护后加速动作后未再发重合闸令，未将断路器合上	满足
10	重合闸充电时间不足，重合闸充电未完成	跳位 TWJ 经过 14s 左右开入保护装置，大于重合闸充电 12s 的设定时间	满足

注　满足重合闸充电条件，经设定时间 12s 延时后重合闸充电满。

（3）保护操作箱 TWJ 回路分析。现场断路器为弹簧机构，其操作箱合闸回路如图 8-16 所示，线路发生永久性故障时保护加速动作跳开开关后，断路器弹簧机构开始储能，储能过程中的机构行程开关触点 CN 断开，则操作箱 TWJ 继电器因回路断开而失磁，因此 TWJ 继电器未动作，待开关储能完毕后，回路导通，TWJ 继电器动作，其辅助触点开入保护装置，此过程分析与第二点的波形分析结果一致。

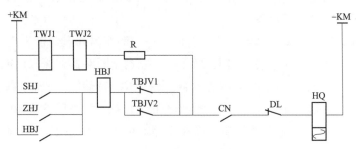

图 8-16　弹簧机构合闸回路图

3. 事故结论

此次断路器发生多次异常重合的原因为：保护三相跳令返回后，由于重合闸放电条件不满足、三相 TWJ 开入返回，且重合闸未启动（即综重重合闸复归），满足重合闸充电条件，重合闸充电开始计时。根据录波数据还原重合闸三次动作过程如图 8-17 所示，PSL602GQ 保护重合闸充电开始计时至弹簧机构储能完毕的时间均超过 12s。弹簧储能机

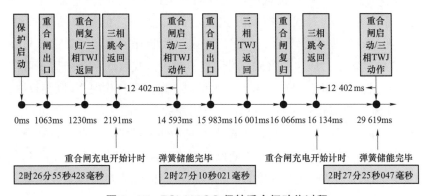

图 8-17　PSL602GQ 保护重合闸动作过程

构储能时间一般在 15～20s，由于保护控制字设置重合闸充电时间（12s）小于弹簧机构储能时间，表明重合闸充电时间与断路器储能时间失配。断路器弹簧机构储能完成前由于重合闸已经充满电，断路器在跳位状态下控制回路断线恢复时三相 TWJ 开入动作，满足"断路器位置不对应启动重合闸"条件，重合闸经延时合闸出口。

4. 整改措施

正常运行时线路永久性故障开关多次重合会对断路器本体及系统会造成严重影响。开关检修控制电源断开恢复送电时，保护重合闸装置的非预期合开关可能对检修人员造成伤害。

（1）调整重合闸充电时间。重合闸充电时间与断路器储能时间不匹是导致异常动作的原因之一，因此可以调整重合闸充电时间，即重合闸充电时间 T_{CH} 大于断路器储能时间 T_{CN}，这样储能期间重合闸不会"充电满"，不对应启动重合闸就不会动作。例如本次事件中的 PSL602GQ 保护装置调整控制字让重合闸充电时间由 12s 调整为 20s，确认断路器弹簧机构储能时间满足 15～20s 的规范要求，经现场试验，不再出现重合闸非预期合闸情况。但由于各种断路器的储能时间特性不尽相同，且部分保护的重合闸充电时间是固定值，因此此措施仅适用于部分保护设备。

（2）采用开关机构弹簧未储能闭锁重合闸充电。断路器弹簧储能未完成、TWJ 继电器动作是导致保护重合闸异常动作的主要原因，可以利用断路器弹簧未储能的信号来闭锁保护重合闸充电，从而使断路器储能时重合闸无法充电。待储能完成后，跳位继电器 TWJ 能正确反映断路器实际位置时，才开放重合闸充电。根据《线路保护及辅助装置标准化设计规范》5.3.1 关于开入量输入的说明，弹簧未储能可以开入至操作箱"低气压闭锁重合闸"输入触点来实现闭锁。

三、延伸知识

此次重合闸异常案例与重合闸启动方式有关。断路器弹簧机构储能完成前由于重合闸已经充满电，断路器在跳位状态下控制回路断线恢复时三相 TWJ 开入动作，满足"断路器位置不对应启动重合闸"条件，导致重合闸异常动作。

重合闸的起动方式有两种：位置不对应启动方式和保护启动方式。

（1）位置不对应启动方式。控制开关在合闸后状态，但是跳闸位置继电器动作（TWJ=1），说明断路器原先处于合闸状态，现在因故断开了，合闸后状态与跳闸位置继电器不对应，称作位置不对应启动方式。用位置不对应方式启动重合闸后既可在线路上发生短路，保护将断路器跳开后启动重合闸，也可以在断路器"偷跳"以后启动重合闸。不对应启动方式具体实现形式有多种，例如"控制开关在合闸后状态"既可以用合闸后的 KK 触点来判断，也可以用重合闸是否已充满电的条件来衡量。前者很容易理解，后者判别的原理是，只有原先在运行状态且三相断路器都在合闸位置时重合闸才能充满电。因此，为提高可靠性，应防止 TWJ 继电器异常、触点粘连或机构特性不匹配等使重合闸处于启动状态的异常情况。

（2）保护启动方式。绝大多数的情况都是先由保护动作发生过跳闸命令后才需要重合闸发合闸命令的，因此，重合闸可由保护来启动。但是，用保护启动重合闸方式在断路器偷跳时无法启动重合闸。

综上所述，为实现重合闸功能，应使位置不对应和保护启动两种结合起来。

第九章 其 他 类

第一节 远动机点表配置错误引起的开关误遥控事故

一、案例简述

某日，某变电站 10kV 母线电压偏高，主站 AVC 系统自动分 10kV 电容器组 9C4 开关，误分 917 开关，经检查厂站综合自动化设备厂家在远动机点表配置过程中遥控转发表点号错误，导致了这起事故。

二、案例分析

1. 保护动作情况

检查 917 开关保护测量一体装置，发现确实接收到遥控分闸命令。917 保护测量一体装置收到遥控分闸令报文如图 9−1 所示。

```
(002b)  2017/06/14 22:04:08.482
【后台操作】 −遥控操作
遥控点号：：2
操作类型：长脉宽动作
```

图 9−1 917 保护测量一体装置收到遥控分闸令报文

2. 事故原因

（1）开关误遥控原因分析。检查主站 AVC 确实发出的是遥控分 9C4 的命令。

由于事故发生前一天，该变电站正在进行二期扩建工程，有对远动机配置进行的工作，因此首先检查远动机配置文件是否存在错误。

现场检查 PSX610G 远动装置的程序配置，发现遥控起始点被修改成 24 577，如图 9−2 所示，原始状态应为 24 578，遥控起始点被减少一位，与主站也相差一位，导致主站对 10kV 4 号电容器组 9C4 开关遥控时，造成误分 917 开关（10kV 4 号电容器组 9C4 开关与 917 开关的遥控号在遥控点表中只相差一位）。

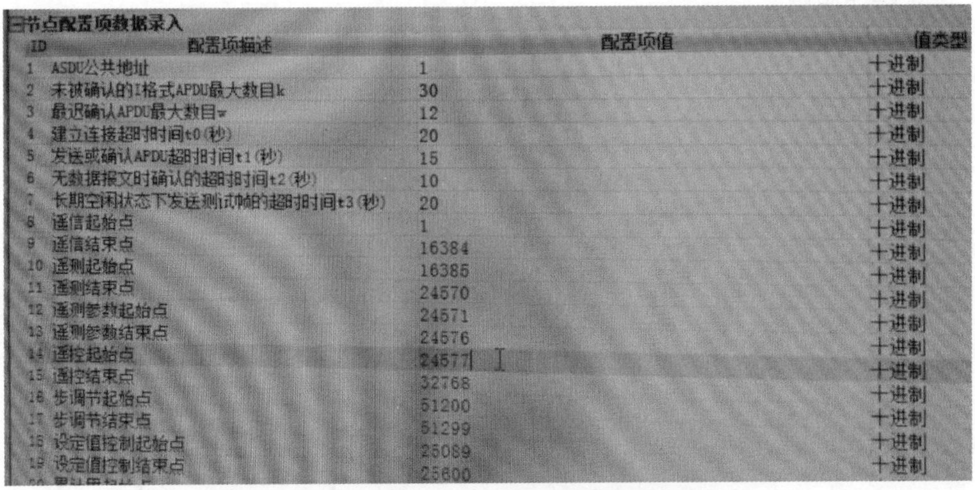

日节点配置项数据录入

ID	配置项描述	配置项值	值类型
1	ASDU公共地址	1	十进制
2	未被确认的I格式APDU最大数目k	30	十进制
3	最迟确认APDU最大数目w	12	十进制
4	建立连接超时时间t0(秒)	20	十进制
5	发送或确认APDU超时时间t1(秒)	15	十进制
6	无数据报文时确认的超时时间t2(秒)	10	十进制
7	长期空闲状态下发送测试帧的超时时间t3(秒)	20	十进制
8	遥信起始点	1	十进制
9	遥信结束点	16384	十进制
10	遥测起始点	16385	十进制
11	遥测结束点	24570	十进制
12	遥测参数起始点	24571	十进制
13	遥测参数结束点	24576	十进制
14	遥控起始点	24577	十进制
15	遥控结束点	32768	十进制
16	步调节起始点	51200	十进制
17	步调节结束点	51299	十进制
18	设定值控制起始点	25089	十进制
19	设定值控制结束点	25600	十进制

图 9-2　PSX610G 远动装置的程序配置图

（2）远动机配置错误原因分析。由于二期扩建调试过程中，调试人员发现保护信号修改定值功能无法实现，联系综自厂家对其进行处理，厂家并未找出原因，对远动机配置进行了许多尝试性的更改，包括遥控起始点，工作结束时并未恢复至原始状态。

工作负责人因不熟悉综合自动化设备，也并未对厂家的工作进行监护。远动机配置修改后没有进行遥控分合试验，未发现遥控起始点错误。

3. 事故结论

造成这起事故的原因：

（1）现场工作人员对厂家行为失去监护。

（2）现场工作人员在工作前对危险点分析不到位，远动机配置修改后没有进行遥控分合试验。

4. 规程要求

闽电调〔2013〕1097 号《国网福建省电力有限公司关于下发技改和扩建工程现场二次作业风险预控典型指导手册的通知》规定：

16.5　因检验调试、技改、扩建工程等需对远动机进行数据更改时，应事先发起检修流程，履行审批手续后方可工作；工作时应严格执行远动点表版本管控，并对修改前后的远动点表（尤其是遥控点表）进行差异比对，以防误修改原有正确数据。

5. 整改措施

（1）工作负责人应指定专人对厂家行为进行了解及管控。

（2）涉及远动机配置更改的，事后应将全站除电容器及主变档位之外的开关、隔离开关打就地，对电容器、主变档位进行试遥控，以确保点号并未错位。

三、延伸知识

（1）远动机遥控过程图如图9-3所示。

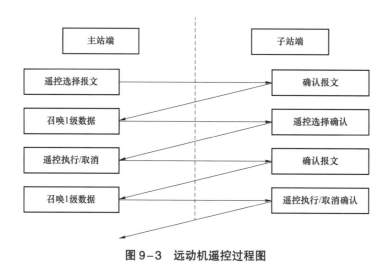

图9-3 远动机遥控过程图

（2）远动机工作流程。

1）备份所有相关配置；

2）对原动机配置进行修改；

3）对新旧配置文件进行比对，确认修改无误（可利用 UltraEdit 工具进行自动比对）；

4）下装配置至远动机；

5）通知主站监控人员，在得到许可后方可重启远动机，且只能重启一台；

6）经主站监控人员确认之前重启的远动机已恢复正常，方可允许重启第二台远动机；

7）再次经主站监控人员确认第二台远动机已恢复正常；

8）做试验验证之前配置修改正确，如涉及遥控配置变更的，应通过"遥控选择"的方法验证点号正确；

9）将修改后配置备份。

第二节　CT 饱和引起主变差动保护区外故障误动事故

一、案例简述

某日 22 时 30 分，监控通知某变甲乙 I /Ⅱ 路 221、222 开关跳闸。保护人员现场检查一次设备未发现异常，221、222、22M、12A、12B、95A、95B 跳闸，221 线路 603 保护动作情况：接地距离 I 段动作，重合闸动作，重合不成功；902 保护动作情况：距离 I 段动作，重合闸动作，重合不成功；22M 保护报：三相跟跳，沟通三跳，1 号主变差动速断动作跳 1 号主变三侧开关；2 号主变差动速断动作跳 2 号主变三侧开关。222 线路保护未动作。

二、案例分析

1. 故障前电网运行情况

该日晚间暴雨，变电站无人员工作，当日变电站运行方式：变电站 220kV 甲乙 I 路 221、甲乙 II 路 222 及母联 22M 合环运行，1、2 号主变并列运行。变电站主接线图如图 9-4 所示。

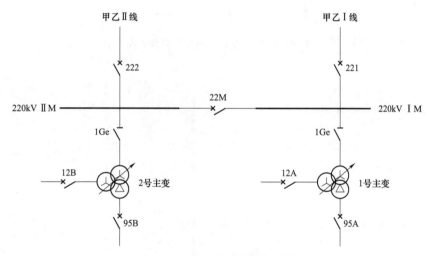

图 9-4　变电站主接线示意图

2. 事故原因分析

（1）1 号主变高压侧录波电流分析。由图 9-5 中 Ia1 通道所示，1 号主变高压侧 221 开关电流互感器深度饱和，未准确传变故障电流，导致 A 相二次侧传变电流严重畸变，波形明显缺损，幅值极大减小。正确传变时，221 开关二次电流应与 22M 开关电流幅值基本相等，相位相反。

（2）1 号主变差动保护动作行为分析。根据图 9-5 判断 1 号主变高压侧 A 相电流畸变非常严重，有明显的 CT 饱和现象。图 9-6 为三相差动电流，可以看到 A 相差动电流为 10.970A，C 相差动电流为 10.914A，大于差速段定值 9.8A，差动速动准确动作；二次谐波分别为 4.025A 和 4.026A，占基波比率为 36.69% 和 36.89%，大于二次谐波定值 15%，因此主变比率差动可靠闭锁不动作。

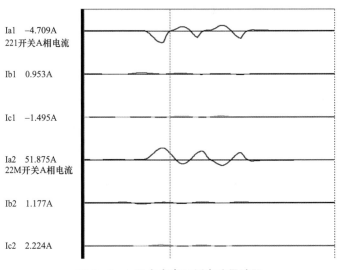

图 9-5　1 号主变高压侧电流录波图

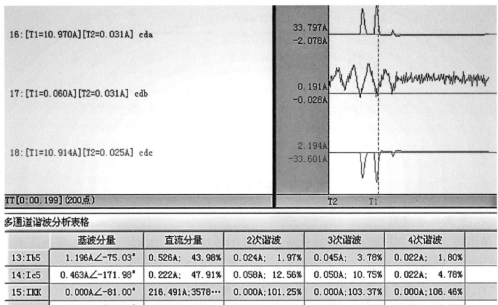

多通道谐波分析表格

	基波分量	直流分量	2次谐波	3次谐波	4次谐波	
13:Ib5	1.196A∠-75.03°	0.526A;　43.96%	0.024A;　1.97%	0.045A;　3.78%	0.022A;　1.80%	
14:Ic5	0.463A∠-171.98°	0.222A;　47.91%	0.058A;　12.56%	0.050A;　10.75%	0.022A;　4.78%	
15:IKK	0.000A∠-81.00°	216.491A;3578…	0.000A;101.25%	0.000A;103.37%	0.000A;106.46%	
16:cda	10.970A∠99.09°	14.345A;　130.…	4.025A;　36.69%	1.795A;　16.36%	2.236A;　20.38%	
17:cdb	0.060A∠-57.88°	0.132A;219.67%	0.001A;　2.35%	0.009A;　15.70%	0.002A;　3.75%	
18:cdc	10.914A∠-80.98°	14.139A;　129.…	4.026A;　36.89%	1.790A;　16.40%	2.238A;　20.51%	

图 9-6　1 号主变差动保护差动电流和谐波波形图

　　（3）1 号主变高压侧电流互感器伏安特性。1 号主变高压侧 221 开关电流互感器和 22M 开关电流互感器非同一厂家生产，221、22M 电流互感器均为 5P20 级，对其进行 CT 10% 误差特性分析，结果见表 9-1。

表 9–1　　　　　　　　　　　各 CT 误差特性分析

电流互感器绕组	拐点电压（V）	拐点电流（A）	20 倍稳态短路电流时对应的允许阻抗值（Ω）
221 断路器 A 相第 6 组（主变保护 A）	204	0.116	1.88
221 断路器 A 相第 7 组（主变保护 B）	203	0.115	1.85
22M 断路器 A 相第 1 组（主变保护 A）	164	0.596	1.66
22M 断路器 A 相第 2 组（主变保护 B）	163	0.478	1.64

实测各 CT 二次侧负载约为 0.9Ω，从表 9–1 可以看出，各 CT 在 20 倍稳态短路电流（对应一次电流为 48kA）的情况下，均能满足误差要求。但 1 号主变高压侧 221 开关和 22M 开关电流互感器伏安特性不一致，差别较大，在 1 号主变高压侧开关重合于线路永久性故障时，受较大短路电流影响，221 开关、22M 开关电流互感器二次侧传变特性不一致产生差动电流。从 1 号主变保护故障电流波形中可以看到故障电流存在较大的直流分量，在排除稳态饱和的情况下，可判定电流互感器的饱和是由暂态分量引起。

2 号主变保护情况类似，这里不再赘述。

3. 事故结论

根据试验结果分析，主变高压侧电流互感器在甲乙Ⅰ路第一次发生 A 相接地故障时能够准确传变故障电流，受重合于线路金属性永久故障影响，重合于故障的短路电流存在较大暂态分量，引起 1、2 号主变高压侧电流互感器严重饱和、传变波形畸变，导致 1、2 号主变差动保护动作跳闸。

4. 规程要求

国家电网设备〔2018〕979 号《国家电网有限公司关于印发十八项电网重大反事故措施（修订版）》规定：

15.1.10　线路各侧或主设备差动保护各侧的电流互感器的相关特性宜一致，避免在遇到较大短路电流时因各侧电流互感器的暂态特性不一致导致保护不正确动作。

15.1.12　母线差动、变压器差动和发变组差动保护各支路的电流互感器应优先选用准确限值系数（ALF）和额定拐点电压较高的电流互感器。

5. 整改措施和建议

根据以上分析结果，为避免类似事故再次发生，应采取以下措施：

（1）开展电缆线路保护重合闸功能投退策略分析。电缆线路发生的故障多数是绝缘击穿的永久性故障，运行实践经验表明重合成功率非常低，为避免重合于电缆线路金属性永久故障扩大事故范围、威胁电网稳定运行，应在内桥接线双路供电时停用重合闸，一线一变供电或两台主变分列运行时启用重合闸功能，同样满足电网供电可靠性。

（2）优化内桥接线并列运行方式的电流互感器配置。为避免在系统发生严重故障时短路电流含有较大周期分量（直流分量）影响电流互感器传变特性，防止主设备配置的差动速断保护因电流互感器饱和动作出口，应更换满足暂态特性要求的 TPY 级电流互感器以适应内桥接线并列运行方式。

三、延伸知识

电流互感器 CT 是继电保护获取电流的关键。CT 饱和将导致电流测量出现偏差，影响继电保护的正确动作，特别是对差动保护影响较大。电流互感器饱和分为稳态饱和及暂态饱和。

稳态饱和：当电流互感器通过的稳态对称短路电流产生的二次电动势超过一定值时，互感器铁芯将开始出现饱和。这种饱和情况下的二次电流特点是：畸变的二次电流呈脉冲形，正负半波大体对称。对于反应电流值的保护，如过电流保护和阻抗保护等，饱和将使保护灵敏度降低。对于差动保护，差电流取决于两侧互感器饱和特性的差异。

暂态饱和：短路电流一般含有非周期分量，这将使电流互感器的传变特性严重恶化。原因是电流互感器的励磁特性是按工频设计的，在传变等效频率很低的非周期分量时，铁芯磁通（即励磁电流）需要大大增加。非周期分量导致互感器暂态饱和时二次电流波形是不对称的，开始饱和的时间较长。但铁芯有剩磁时，将加重饱和程度和缩短开始饱和时间。

当 CT 达到饱和状态后，CT 一次电流继续增加，但 CT 二次电流几乎不再增加，CT 励磁电流却显著增加，这就是 CT 饱和时测量偏差变大的根本原因。稳态饱和多因 CT 选型不合适或者短路电流过大而引起，不会自行消失。暂态饱和多由衰减直流或者 CT 剩磁引起，在暂态分量逐渐衰减后，饱和逐渐消失。CT 饱和时，CT 二次电流出现"残缺"，表现为明显的谐波分量。稳态饱和以 3、5、7 次等奇次谐波为主。暂态饱和谐波更丰富，除了 3、5、7 等奇次谐波，还有 0 次（直流）、2 次等偶次谐波。

第三节　出口压板标签错误引起的越级跳闸事故

一、案例简述

某 220kV 变电站 110kV Ⅱ 段母线故障，母差保护动作跳开接在 Ⅱ 段母线上的所有间隔，其中 2 号主变 110kV 开关没跳开，之后由 2 号主变中后备跳三侧开关；10kV 母分 65M 开关备自投成功。此次故障跳闸，未造成电量损失。

二、案例分析

1. 保护动作情况

保护动作情况见表 9-2。

表 9-2   保 护 动 作 情 况

序号	保护装置	动作情况
1	110kV 母差保护	06 时 32 分 56 秒 051 毫秒母差保护动作 19ms 跳母联 15M 开关 20ms 跳接在 II 段母线上运行间隔（2 号主变 110kV 侧开关未跳开）
2	2 号主变保护	06 时 32 分 56 秒 060 毫秒主变 II 侧间隙过电流保护动作 1.344s 保护出口跳主变三侧开关

2. 事故原因分析

（1）故障前运行方式。110kV 系统为双母线接线方式，系统主接线图如图 9-7 所示。110kV I 段母线带 1 号主变 110kV 侧 15A、157、163 开关运行，1 号主变中性点接地运行；110kV II 段母线带 2 号主变 110kV 侧 15B、158、164 开关运行；2 号主变中性点不接地运行；110kV 母联 15M 开关运行。

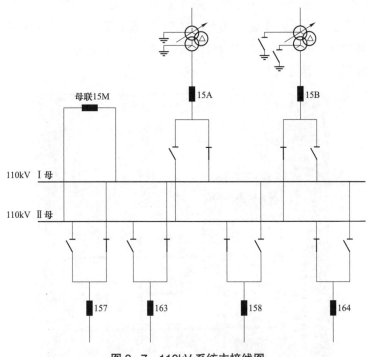

图 9-7 110kV 系统主接线图

（2）事故后一次设备检查情况。运维人员巡视 110kV 设备，发现 110kV 备用线 162 间隔 1622 隔离开关正上方的龙门架 A 相倒装绝缘子底座防鸟铁丝网处有一个在建鸟窝，并挂着一两根枯长藤草，下方地面散落着两段烧焦的藤草和一根较长的藤草。倒装绝缘子导线侧铁件有处电弧烧灼的痕迹，绝缘子瓷裙表面有电弧烧黑痕迹。

检查 2 号主变 110kV 侧放电间隙，发现球形尖端有放电烧灼痕迹，检查放电后间隙间距为 156mm（放电前间隙间距为 130mm）。

（3）保护动作行为分析。根据现场调查结果，110kV Ⅱ段母线上有单相接地故障，110kV 母线保护动作跳Ⅱ母所有运行间隔，110kV 母差保护的动作行为正确。

由于 2 号主变中性点是不接地运行，当母联 15M 开关跳开后，2 号主变 110kV 侧 15B 开关未正常跳开，110kV Ⅱ段母线接地故障持续存在，2 号主变 110kV 侧中性点电位抬高到故障点零序电压，造成 2 号主变中压侧中性点间隙被击穿，中后备间隙零序过电流动作，1.3s 后出口跳主变三侧开关，2 号主变保护动作行为正确。

（4）2 号主变 110kV 侧开关未跳开的原因。由于 2 号主变后备保护动作后 110kV 侧 15B 开关能够正确断开，排除 110kV 操作箱和开关机构回路问题。

检查两套 2 号主变保护屏和 110kV 母差保护屏上二次回路接线正确牢固，在 110kV 母差保护屏测量回路正负电均正确。

检查 110kV 母差保护屏上跳 2 号主变 15B 的出口压板在投入状态，但与图纸及屏内接线核对后发现，第二排前三个出口压板标签贴错位，如图 9-8 所示，根据图纸和母差保护屏内接线，2 号主变 15B 间隔接在支路 3 上面，对应出口压板应是 TLP3，但是现场的 TLP3 标签贴成备用压板并在退出状态，TLP1 原本是备用压板贴成了跳 2 号主变 15B（见图 9-8），导致运行时跳 2 号主变 15B 出口压板一直在退出状态，所以母差保护动作后 2 号主变 15B 开关无法正常跳闸。

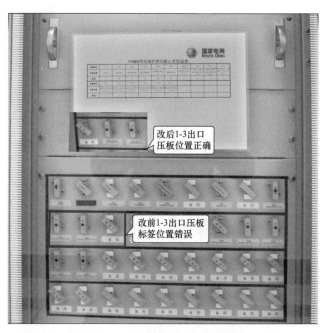

图 9-8　现场母差保护屏压板照片

3. 事故结论

本次事故是由于该变电站验收时运维人员在传动试验做完后才贴压板标签，导致标签贴错后没有被发现。在首检工作时检修人员没有仔细核对图纸并按照规程测量出口，再次错过发现隐患的机会，导致最后母差保护动作后没能跳开 15B 开关。

4. 规程要求

调继〔2017〕164 号《国网福建电力调控中心关于下发福建电网变电站继电保护及综自系统检验作业指导书的通知》规定：1.6　保护单体验收（通用）：压板标示应规范、完整（双重编号、专用标签带），并与施工图纸一致，压板标示完整、清晰之前，不得进行装置整组试验。

5. 整改措施

（1）生产准备过程中，运维人员在更新基建人员手写的标签时，要依据保护装置屏面布置图核对。同时基建人员黏贴的手写压板标识等由运维人员拍照比对、存档。

（2）新设备投产 24h 内由局运行管理专责（各公司压板管理人）、变电站技术员再核对设备的保护压板、空开、操作把手、定值等，压板状态由压板管理人拍照上传到系统（新增、异动）台账中存档、备查。

（3）严格执行标准化验收卡规定，在压板标示完整前不得进行整组试验。

三、延伸知识

2 号主变后备保护会动作的原因：在电力系统运行中，希望每条母线上的零序综合阻抗尽量维持不变，这样零序电流保护的保护范围也比较稳定。因此接在母线上的几台变压器的中性点采用部分接地。当中性点接地的变压器检修时，中性点不接地的变压器再将中性点接地，保持零序综合阻抗不变。这样带来了一个新的问题，就是如果发生单相接地短路时所有中性点接地的变压器都先跳闸了，而中性点不接地的变压器还在运行。这时成了一个小接地电流系统带单相接地短路运行，中性点的电压将升高到相电压，对于半绝缘变压器中性点的绝缘会被击穿。

为了避免系统发生接地故障时，中性点不接地的变压器由于某种原因中性点电压升高造成中性点绝缘的损坏，在变压器中性点安装一个放电间隙，放电间隙的另一端接地。当中性点电压升高至一定值时，放电间隙击穿接地，保护了变压器中性点的绝缘安全，当放电间隙击穿接地以后，放电间隙处将流过一个电流。该电流由于是在相当于中性点接地的线上流过，所以是 $3\dot{I}_0$ 电流，利用该电流可以构成间隙零序电流保护。

利用上述放电间隙击穿以后产生的间隙零序电流 $3\dot{I}_0$ 和在接地故障时在故障母线 TV 的开口三角形绕组上产生的零序电压 $3\dot{U}_0$ 构成"或"逻辑，组成间隙保护。间隙保护的动作方程为

$$\begin{cases} 3I_0 \geqslant I_{0OP} \\ 3U_0 \geqslant U_{0OP} \end{cases}$$

式中：I_0 为流过击穿间隙的电流（二次值）；$3U_0$ 为 TV 开口三角形电压；I_{0OP} 为间隙保护动作电流，通常整定 100A；U_{0OP} 为间隙保护动作电压，通常整定 180V。

第四节 空气开关型号不一致引起的越级跳闸事故

一、案例简述

110kV 甲变电站通过 110kV 甲乙线与 220kV 乙变电站连接。某日甲变电站 1 号站用变压器（简称站用变）10kV 侧发生相间短路，站内保护未动，造成 220kV 乙变电站 110kV 甲乙线开关越级跳闸。

二、案例分析

1. 保护动作情况

甲变电站全站保护没有动作。乙变电站 110kV 甲乙线距离Ⅱ段动作。

2. 事故原因分析

（1）事故前运行方式。甲变电站：110kV 侧采用单母线分段接线方式，事故发生前Ⅰ段母线带甲乙线 111 开关、1 号主变高压侧 10A 开关运行，Ⅱ段母线带 112 开关、2 号主变高压侧 10B 开关运行；母分 100 开关在热备用状态。

10kV 侧单母线分段接线方式，Ⅰ段母线带 911、912 开关、1 号站用变开关、1 号主变低压侧 90A 开关运行；Ⅱ段母线带 915、916 开关运行；母分 900 开关在分位。系统接线图如图 9-9 所示。

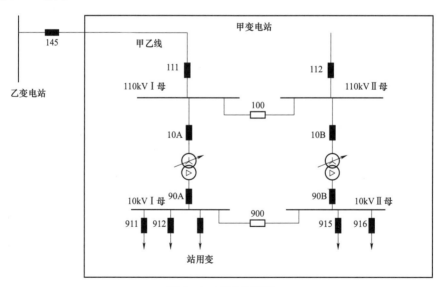

图 9-9 系统接线图

（2）故障点检查。10kV 站用变柜柜体受损，将站用变手车拉出，发现站用变上落有两个脱落的排风扇定子，其他的开关柜正常。初步判断：站用变支柱绝缘子上方柜顶处有两个排风扇，与站用变动触头间没有隔板隔离，因长期运行松脱，导致相间短路。

（3）全站保护拒动原因。检修人员到现场后检查发现：

1）1号主变保护屏及10kVⅠ段母线所有装置失电，监控后台无保护动作信号。

2）直流屏上的"10kV控制电源""10kV合闸电源""1号主变保护屏"三个直流电源空开跳开，1号主变保护屏后的"低压侧操作箱"直流电源空开跳开。

3）1号主变保护屏至低压侧开关柜的直流电源电缆是从主变保护屏穿过10kV站用变柜的仪表小室敷设的，在10kV站用变柜内烧损。

综上所述，应该是由于10kV站用变10kV侧发生三相短路时，短路弧光将本柜内的二次电缆（包括从该柜穿过的1号主变10kV侧控制电缆）烧毁，引起直流屏上的"10kV控制电源""10kV合闸电源""1号主变保护屏"空开跳开，10kV站用变压器保护和1号主变保护全部失电无法动作。而对110kV甲乙线111开关来说这是反方向故障，保护不动作是正确的。

对乙变电站甲乙线保护来说，距离Ⅱ段保护定值整定范围包括对侧主变，当甲站主变低压侧故障时距离Ⅱ段保护动作，属于正确动作。

（4）直流空开越级跳闸原因。本次事故1号主变10kV侧控制电缆烧毁，应该只跳1号主变保护屏后的"低压侧操作箱"空开，但是现场同时跳了直流屏上的"1号主变保护屏"空开。现场检查了这两个空开，1号主变保护屏后"低压侧操作箱"空开为ABB的C6空开，直流屏上"1号主变保护屏"空开为西门子的C20空开。如图9-10、图9-11所示分别画出了ABB和西门子同厂家C6和C20空开脱扣特性曲线，可以看出当使用同一个厂家的空开时上下级可以正确配合。在图9-12中，将ABB的C6空开和西门子的C20空开脱扣特性放到一起比较，可以看出由于不同厂家的脱扣特性曲线不同，当短路电流较大时，两条动作曲线存在交叉点，有可能在动作时间上失配，造成上、下级空开同时跳开。

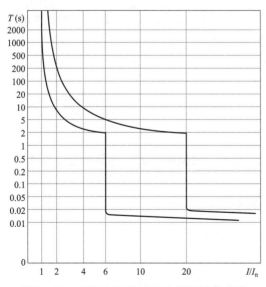

图9-10　ABB（C6和C20）脱扣特性曲线

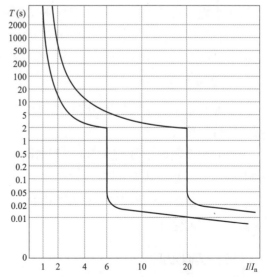

图9-11　西门子（C6和C20）脱扣特性曲线

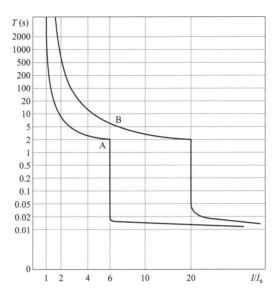

图 9-12　不同厂家脱扣特性对比（A：ABB，C6；B：西门子，C20）

3. 事故结论

本次事故主要是由于早期施工时图方便将 1 号主变低压侧控制电缆直接从站用变柜内穿过，当站用电柜内部发生三相短路时，该控制电缆被短路弧光烧毁，造成直流回路短路。同时由于直流空开上下级不同厂家，虽然脱扣电流有配合，但是因脱扣特性的差异而失配，引起直流空开越级跳闸，主变保护屏全部失电，无法切除故障。

4. 规程要求

国家电网设备〔2018〕979 号《国家电网有限公司关于印发十八项电网重大反事故措施（修订版）》规定：5.3.2.1　新建变电站投运前，应完成直流电源系统断路器上下级级差配合试验，核对熔断器级差参数，合格后方可投运。

5. 整改措施

（1）对全公司所有变电站的开关柜进行普查，对开关柜内安装的附属设备采取紧固及隔离防范措施。

（2）重新敷设 1 号主变 10kV 侧的操作电源电缆，由电缆沟直接接至 1 号主变 10kV 侧开关柜，不经过站用变柜。

（3）加强直流空开管理，结合技改按照反事故措施要求对全站直流空开进行整改，改用同一厂家的空开。

三、延伸知识

空开的脱扣方式分为电磁脱扣和热脱扣两种。电磁脱扣是指空开电流达到整定的电磁脱扣电流后，空开中的电磁脱扣瞬时动作断开空开；热脱扣是根据电流流过一个热敏电阻产生的热量大小，形成一个反时限动作特性，当电流较小时热脱扣延时较长，电流越大热脱扣延时越短。空开中一般同时具备两种脱扣功能。

（1）空开技术参数的确定。

额定电压：空开的额定电压应大于或等于直流系统的额定电压。

额定电流：对于直流电动机回路，应考虑电动机的启动电流。空开脱扣额定电流应为

$$I_N = \frac{I_{OP}}{K_X}$$

式中：I_N 为空开的脱扣额定电流；I_{OP} 为电动机的启动电流；K_X 为配合系数。

对于控制、保护及信号回路，应按回路最大负荷电流选择，即将上式中的 I_{OP} 替换为 I_{max} 馈线最大负荷电流。

（2）各级熔断器熔断特性的配合。在直流系统中，各级熔断器宜采用同型号的，各级熔断器熔件的额定电流应互相配合，使其具有选择性。上下级熔断器熔件的额定电流之比应为 1.6:1。

（3）自动空开与熔断器特性的配合。当直流馈线用空开，而下级分支直流馈线用熔断器时，自动空开与熔断器的配合关系如下：对于断路器合闸回路的熔断器，其熔件的额定电流应比自动空开脱扣器的额定电流小 1～2 级。例如对熔件额定电流为 60A 和 30A 的熔断器，其上级自动空开脱扣器的额定电流应为 100A 和 50～60A。对于控制、信号及保护回路的熔断器，其熔件的额定电流一般选择 5A 或 10A，其上级自动空开脱扣器的额定电流应比熔断器熔件额定电流大 1～2 级，通常选择 20～30A。

第五节　站用电误并列导致全站交直流电源失电压案例

一、案例简述

某日，220kV 某变电站全站出现站用电交流电源失电压，变电站直流电源系统 1 号蓄电池组发生开路无法正常供电；通信 48V 电源系统 2 号蓄电池组发生开路无法正常供电，通信 1 号蓄电池组仅供电 3min 左右后，退出运行。导致数个变电站全站数据网通道中断，以及各县调所辖变电站数据网通道中断，同时导致多套经由该变电站上下的线路保护通道中断。

二、案例分析

1. 保护动作情况

（1）全站站用交流电源故障情况。该日，检修人员进行 220kV 该变电站站用电 421 开关无法电动储能问题检查。运维人员根据现场负责人要求断开 421 开关，同时合上 420 开关，此时两段 400V 母线均由 2 号站用变供电。站用变接线图如图 9-13 所示。

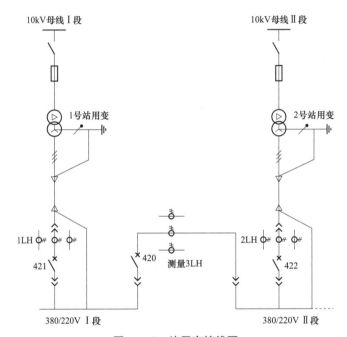

图 9-13 站用变接线图

说明：① 该变电站站用电正常运行方式：1 号站用变 380V 侧 421 开关、2 号站用变 380V 侧 422 开关处运行，母联 420 开关处热备用；② 当站用变 421 开关或 422 开关跳闸时，母分 420 开关自动投入，对 380V Ⅰ、Ⅱ 段母线供电；③ 就地断开站用变 421 开关或 422 开关时，母分 420 开关自动投入，对 380V Ⅰ、Ⅱ 段母线供电；④ 当从测控柜上远方断开站用变 421 开关或 422 开关时，母分 420 开关合闸操作需手动进行。

15 时 19 分，工作许可手续完成后现场检修人员开始 421 开关电动储能回路检查工作，因 421 开关之前已进行过手动储能，现场工作人员需将能量释放后进行检查，现场检修人员在 421 开关机构处采用手动分合开关的方式进行开关能量释放工作，在合上 421 开关后造成站用电低压侧 421、422 并列运行，因两组站用变低压侧同相之间存在 100V 电压差（两台站用变接线方式不同），并列后产生环流，400V 负荷开关自带过电流模块瞬时动作，15 时 35 分 49 秒，站用电 421、422 开关跳开，全站交流电源系统失电压。

此时交流电源系统失电压后 1 号组直流蓄电池未对直流 I 段母线供电(现场检查直流熔丝正常), I 段直流母线完全失电,直流 1 号充电屏、1 号直流馈线屏指示灯全灭,检修人员了解现场相关情况后,通知运维人员进行恢复所用电供电操作,于 15 时 43 分 47 秒合上 421 开关,站用交流电源恢复供电。

(2)变电站直流电源系统故障情况。全站交流电源系统失电压后,15 时 35 分 53 秒,1 号直流电源系统发"I 段母线欠压信号",现场检查发现直流 1 号充电屏、1 号直流馈线屏指示灯全灭,设备电源接于 I 段直流母线上的各二次设备运行灯灭。交流失压后 1 号直流蓄电池组未对 I 段直流母线供电,I 段直流母线失压,导致该变电站省调接入网调度数据通信中断及相关接于 I 段直流母线二次设备失去电源。

(3)通信 48V 电源系统故障情况。全站交流电源系统失电压后,2 号组通信蓄电池组 7 节蓄电池炸裂开路,无法带载;1 号组通信蓄电池组带该站所有负载运行,大电流放电大约 3min 后,无法带负载,所有通信设备掉电。导致各间隔光纤保护电路中断;各县公司 MIS 网络主备用通道(数据网通道和光缆纤芯通道)中断、自动化调度数据网、自动化调控工作站 B 通道、前置机 B 通道、自动化配电网联网 A 通道、电量联网 A 通道、行政交换、调度交换、行政视频会议及 PCM 中继中断。

2. 事故原因

(1)全站站用交流电源消失原因分析。因现场工作人员对现场设备及站用电切换工作原理不熟悉,只要求运维人员断开 421 开关,未要求运维人员将 421 开关摇出至试验位置(该站站用电 400V 开关为手车式开关)。现场工作人员在检查 421 开关储能机构的过程中,误合上 421 开关后造成站用电低压侧 421、422 开关并列运行,因两组站用变低压侧同相存在 100V 电压差,并列运行后形成较大环流,开关自带过电流保护模块瞬时动作,跳开站用电 421、422 开关,全站交流电源失电压。

(2)变电站直流系统问题和分析。该站 1、2 号蓄电池组已运行 5 年。

事故前运维人员开展蓄电池组短时带载放电测试工作,运维人员反馈蓄电池组未见异常。查主站系统当日蓄电池组端电压情况,运维人员确有开展该站蓄电池组短时带载放电测试工作;查主站系统该站蓄电池组短时带载放电测试时充电机输出电流情况,1 号直流充电机输出电流在短时带载放电测试过程中其输出电流未发生变化,在蓄电池带载放电过程中,充电机输出电流应明显下降(接近于 0A)。通过电流曲线分析,在 1 号蓄电池组带载放电过程中,并无电流输出,说明已发生开路故障。

根据《国网福建电力调控中心关于调整变电站蓄电池运维工作的通知》要求,蓄电池组短时带载测试方法为:"运维人员将充电装置的均充、浮充电压值下调至 $2.02V \times N$ (N 为 2V 蓄电池组投运只数)(12V 蓄电池下调至 $12.1V \times NV$),让蓄电池组带载试验半个小时。如果蓄电池组端电压在半个小时内降至 $2.02V \times N$(或 $12.1V \times N$),则带载试验结束,同时判定蓄电池组容量不足,应立即安排蓄电池核对性放电确认实际容量。"

该站 1 号蓄电池组共 102 只蓄电池,故按要求开展带载测时需应将均充、浮充电压值下调至 206V。现场对直流充电机相关性能进行测试（充电机型号：TMP－M20/220－B，珠海泰坦公司生产），发现直流充电机在输出电压低至 210V 左右将自我保护，即充电机无法按整定要求将输出电压下调至 206V。故运维人员在放电半个小时后检查蓄电池组端电压时，电压仍维持在 210V 左右，未对充电机及蓄电池组输出电流进行检查，错误的判断蓄电池组容量正常。

事故后对该站 1 号蓄电池组进行检查，结合内阻测试结果，发现 58、61、85、91 号电池内阻值测不出来，判断蓄电池已开路，发现 4、38、42、87 号电池内阻值超过 $5000\mu\Omega$（内阻均值约为 $700\mu\Omega$），蓄电池性能严重下降，目前已对上述 8 只蓄电池进行更换处理。

（3）通信系统问题分析。

1）通信中断原因。该站两路站用电低压侧短路，造成通信电源两路交流中断，同时造成Ⅱ组蓄电池组炸裂开路，无法带载；Ⅰ组通信蓄电池组带该站所有负载运行，因大电流放电，仅带载约 3min，最终接于 48V 电源系统的通信设备失去电源，通信中断，目前已对问题电池进行更换。

2）通信 48V 电源情况分析。

a. 因该站通信电源为一充带一蓄，日常仅做蓄电池内阻测试及交、直流切换试验，未做蓄电池容量试验，对蓄电池实际容量情况无法掌控。

b. 因该站负载不断增大，蓄电池容量配置未相应增加，造成蓄电池容量配置不足，交流故障时，蓄电池无法提供足够放电容量。

c. 该站蓄电池组安装于 1 层蓄电池室，通信电源位于四层通信机房，Ⅰ组蓄电池组至通信电源屏长度较长（约 80m），Ⅱ组蓄电池至通信电源整流屏Ⅱ电缆为 $70mm^2$；Ⅰ组蓄电池至通信电源整流屏Ⅰ电缆为 $25mm^2$，蓄电池放电时，电蓄组至负载间的压降太大。Ⅱ组蓄电池故障时，所有负荷转至Ⅰ组蓄电池，在负载电流为 75A 时，蓄电池组至通信电源母排的压降约为 4.2V $[\Delta U=(\sum I \times L)/(K \times A)]$，已超过回路总压降的安全要求（不超过 3.2V）。

3. 事故结论

（1）现场工作人员对现场设备及站用电切换工作原理不熟悉，风险意识不强，工作前未做好充分准备，未熟悉现场设备，在不清楚该站站用电系统严禁Ⅰ、Ⅱ段 400V 母线并列运行的要求，同时不清楚该站 400V 开关采用手车式开关，工作时未要求运维人员将 421 开关摇出至试验位置，造成该站Ⅰ、Ⅱ段 400V 母线误并列，最终导致全站交流电源系统失电压。

（2）蓄电池带载试验方法不完善。运维人员在开展蓄电池带载测试过程中，责任心不强，对蓄电池带载测试工作原理不了解，所以在带载测试工作中未发现该站 1 号蓄电池组已存在开路的安全隐患。

4. 规程要求

国网（运检/3）830—2017《国家电网公司变电评价管理规定（试行） 第 53 分册　站

用直流电源系统检修策略》规定:

4.6　蓄电池容量不合格处理

4.6.1　现象

a）蓄电池组容量低于额定容量的 80%。

b）蓄电池内阻异常或者电池电压异常。

4.6.2　处理原则

a）发现蓄电池内阻异常或者电池电压异常，应开展核对性充放电。

b）用反复充放电方法恢复容量。

c）若连续三次充放电循环后，仍达不到额定容量的 100%，应加强监视，缩短单个电池电压普测周期。

d）若连续三次充放电循环后，仍达不到额定容量的 80%，应联系检修人员处理。

5.整改措施

（1）加强运维人员日常直流电源系统维护培训工作，重新修订《蓄电池带载测试标准作业卡》，作业卡要求增加充电机输出电压、电流检查及蓄电池组输出电压、电流检查等内容；同时在蓄电池组带载期间对蓄电池单体电压进行观测，重点跟踪单体内阻偏大的电池（内阻超平均值 50%以上），对带载期间单体电压异常的电池进行统计并汇报相关部门，相关人员应根据运维人员提供的数据尽快安排检查、确认。

（2）加强二次人员日常培训工作及日常维护工作风险管控。针对站用电系统维护工作存在全站站用交流失电压风险的变电站，运检部应制定相关防患措施，定期开展常态化内阻测试、蓄电池充放电试验等工作。

三、延伸知识

1.直流系统接线方式

站用直流电源系统包括充电装置、蓄电池组等常规直流电源设备和逆变电源、DC/DC 通信电源设备，直流电源系统典型示意图如图 9-14 所示。直流电源系统与站用交流电源系统的分界点在交流屏的馈线输出空气开关，与各类负荷的分界点在各电源屏的馈线输出空气开关。

2.直流蓄电池管理要求

（1）蓄电池组在电网事故放出 20%以上额定容量后，应及时用充电装置对蓄电池组补充充电，人员在确认蓄电池组恢复正常浮充状态后方可离开。

（2）单体新蓄电池接入直流系统前，应经单体放电试验验证容量合格，其内阻应与其他电池的内阻保持一致。

（3）备用蓄电池未使用时应每 3 个月进行一次补充电。备用蓄电池存放时应满足蓄电池运行环境的要求。

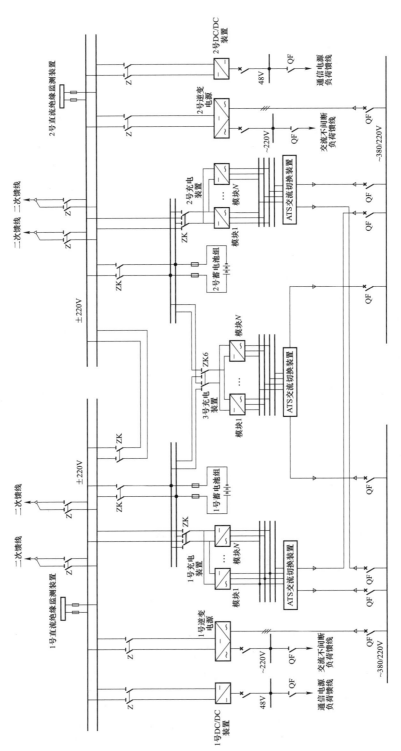

图 9-14 直流电源系统典型示意图

第六节 220kV某变电站全站交直流系统失电事故原因分析

一、案例简述

某日7时43分52秒，220kV某变电站在进行操作交流站用变压器电源切换过程中，全站交流电源全部消失，直流充电机停止运行，由于站内Ⅰ、Ⅱ组直流蓄电池失效，造成全站直流系统失电。8时49分42秒，运维人员恢复交流供电，交直流失电过程中没有损失负荷。

二、案例分析

1. 交直流系统运行方式

（1）220V直流系统：由于站内Ⅰ、Ⅱ组直流蓄电池在前一年进行的核对性放电试验中均确认为不合格，因此Ⅰ组蓄电池已安排计划进行更换故未投入；220V直流系统Ⅰ、Ⅱ段母线母联开关处于合位。1、2号充电机均投入运行，Ⅱ组直流蓄电池接Ⅱ段直流母线运行。

（2）380V交流系统：10kV 1、2号站用变均在运行，380V交流电源Ⅰ、Ⅱ段母线分列运行，无母联开关联络，380VⅠ、Ⅱ段交流母线分别由3、4号站用交流屏各两台负荷开关供电，由AST自动转换开关进行切换。由于运行操作人员未在操作前确认3、4号站用交流屏负荷开关的实际位置，无法得知事故发生时交流系统各开关的运行情况；恢复送电后现场运行情况为3号站用交流屏内1号站用变负荷开关处于合闸位置，2号站用变负荷开关处于分闸位置，ATS自动转换开关在手动操作方式，切换在IN on（1号站用变压器进线）位置。4号站用交流屏内1号站用变负荷开关处于合闸位置，2号站用变负荷开关处于分闸位置，ATS自动转换开关在手动操作方式，切换在IR on（2号站用变压器进线）位置供电。站内380V交流系统接线示意图如图9-15所示。

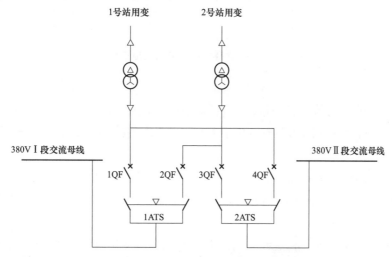

图9-15 站内380V交流系统接线示意图

（3）UPS 电源系统：站内有两台 UPS 装置，其中交流电源进线均由 380V Ⅱ 段母线进行供电，直流线由 220V 直流系统Ⅰ、Ⅱ段母线分别供电。

2. 事故过程

某日 7 时 43 分 52 秒，运维人员在使用手动操作方式将 4 号站用交流屏内 ATS 自动转换开关由 IR on（2 号站用变压器进线）切换至 IN on（1 号站用变压器进线）时，在 ATS 开关位置切至 OFF 位置时，站内交流系统失电，站内直流系统也同时失电，变电站除通信 48V 直流系统由于使用独立蓄电池正常运行外，其余交直流负载均失电退出运行。

8 时 49 分 42 秒，运维人员在拆除 4 号站用交流屏内 2 号站用变负荷开关的合闸闭锁线圈后，手动强合 2 号站用变负荷开关，恢复 380V 交流电源Ⅱ段母线供电，直流系统恢复供电，站内交直流各类负载恢复正常运行。

全站交直流失电过程长达一个小时，由于站内保护装置失电，造成对侧 220kV 变电站安群Ⅰ路、安群Ⅱ路保护装置差动元件闭锁退出运行。

3. 处理过程

事故发生后，检修人员将临时蓄电池组接于 1 号直流充电机处，为站内直流系统提供临时蓄电池，并于次日开始更换Ⅱ组直流蓄电池，保证更换结束后，加上临时蓄电池组，220kV 某变电站直流系统能恢复双充双蓄的正常运行状态。

同时，技术人员分析现场查找事故发生的原因，首先技术人员先调阅了上一次 220kV 某变电站Ⅰ组直流蓄电池组核对性放电试验的报告，报告记录样式如图 9-16 所示。

9 检验中发现问题及处理情况

序号	发现问题	处理情况
1	25、39、40、91、95 号蓄电池放电时间均小于 8h 电压已低于 1.8V；在恢复均充时以上电池组电压冲高，且发热严重整组蓄电池有硫酸味道，故退出 1 号电池组	建议更换整组 220V 1 号蓄电池组
2	2 号蓄电池组在合环均充过程中多组蓄电池电压有冲高现象，故判定整组蓄电池组不合格	建议更换整组 220V 2 号蓄电池组

图 9-16 直流蓄电池放电试验报告样式

由报告可以看出，Ⅰ、Ⅱ组直流蓄电池组在上一年第二季度试验时即处于损坏状态，在直流系统交流进线电源消失，Ⅰ、Ⅱ组直流蓄电池组带全站直流负荷，蓄电池放电电流急剧升高，原先有重大缺陷的蓄电池由于老化、内阻大等原因，在大电流作用下突然发生开路，导致直流系统失压。

技术人员对站用交流系统的二次回路进行了排查，发现了该站交流系统二次回路在设计、接线上及运行操作方式上的不合理之处，导致操作 4 号站用交流屏的负荷开关造成全站交流电源失电。

站用交流系统所用的 4 台进线负荷开关控制电源应使用直流电源，而实际上 4 台进线负荷开关控制电源均使用的是 UPS 不间断电源提供的交流电源，如图 9-17 所示。

图9-17　负荷开关控制电源接线图

　　2台UPS不间断电源的交流电源均取自380V交流电源Ⅱ段母线上的馈线空开，如图9-18所示，在交流电源Ⅱ段母线ATS处于切换过程的中间态的时候，交流电源Ⅱ段母线将短时失电。在UPS不间断电源接入的直流电源失去的情况下，UPS也无法提供电源输出。

图9-18　UPS装置电源接线图

　　（1）该站交流系统所使用的负荷开关型号为施耐德MT08 N1（电路原理图见图9-19）MT08 N1型负荷开关实际是具有欠压脱扣功能，技术人员对负荷开关的脱扣回路实际接

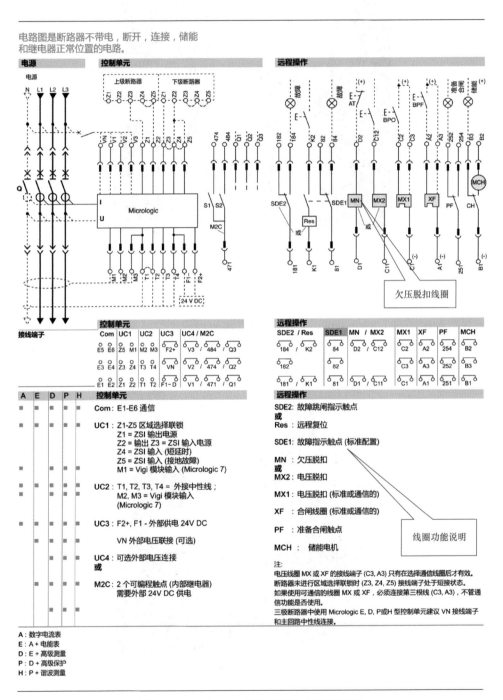

图 9-19　MT08 N1 型负荷开关电路原理图

线进行检查，发现脱扣线圈的两端与负荷开关控制电源一样，都是接 UPS 装置的输出电源，如图 9-20 所示，这在原理上是错误的（欠压脱扣应反应交流进线的电压）。因此导致在操作 380V 交流电源Ⅱ段母线 ATS 自动转换开关时，与Ⅱ段母线没有联系的Ⅰ段母线也失去电压的情况。

图 9-20　MT08 N1 型负荷开关实际接线（301、302 为控制电源两极的电气编号）

（2）交流系统在切换站用变电源的操作方法有待商榷，运维人员进行切换站用变电源操作时，是将 ATS 自动转换开关控制方式切到手动方式，用连杆手动切换 ATS 开关位置，由于该变电站 ATS 开关应为 PC 级一体式结构（三点式），未配置过电流保护装置，在手动操作时人员安全性没有保证。

4. 事故结论

运维人员在手动操作 4 号站用交流屏过程中，由于 ATS 开关切至 OFF 档，380V 交流Ⅱ段母线短时失压，接于交流Ⅱ段母线的 UPS 电源失去全部交流电源；同时，由于站内在运行的Ⅱ组直流蓄电池组处于开路状态，UPS 切换直流电源过程中造成输出电压下降，启动了站用交流系统的 4 台负荷开关欠压脱扣线圈，跳开负载开关，全站交流失电，进而造成全站的直流系统失电。UPS 失电进一步使 4 台负荷开关的控制电源失电，合闸闭锁无法正常解除，只能由运维人员在拆除 4 号站用交流屏内 2 号站用变负荷开关的合闸闭锁线圈后，手动强合 2 号站用变负荷开关，中间耽搁了大约一个小时的时间。

因此，站用交流屏内负荷开关控制电源的错误接线方式是这起事故发生的主要原因，其控制电源应根据图纸分别取自不同的直流母线，才能在交流母线电压消失时保持负荷开关可以正常操作、跳闸；负荷开关欠压脱扣线圈宜使用反映负荷开关所接入的站用交流电压的进线采样电压值，才能在进线失压时正确脱扣。

其次，直流蓄电池的容量不足也是本次事故的重要原因，Ⅰ、Ⅱ组直流蓄电池组在事故中均出现开路、电压迅速下降的现象，所以在交流失电的情况下，直流充电机无法工作、直流负载全部转由蓄电池供电的情况下无法维持直流母线电压，造成全站的直流系统失压。

另外，建议运维人员在今后站用电源切换过程中宜使用电动操作负荷开关使 ATS 开关自动操作或使用 ATS 开关控制面板电动操作切换的方式进行操作，保证人身与设备的安全。

5. 规程要求

（1）调继〔2020〕56 号《国网福建电力调控中心关于福建电网站用直流电源系统验收运维及检修补充要求的通知》规定：

6.1 两套配置的 UPS 交流主输入、交流旁路输入电源应取自不同段的站用交流母线，直流输入取自不同段的直流电源母线。

（2）国家电网设备〔2018〕979 号《国家电网有限公司关于印发十八项电网重大反事故措施（修订版）》规定：5.3.3.5 站用直流电源系统运行时，禁止蓄电池组脱离直流母线。

6. 整改措施

（1）排查各站蓄电池组运行情况，结合蓄电池充放电试验数据现场核查，按照缺陷分类标准进行缺陷定性，在 PMS 系统启动缺陷管理流程，对存在开路的蓄电池进行更换。

（2）排查各站负荷开关控制电源接线情况，控制电源应分别取自不同的直流母线，才能在交流母线电压消失时保持负荷开关可以正常操作、跳闸。对于具有欠压脱扣功能负荷开关，负荷开关欠压脱扣线圈宜使用反映负荷开关所接入的站用交流电压的进线采样电压值。

三、延伸知识

（1）调继〔2020〕56 号《国网福建电力调控中心关于福建电网站用直流电源系统验收运维及检修补充要求的通知》规定：

1.1 直流电源设备缺陷分类：当蓄电池出现漏液，非一般性爬酸为严重缺陷，出现外壳变形并且漏液为危急缺陷。

1.2 每季度至少进行一次蓄电池带载放电测试。测试工作要求：

（1）蓄电池带载放电测试前确认蓄电池处于正常浮充状态。

（2）蓄电池带载放电测试开始时，启动直流监控装置的"蓄电池带载放电测试"程序或人工将充电装置的均充、浮充电压值调至设定值（应大于 90% 的直流额定电压，2V 电池的可设为 2.01V），让蓄电池组带实际运行负载 2V 电池单体电压低于 2.0V，12V 电池单体电压低于 12.0V），定为带载放电测试不合格，对应缺陷分类标准"蓄电池容量不足"的危急缺陷。

1.3 允许接入 UPS 的负荷：监控系统主设备、调度数据网设备、电量采集系统、保信子站、五防系统、录音系统、火灾报警系统、铁芯多点接地监测装置、排油注氮装置主机等。

严禁接入 UPS 的负荷：排油注氮装置除主机外的设备，打印机、传真机、复印机、办公电脑、充电器、热水器、电风扇、空调以及其他未经直流电源专业部门审核的设备。

（2）按照（国网（运检/3）828—2017）《国家电网公司变电运维管理规定（试行）》执行，要求危急缺陷处理不超过 24h，严重缺陷处理不超过 1 个月，一般缺陷原则上不超过 3 个月。

第七节　CT变比配置失当及施工工艺不良造成的越级跳闸

一、案例简述

某日 10 时 46 分，某 220kV 变电站 2 号主变 10kV 侧 98B 开关跳闸，10kV Ⅱ 段母线失压。10kV 2 号站用变本体三角绕组外连接线烧毁熔断，2 号站用变 972 开关柜内 A、C 相 CT 开裂，B 相 CT 炸裂，972 手车断路器触头烧损。事故造成负荷损失 3.4MW。

1. 电网运行方式

事故前运行方式如图 9−21 所示。

2. 保护配置情况

保护配置情况见表 9−3。

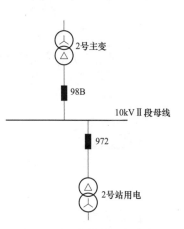

图 9−21　事故前运行方式

表 9−3　　　　　　　　　　　保 护 配 置 情 况 表

调度命名	保护型号	CT 变比
2 号主变保护 A	WBH−801A/R4/F	低压侧 3000:5
2 号主变保护 B	WBH−801A/R4/F	低压侧 3000:5
2 号站用变 972 开关	PST−645U	100:5

二、案例分析

1. 保护动作情况

2 号站用变 972 开关保护 PST−645U 无保护启动或动作信号。

2 号主变低后备保护动作情况见表 9−4，主变故障录波如图 9−22 所示。

表 9−4　　　　　　　　　　　保 护 动 作 情 况 表

时刻	发生事件	备注
10 时 45 分 39 秒 701 毫秒	10kV Ⅱ 段母线 C 相失地	$U_A = 84.8V$，$U_B = 105.5V$，$U_C = 22.4V$，$3U_0 = 90.3V$
10 时 46 分 01 秒 380 毫秒	10kV Ⅱ 段母线转 A 相失地	$U_A = 8.4V$，$U_B = 97.6V$，$U_C = 94.9V$，$3U_0 = 89.4V$
10 时 46 分 01 秒 486 毫秒	发生三相短路	故障电流：17 874A/29.791A
10 时 46 分 02 秒 598 毫秒	低后备过电流Ⅰ段 1 时限动作	跳开 98M
10 时 46 分 02 秒 902 毫秒	低后备过电流Ⅰ段 2 时限动作	跳开 98B，故障隔离

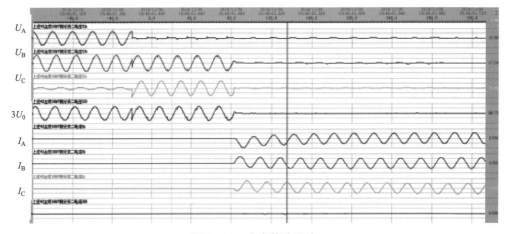

图 9-22　主变故障录波

2. 事 故 原 因

（1）2 号站用变故障原因分析。检查发现 10kV 2 号站用变高压侧绕组之间外连接线多处熔断，存在弧光短路故障点，其中绕组 A－C 相外连接线从中间熔断，该连接线安装于本体上较长的接线柱上。同时 2 号站用变 10kV 进线电缆的 A 相外绝缘破损，检查发现该电缆安装后终端无固定支撑（见图 9-23）。

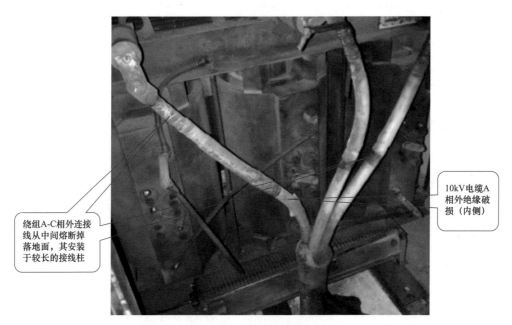

图 9-23　2 号站用变故障点

（2）2 号站用变 972 开关 PST-645U 保护无保护启动或动作信号原因分析。现场调取 10kV 2 号站用变保护装置内动作报告，并未发现装置动作报文（见图 9-24），最近的一条保护启动事件时间均不符合。

序..	名称	时间	报告号
41		2018.11.04 10:46:09.194	017F
42		2018.09.04 10:09:58.361	017E
43		2018.09.04 09:23:57.354	017D
44		2018.07.20 20:27:50.916	017C
45		2018.07.20 17:46:48.160	017B
46		2018.07.18 18:55:20.456	017A
47		2018.07.18 15:37:33.655	0179
48		2018.06.26 16:47:50.874	0178
49		2018.06.26 11:05:40.232	0177
50		2018.06.26 11:05:28.322	0176
51		2018.06.26 10:38:39.171	0175
52		2018.06.25 18:55:37.174	0174
53		2018.06.25 09:50:57.002	0173
54		2018.06.04 19:13:36.262	0172
55		2018.06.04 19:13:33.244	0171
56		2018.06.04 19:02:23.676	0170
57		2018.06.04 18:47:15.564	016F
58	保护启动	2018.06.04 18:47:12.101	016e
59	保护启动	2018.06.04 18:47:08.956	016d
60		2018.06.04 18:47:08.909	016C

图 9-24　装置内部调取事件报告列表

对 2 号站用变 972 开关 PST-645U 保护装置进行检验，装置动作行为正常。检查二次回路发现，2 号站用变保护装置背板保护电流二次线端子 8、端子 10 上 4 根二次线均烧断，见图 9-25。

图 9-25　2 号站用变保护装置背面端子排及其接线图

烧断原因为安装工艺不良造成。端子 8 一个孔无法同时接入两根 4mm² 线径的二次多股软线，因此施工人员将两根多股软线各剪掉一半的股线后，再将两根多股软件插入一个 4mm² 的鼻子内压紧后接入端子 8 孔内，造成端子 8 接的两根线在接入处实际只有 2mm² 左右的线径。端子 10 也存在同样情况，这是造成 CT 回路烧断、保护无法启动与动作的主要原因。

（3）2 号站用变 972 开关柜内 A、C 相 CT 开裂，B 相 CT 炸裂原因分析。开关柜内 A、C 相 CT 开裂，B 相 CT 炸裂（见图 9-26）。CT 铭牌如图 9-27 所示。

图 9-26　2 号站用变 CT 烧毁情况

电流互感器 Current transformer			津制00000497号
LZZBJ9-10D		GB1208-2006 IEC60044-1	
端子标志 Terminal markings	1S1-1S2	2S1-2S2	3S1-3S2
额定电流比（A）Rated current ratio	100/5	100/5	100/5
额定输出（VA）Rated output	30	30	20
下限输出（VA）Lower limited output	7.5	7.5	
准确级 Accuracy classes	0.2S	0.5	10P30
额定绝缘水平（kV）Rated insulation level: 12/42/75			序号 Serial No. 鄂 1824
短时热电流（Ith）Short-time thermal current: 31.5kA/4S			出厂日期 Date 2012.03
动稳定电流（Idyn）Dynamic current: 80kA			户内 Indoor E级
引进德国MWB公司专有技术制造 Manufacture the products in accordance with know-how imported from MWB of germany			单相 Single-Phase
			50/60Hz COS φ=0.8

图 9-27　2 号站用变 CT 铭牌

从 2 号主变的动作录波上可以看出，一次故障电流为 17 874A，10kV 2 号站用变的电流互感器变比偏小为 100/5，换算到二次电流有 894A 左右，瞬间导致 CT 二次回路在保护装置背板处烧毁，CT 开路，发展为三相 CT 均不同程度的炸毁，站用变保护装置无法启动与动作。

（4）2 号主变保护低后备动作行为分析。由于 2 号站用变保护拒动，2 号主变低后备保护经过 1.1s 延时过电流 I 段 1 时限动作跳开低压侧母线分段开关 98M，再经过 0.3s 延时过电流Ⅰ段 2 时限动作跳开主变低压侧开关 98B，保护动作行为正确，至此故障隔离。

3. 事故结论

（1）2 号站用变绕组三角连接导线中 A–C 外连接线与 10kV 电缆 A 相距离不足（基本紧挨），不满足 125mm 的安全距离要求，长时间运行后外绝缘老化，站用变绕组 A–C 外连接线与 10kV 电缆 A 相的铜屏蔽层（地）绝缘击穿放电，并熔断站用变绕组 A–C 外连接线，导致 C、A 相先后接地短路造成柜内弧光放电故障。绝缘距离不足是引发该事件的直接原因。

（2）2 号站用变保护装置背板保护电流二次线端子施工工艺不良，是导致本次事故扩大的主要原因。

（3）10kV 2 号站用变的电流互感器变比偏小为 100/5，是导致本次故障扩大的主要原因。

4. 规程要求

闽电建设〔2019〕538 号《国网福建电力关于印发基建与生产技术标准差异条款统一意见（2019 年版）的通知》中规定：CT 一次额定值应不小于 600A。对于接地变、站用变等电流较小的开关柜，应在设计联系会上进行明确，要求厂家提供合适的抽头。

GB/T 50976—2014《继电保护及二次回路安装及验收规范》中规定：4.4.3 73）电流回路端子的一个连接点不应压两根导线，也不应将两根导线压在一个压接头再接至一个端子。

5. 整改措施

（1）结合停电检查站用变进线电缆与站用变本体带电部位是否满足 125mm 的安全距离。

（2）加强工程前期图纸审查，一是严格按照闽电建设〔2019〕538 号规范检查 10kV 各间隔，特别是站用电、消弧等间隔的 CT 变比配置情况；二是 CT 回路 N 端的短接应在端子排上短接，不应放在保护装置背后短接，留下隐患。

三、延伸知识

CT 铭牌中 10P30 的含义：10P30 中，10 表示准确度级别，P 代表稳态保护用，30 代表准确限制系数，10P30 的意思就是当 CT 一次侧稳定流过 30 倍额定电流时，二次侧电流的误差（注意，此处误差指的是复合误差，即二次电流的幅值及角度误差）低于 10%，对于本次事故 CT，其额定变比为 100/5，即当 CT 一次侧稳定流过 3000A 电流时，二次侧电流的误差低于 10%。

第八节　220kV 变电站全站失电的事故案例

一、案例简述

某 220kV 变电站 110kV 某线 101 线路因近区雷击故障跳闸后重合成功，同时全站 380V

系统失电，直流系统Ⅰ段母线失电，220kV 线路 201、202 开关相间距离Ⅲ段动作跳三相开关，造成全站失电，地区电网孤立运行。

保护装置动作情况见表 9-5。

表 9-5　　　　　　　　　　　　保护装置动作情况表

保护装置	动作时间	保护动作情况
110kV 101 线路 PSL621C 保护	18 时 35 分 05 秒 280 毫秒	0ms 保护启动 9ms 相间距离Ⅰ段出口 831ms 重合闸动作
220kV 202 第二套 WXH803 保护	18 时 35 分 05 秒 281 毫秒	0ms 保护启动 1512ms 相间距离Ⅲ段动作
220kV 201 第二套 LFP902A 保护	18 时 35 分 05 秒 280 毫秒	0ms 保护启动 1520ms 相间距离Ⅲ段动作

（1）18 时 35 分 05 秒 280 毫秒 110kV 101 开关雷击跳闸，相间距离Ⅰ段出口，重合闸成功，故障测距：4.56km。

（2）18 时 35 分 1 号站用变 380V 侧 401 开关、2 号站用变压器 380V 侧 402 开关跳闸，380V 系统失电；1 号直流电源消失。

（3）18 时 35 分 05 秒 784 毫秒 220kV 202 开关跳闸，操作箱跳 A、跳 B、跳 C 灯亮，开关三跳不重合。保护行为：第二套 WXH803 线路保护相间距离Ⅲ段出口跳三相。同时，220kV 201 开关跳闸，操作箱跳 A、跳 B、跳 C 灯亮，开关三跳不重合。第二套 LFP902A 保护相间距离Ⅲ段出口跳三相。由于 1 号直流系统失电，第一套保护均未动作。

（4）18 时 41 分两台站用变恢复运行，18 时 43 分 1 号直流电源恢复运行。

（5）因 220kV 故障录波装置挂在 1 号直流系统，只录到 900ms 左右的波形。

二、案例分析

1. 事故原因分析

（1）故障前运行方式。220kV 系统：旁母 200 开关当母联运行；Ⅰ段母线带：1 号主变 20A、201、203、205、207 开关运行；Ⅱ段母线带：2 号主变 20B、202 开关运行。其中，201、202 线路为电源点。

110kV 系统：旁母 100 开关当母联运行；Ⅰ段母线带：1 号主变 10A、104、105 开关运行；Ⅱ段母线 2 号主变 10B、101、106、108 开关运行。

35kV 系统：母联 300 开关热备用；Ⅰ段母线带：1 号主变 30A、303、310、311 开关，1 号站用变、电容器组Ⅰ运行；Ⅱ段母线带：2 号主变 30B、304、305、306、307、309 开关，2 号站用变、电容器组Ⅱ、电容器组Ⅲ运行。

（2）380V 失电原因。根据故障录波资料分析，在 110kV 101 线路三相近区故障期间，220kV 母线电压下降到 $65\%U_n$，110kV 母线电压下降到 $26\%U_n$；35kV 侧电压下降到 $21\% \sim 24\%U_n$，由于该变电站早期站用变 380V 侧使用低压脱扣开关，在故障时 380V 侧的电压低于开关脱扣电压（开关设定 65%U_n 以上确保吸合，小于 30%U_n 时失压脱扣），导致两台站用变开关都启动低压脱扣，全站 380V 交流电源消失。

（3）1 号直流系统失电原因。逐个检查 1 号蓄电池组单体电压和内阻，查出 55 号电池内阻无法测试（满刻度），单体电压为 2.31V；做蓄电池带负荷放电试验，发现蓄电池整组端电压立刻降为零，实测 55 号电池电压为 –223V，导致 1 号蓄电池组处于开路状态，在 380V 系统失电后 1 号直流系统充电机全停，1 号蓄电池组无法带负荷运行，造成 1 号直流系统失电。

（4）保护行为分析。220kV 线路保护屏一、二的直流电源分别取自 1、2 号直流系统。由于 1 号直流系统失电，造成保护屏一直流消失，220kV 全部第一套保护均失电。

110kV 101 开关在 18 时 35 分 05 秒 280 毫秒故障跳闸时，220kV 201、202 线路由于是电源进线，两条线路的保护同时感受到故障电流而启动，因该站电压切换电源取自 1 号直流系统，且电压切换继电器采用单位置不自保持的继电器，回路图如图 9-28 所示，两套保护共用一个电压切换回路。当 1 号直流系统失电时，Ⅰ、Ⅱ 母线电压切换继电器均不动作，同时第二套保护的直流电源取自 2 号直流系统仍由 2 号蓄电池组供电，第二套保护装置在运行时电压回路失压。

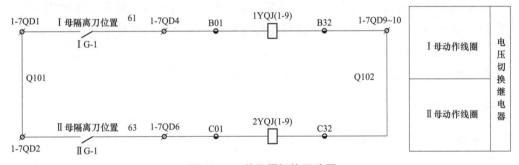

图 9-28　单位置切换回路图

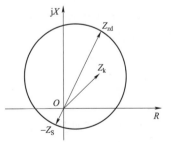

图 9-29　正方向故障时动作特性圆

由于此前保护装置已经启动，按照保护逻辑启动后三相电压降低，当正序电压小于 10%U_n 时，保护逻辑不再进入 TV 断线闭锁程序，而是进入低压距离程序，此时距离Ⅲ段保护动作方程中的极化电压改成使用故障前母线电压的记忆量，动作特性变为包含原点的圆（见图 9-29），由于母线电压为零测量阻抗落在原点上在动作区内，最终距离Ⅲ段出口，全站失电。

2. 事故结论

110kV 101 线路三相近区故障跳闸，造成系统电压下降，站用变 380V 侧低压脱扣动作，2 台站用变失电，因此时 1 号蓄电池组失效，造成挂在 1 号直流母线上的负荷失电，使得电压切换继电器失磁，220kV 保护电压回路失压。在区外故障时，220kV 线路保护已经启动，不再进入 TV 断线闭锁程序，因 220kV 两套保护的相间距离Ⅲ段进入低压程序后动作特性变为包含原点的圆，距离Ⅲ段出口动作，跳 201 开关与 202 开关。

3. 规程要求

国家电网运检〔2015〕376 号《国家电网公司防止变电站全停十六项措施（试行）》规定：1.1.1 220～750kV 主电网枢纽变电站应设计三条及以上输电通道。8.3.5 运行满四年的蓄电池组每年做一次核对性放电。9.2 运行中站用电系统采用具有低电压自动脱扣功能的断路器时，应对该类断路器脱扣设置一定延时，防止因站用电系统一次侧电压瞬时跌落造成脱扣。（该条规定福建省内执行意见为：① 解除站用电 380V 侧低压脱扣功能。② 将"母线分段＋备自投"方式升级改造为新型 ATS 快速自动切换方式。）

国家电网设备〔2018〕979 号《国家电网有限公司关于印发十八项电网重大反事故措施（修订版）的通知》规定：15.1.5 当保护采用双重化配置时，其电压切换箱（回路）隔离开关辅助触点应采用单位置输入方式。单套配置保护的电压切换箱（回路）隔离开关辅助触点应采用双位置输入方式。电压切换直流电源与对应保护装置直流电源取自同一段直流母线且共用直流空气开关。

4. 整改措施

（1）全区范围进行站用电系统排查，取消低压瞬时脱扣功能。

（2）请专家及蓄电池厂家共同对 55 号电池解体检查，进一步分析蓄电池的故障原因。加强蓄电池检验管理，对不合格蓄电池按规程立即退出单体电池或整组更换。

（3）对电压切换回路进行改造。

（4）加强蓄电池运维管理，对蓄电池缺陷及时进行消缺处理。

三、延伸知识

1. 蓄电池运维管理规定

国网（运检/3）828—2017《国家电网公司变电运维管理规定（试行） 第 24 分册 站用直流电源系统运维细则》对蓄电池运维的规定：

1.2.1 新安装的阀控密封蓄电池组，应进行全核对性放电试验。以后每隔两年进行一次核对性放电试验。运行了四年以后的蓄电池组，每年做一次核对性放电试验。

1.2.2 阀控蓄电池组正常应以浮充电方式运行，浮充电压值应控制为（2.23～2.28）V×N，一般宜控制在 2.25V×N（25℃时）；均衡充电电压宜控制为（2.30～2.35）V×N。

1.2.3 测量电池电压时应使用四位半精度万用表。

1.2.4 蓄电池熔断器损坏应查明原因并处理后方可更换。

1.2.5 蓄电池室的温度宜保持在 5～30℃，最高不应超过 35℃，并应通风良好。

1.2.6 蓄电池不宜受到阳光直射。

1.2.7 蓄电池室内禁止点火、吸烟，并在门上贴有"严禁烟火"警示牌，严禁明火靠近蓄电池。

2. 电压切换回路开入采用单位置和双位置的比较

在国家电网设备〔2018〕979 号《国家电网有限公司关于印发十八项电网重大反事故

措施（修订版）的通知》中，对于电压切换回路的设计提出新的要求：15.1.5 当保护采用双重化配置时，其电压切换箱（回路）隔离开关辅助触点应采用单位置输入方式。单套配置保护的电压切换箱（回路）隔离开关辅助触点应采用双位置输入方式。电压切换直流电源与对应保护装置直流电源取自同一段直流母线且共用直流空气开关。

对于电压切换开入采用单位置或双位置，其实两种方式各有优劣，反事故措施中的规定也是综合考虑后的结果，下面简单介绍一下两种切换方式的特点：

（1）双位置开入的切换回路，其切换继电器采用自保持继电器，分别接入隔离开关合位开入启动继电器，分位开入复归继电器，回路如图 9-30 所示。

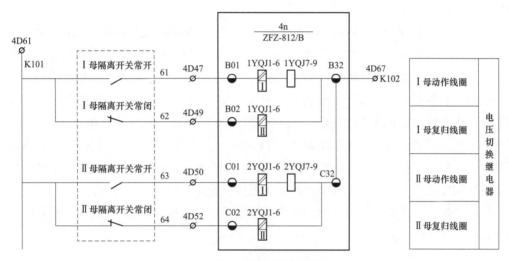

图 9-30 双位置切换回路图

这种接线方式的好处是如果在运行过程中开入回路虚接或切换回路失电，由于切换继电器是自保持的，电压回路不会被断开，保护装置电压采样能够保持故障前的状态，不会误动或拒动。

但是在间隔倒排时，如果由于隔离开关分闸后分位开入回路虚接，会造成切换继电器同时动作，此时的电压切换回路无法真实反映一次系统实际状态。如果电压切换继电器同时动作的告警信号使用的是不保持继电器的触点，或者运维人员没有仔细核对信号而没有发现同时动作的情况，一旦一次系统两段母线被分列运行而二次回路两段母线电压还在并列，就会造成二次两段电压之间短路，跳开电压空气开关或者烧断切换继电器触点，最严重时甚至炸毁电压互感器。

因此这种接线方式只用在单套配置的保护中，而对于双重化配置保护要求采用单位置开入的切换回路。

（2）单位置开入的切换回路，切换继电器采用不保持继电器，回路如图 9-28 所示。这种接线方式的好处是不存在因为隔离开关分位回路虚接导致的切换继电器同时动作问题，可以避免倒排过程中一次分列二次并列造成 TV 二次短路的情况。单位置的缺点也很明显，一旦运行中隔离开关开入回路虚接或直流电源消失，就会造成保护装置 TV 失压从而闭锁纵联保护、距离保护和带方向的零序保护，可能造成保护装置的误动。如果这种情况发生在系统故障时，由于保护装置启动后电压降低会进入低压程序，这时不但不会闭锁距离保护，甚至可能造成误动作。因此这种接线方式不适用于单套配置的保护，对于双重化配置的保护即使一套保护被闭锁，还有另一套冗余，所以能够采用单位置开入。而对于可能误动作的情况，由于系统故障时同时发生开入回路虚接属于小概率事件。一般这时候会同时出现失压都是由于故障引起的直流电源消失，因此反事故措施中规定电压切换直流电源与对应保护装置直流电源取自同一段直流母线且共用直流空气开关，当系统故障引起电压切换回路的直流电源消失时，保护装置也同时失电，这样可以有效防止保护误动作。

需要注意的是，在本案例中两套保护共用同一组电压切换回路的情况并不适用于单位置开入，因为一旦第一组直流电源消失而第二组保护装置仍有电，还是会误动作。在国家电网设备〔2018〕979号《国家电网有限公司关于印发十八项电网重大反事故措施（修订版）的通知》中对保护的双重化配置有新要求：15.2.2.1　两套保护装置的交流电流应分别取自电流互感器互相独立的绕组；交流电压应分别取自电压互感器互相独立的绕组。对原设计中电压互感器仅有一组二次绕组，且已经投运的变电站，应积极安排电压互感器的更新改造工作，改造完成前，应在开关场的电压互感器端子箱处，利用具有短路跳闸功能的两组分相空气开关将按双重化配置的两套保护装置交流电压回路分开。

即两套保护必须有相互独立的两个电压互感器绕组和电压切换箱，这是能够采用单位置开入电压切换的前置条件。